EXCEL

体验之道

User experience design with efficient empowerment

从需求到实践的
用户体验实战

严卓圣 · 编著

电子工业出版社
Publishing House of Electronics Industry
北京·BEIJING

图书在版编目（CIP）数据

体验之道：从需求到实践的用户体验实战 / 严卓圣编著．—北京：电子工业出版社，2023.7

ISBN 978-7-121-45766-1

Ⅰ．①体… Ⅱ．①严… Ⅲ．①人机界面－程序设计 Ⅳ．① TP311.1

中国国家版本馆 CIP 数据核字（2023）第 103635 号

责任编辑：高　鹏　　　　　　　　特约编辑：田学清

印　　刷：北京瑞禾彩色印刷有限公司

装　　订：北京瑞禾彩色印刷有限公司

出版发行：电子工业出版社

　　　　　北京市海淀区万寿路 173 信箱　　　　邮编：100036

开　　本：787×1092　　1/16　　印张：20.5　　字数：687.24 千字

版　　次：2023 年 7 月第 1 版

印　　次：2023 年 7 月第 1 次印刷

定　　价：128.00 元

推荐语

本书系统地、全面地介绍了用户体验设计师需要了解的知识和技能，覆盖了设计师从接到需求到测试方案的全部流程。如果你想成为一名用户体验设计师，这本书会是一个很好的起点。

——爱奇艺前资深交互设计师

《步步为赢》作者

董尚昊

严卓圣先生的《体验之道：从需求到实践的用户体验实战》是一本不可多得的好书，其中有很多思想的火花和实践的沉淀，我想一定能带给初学者茅塞顿开的畅快感。

众所周知，国内高等院校目前并没有特别系统的互联网产品设计和交互设计专业，大部分设计师的知识在一定程度上是碎片化的。我们虽然也要求团队成员平常做一些组内分享，但这种分享大部分是自我摸索和实时学习或总结的，缺乏系统性。严卓圣先生非常有心，把他的积累和沉淀进行归纳，毫无保留地分享出来，是大胆的、无私的，我相信这是用户体验设计行业的新砖新瓦。承蒙严卓圣先生邀为作序。

期待此书能帮助和影响更多的年轻设计师。

——涂鸦智能 UED 总监

郑定达

最近十年，我们发现各行各业都在讲体验。例如，我们常常听到别人说"今天这个商场的购物体验太好了""昨天那家餐厅的体验太糟糕了"，等等。

我们常常提到的"体验"，正体现了在这个物质充裕的年代，各行各业对用户需求的关注逐渐从"功能使用""效率至上"转变为"以人为本"。作为一名用户体验设计师，我们应如何跳出传统的设计思维，从商业角度、产品战略的高度洞察用户潜在的需求，并提供良好的用户体验呢？

用户体验设计师既要清晰地理解用户需求，还要理解商业需求，并在不同环节中通过大量的调研、访谈、数据测试、商业分析等方法，达到用户、商业、艺术的平衡。

我很高兴能为《体验之道：从需求到实践的用户体验实战》写推荐语。在阅读本书的过程中，我有一种身的感觉，我觉得这本书就像一本知识宝典，让每位读者都能由浅入深地了解用户体验设计工作的流程，并建立完整的体验设计思维和知识体系。

最后，愿各位读者能从本书中得到更多用户体验设计方面的启发，不断在工作实践中超越自我。

——咏舍自媒体创始人

张吟咏

打开手机，我们的注意力被淘宝 App 的橙色图标吸引，习惯性地将其打开，启动广告映入眼帘，大数据将我们感兴趣的商品推送给我们，我们获得了一种充实的幸福感，下定决心要花一些时间细细挑选一番……不知不觉，我们掉入了一张由用户体验设计团队根据心理学理论编织的大网。

用户体验设计和心理学紧密相连，从行为神经科学、认知心理学、社会心理学到组织心理学，从前台的体验设计到中后台的用户研究、产品体验报告的撰写等，都会涉及心理学的专业知识。

回到之前的场景中，淘宝 App 的橙色图标设计就运用了冯·雷斯多夫效应（Von Restorff Effect）。它由德国心理学家雷斯多夫提出，是指当个体在群体中显得独特时，人们对这一个体的记忆就会更加深刻。打开淘宝 App 后，总会跳出一页启动广告，之后还有一些商品会被重复推送到用户眼前，这种视觉刺激和提醒的理论支持，便是启动效应（Priming Effect）。启动效应像是开启了一种模式，当人们接触一种事物后，其行为就会有所改变。例如，当我们晚上看完一个恐怖电影，夜深人静，我们会对呼啸的风声、地板的吱呀声更加敏感。而当用户高密度地看到某一类产品的广告（如炸鸡或新色号的口红）时，启动效应和曝光效应（Mere Exposure Effect）就会"联手"，用户不仅会产生自我暗示，并且容易对重复曝光的产品产生好感，消费欲望逐渐变强烈，开启重复购物的模式。

以上几个理论只是心理学知识运用于用户体验设计的冰山一角，如果你想了解心理学知识和用户体验设计盘根错节的关系，不妨阅读此书，严卓圣在本书中运用具体的案例分析，帮助你从心理学的角度了解用户体验设计。

——儿童青少年心理咨询师

高彦隽

前 言

人生中有诸多的三年、五年，一毕业，我就制订了一个"三年沉淀，五年完善"的规划。

首先是前三年，创立自己的个人博客或公众号，按照既定的规律更新文章，产出沉淀物。我的个人公众号"叨叨的设计足迹"就在这样一个规划下诞生了。

待三年沉淀完成后，就是将沉淀物加以完善的过程，即五年完善。这个完善主要是对外分享（如举办设计沙龙等），当然也包含了出书的想法。

开始"三年沉淀"没多久，机缘巧合下电子工业出版社的田振宇老师联系了我，邀请我写一本"交互"或"用户体验"方面的书，这与我的规划不谋而合。受宠若惊的同时，我又有点不知所措（就目前的规划来看，我还没有做好写书的准备），无论是从写作技艺还是从知识储备方面来说，比起那些前辈，我还只是一只刚起步的"小菜鸟"。但不知为何，我的脑海中似乎已经有了一点想法——有点激动，又有点惆怅。

在好友李科昕的鼓励下，历经两年的编写和校对，这本《体验之道：从需求到实践的用户体验实战》终于与读者见面了。

从国际视角看，国外各大院校都设立了交互设计专业，如位于匹兹堡的卡内基梅隆大学（Carnegie Mellon University）就是世界上最早成立交互设计专业的高校。在企业方面，Google、Facebook（现更名为Meta）、Apple 等大型企业也都设有专业的交互岗位。

但在国内，受市场环境、商业需求的影响，交互设计更像是在夹缝中求生存。且不说它的易替代性，国人对交互设计专业的认知依然停留在"画原型图"的层面上，甚至有人觉得交互设计和视觉设计没有区别。

所以，为了让交互设计更贴合我国的就业环境，同时也为了让诸位读者读完本书后提高职业竞争力，本书在阐述交互设计的基础上，融合了商业、产品和视觉维度的知识，让设计师可以站在更宏观的视角审视环境，同时也让设计师更有能力推动产品、服务和体验的升级落地。

只有让自己掌握更多的职业技能，才能在未来的竞争中占有一席之地。

感谢在本书编写过程中给予莫大帮助的贺冰洁、马德馨等人，有了他们的支持才有了本书初稿的完成；感谢董尚昊、郑定达、张吟咏、高彦隽对本书的大力推荐。

感谢本书的编辑田振宇老师，从 2020 年 5 月 23 日邀约至今，从初稿的审核到本书顺利出版，他一直以来给予了巨大帮助。

感谢一路走来默默关注和支持我的读者朋友们，大家的认可和支持是我埋头写书的动力。

本人能力有限，书中难免有观点偏颇之处，还望海涵。也欢迎读者朋友们在我的个人公众号"叨叨的设计足迹"中直接反馈问题，我会定期在公众号中发布图书最新的勘误信息。

严卓圣

读 者 服 务

读者在阅读本书的过程中如果遇到问题，可以关注"有艺"公众号，通过公众号中的"读者反馈"功能与我们取得联系。此外，通过关注"有艺"公众号，您还可以获取艺术教程、艺术素材、新书资讯、书单推荐、优惠活动等相关信息。

扫一扫关注"有艺"

资源下载方法：关注"有艺"公众号，在"有艺学堂"的"资源下载"中获取下载链接，如果遇到无法下载的情况，可以通过以下三种方式与我们取得联系：

1. 关注"有艺"公众号，通过"读者反馈"功能提交相关信息；
2. 请发邮件至 art@phei.com.cn，邮件标题命名方式：资源下载＋书名；
3. 读者服务热线：（010）88254161~88254167 转 1897。

投稿、团购合作：请发邮件至 art@phei.com.cn。

目 录

01

初识用户体验

"用户体验"是近几年在设计圈内比较流行的词汇。多数人对它的理解大多基于"产品"层面,如C端产品的用户体验——支付宝、天猫等产品的用户体验,B端产品的用户体验——OA、ERP系统的用户体验。

其实,用户体验不仅体现在产品层面,在服务、流程层面也有用户体验的存在,如医院的就诊体验、线下门店的消费体验等。

毫不夸张地讲:只要是和人类活动相关的内容,都会有体验的存在!

下面就跟随笔者一起揭开用户体验的神秘面纱,看看用户体验到底是何方神圣。

1.1　源自生活的用户体验

1.1.1　走进用户体验

用户体验就是让复杂的事物变得美而简单的"魔法"，它能让用户在使用过程中达到超越预期的满意度。

你见过这种现象吗

在介绍用户体验之前，我们先来看看下面这张图。看到这张图，你想到了什么？

公园的"新路"

行人素质低、践踏草坪，甚至有人会想到鲁迅先生说的那句话："世上本没有路，走的人多了，也便成了路。"这种被"走"出来的路在我们的小区里、公园中或园区中随处可见。

但是大家是否想过：为什么会出现这种现象？

我们不妨从行人的角度来思考这个问题——可能赶时间，又或是提重物行走，毕竟在人的常识里"两点一线为最短"，是最快的路径，为了提升效率，人们就产生了横穿草坪的不雅行为。

那么新的问题又来了：难道公园的道路设计和规划不应该是为行人所服务的吗？这些提前规划好的道路为什么不是最便捷的路径？行人为什么要"创造"一条路呢？

要解释这些问题，我们就必须将"行人所想"和"设计师所想"拆开来看。

- 行人所想：时间紧，最短的路径就是两点一线（除非有散步或其他目的）。
- 设计师所想：现成的道路往往是在客观分析公园的整体环境布局后所产生的结果，是为了追求环境的美观。但是从某些层面而言，这一点却忽略了用户的本质需求——便利和快捷。

路人甲
抓紧时间到目的地！

设计师
美观度和舒适度～

路人和设计师对道路设计的不同看法

综上所述就会形成一个悖论：设计师的出发点是为了追求视觉美观，实际情况却是行人并不认可，行人认为这样的设计不是他们所希望的，他们会"自行设计"——行人在力所能及的范围内，会"自行设计"适合自己的路。

用户体验是一种主观感受

通过上面的例子，相信大家对用户体验已经有了一个模糊的概念。笔者用一句话解释用户体验，它是人的一种主观意识，是一种对所经历事情过程的反馈。

> 评价一家餐厅的优劣，消费者不会仅凭菜品是否好吃就对餐厅进行评价。一般而言，从进门的那一刻起，消费者的体验就在无形中产生了——前台人员的态度、就餐环境、点餐便利性、上菜速度，以及结账时的服务态度等。这一系列的体验最终会构成消费者对餐厅的综合评价——其中菜品是否好吃是主要的影响因素，但不是单一的影响因素。

通俗地理解用户体验，其实就是一种人对某些事物的主观感受，虽然很抽象，但这并不妨碍它影响甚至左右当事人的情绪和行为——它能够清晰地调动当事人感知外界的"触感"——通过环境的变化影响自己的情绪。如果用户拥有好的体验，那么其情绪就是积极的；反之，用户就会产生消极情绪，甚至产生抵触行为。

因此，用户体验设计师的首要职责就是发现"用户所想"，这样才能有针对性地解决问题，改善用户体验。例如，在餐厅就餐，如果设计师可以利用互联网提升用户整体的就餐体验，何乐而不为呢？如网上预约排队、网上点餐、自助结账等，这些服务的提升，不仅是效率的提升，更多的是技术的发展促进了用户体验的完善。

值得注意的是，用户体验并不会在某个特定的环节产生，而是对全流程的综合感受。关于这一点从上述就餐的例子中就能看出。

此时，有些读者会有疑问：那我是不是确保流程顺畅，让用户在流程中拥有好的感受就算是改善用户体验了呢？并不是！

流程顺畅并不等同于体验好，有时，如果单个节点的用户体验差到了极致，会直接影响整个流程的综合用户体验。

> 抛开线路的影响，只要开关功能和灯泡是正常的，我们在开灯时就能获得及时反馈。

> 但如果我们在开灯时没有感受到开关带给我们的即时反馈，我们是不是会心里突然"咯噔"一下。这种反应的持续时间或许很短，但我们的情绪却会被影响。

没有感受到灯的开关的反馈，这种细微之处的体验看似无关紧要，但如果它影响到了用户的综合体验，那么它就变得至关重要了。

因此，用户体验设计师在设计用户体验时，必须具有全局思维。不能只盯着一个点、一个元素、一段数据，把目光牢牢地聚焦在用户使用过程中的体验上，而应该打破思维定式，拓展思维，多了解用户完整的体验流程。一家餐厅的核心是菜品，但如果餐厅的经营者只注重菜品是否好吃而忽略就餐环境和服务，那么势必会影响消费者的综合体验。

迪士尼游乐园为什么能够创造每日进账 3000 万美元的业绩，就是因为其把游客体验放在了第一位——从游客进入园区的那一刻起，沉浸式体验就已经开始了。

用户体验的来源

既然讲用户体验，那就先介绍一下这个词汇的来源。

用户体验的概念最早出现在 20 世纪 90 年代中期，是由加利福尼亚大学心理学教授唐纳德·A. 诺曼提出的。他先后在《设计心理学》和《情感化设计》两本书中提到了用户体验的概念，并且在《设计心理学 1：日常的设计》一书中将其系统化地表述出来。

彼时，远在太平洋彼岸的中国，用户体验的概念被香港理工大学和江南大学进一步细化，并且辛向阳教授还创立了国内首个交互设计专业。辛教授对用户体验的理解为：**产品与服务设计者必须关注使用者在某个场景中的真实需求，从经济学、行为学、心理学、社会科学等多个维度去理解用户。一个完整的产品或一项完整的服务，不仅要满足使用者的功能性需求，还要增强人们在心理上的感受，让人们感到愉悦。**

业内对用户体验的定义也有很多，这里引用用户体验专业协会（UXPA）对用户体验的定义：**用户体验是指用户与产品、服务和系统交互过程中感知到的全部要素。用户体验设计包含构成界面的全部要素，如页面布局、视觉设计、文字、品牌、声音和交互等。可用性工程** [①] **协调各个要素之间的关系，并为用户提供最佳的交互体验。**

得益于互联网的高速发展，尤其是移动互联领域的高速发展，用户体验有了得天独厚的发展环境。在技术不断突破瓶颈、产品日趋同质化的背景下，越来越多的企业开始意识到用户体验的重要性，并对其给予了更多的重视和应用发展。

用户体验和用户体验设计

了解了什么是用户体验，笔者接着说说什么是用户体验设计。单纯地描述什么是用户体验设计比较抽象，我们不妨借助"看电影和制作电影"形象地理解用户设计。

> 观众看到的电影，是由人物、台词、场景、画面等构成的，至于为什么观影时要关灯，这是为了在合适的场景中让观众完全沉浸在由电影营造出的感官世界中——在这个世界中，观众无须刻意地集中注意力，在随心所欲的状态下就能体验到电影所带来的快感。
>
> 而用户体验设计就像电影的制作工艺和流程，如故事创作、剧本编写、角色选择、脚本制作、电影拍摄、视觉指导和后期特效等，这些都是一部优质电影所必需的。

因此，用户体验设计其实就是在不断寻找一种完美的方式，利用这种方式将这些构成要素组合起来，产生 1+1>2 的综合体验。试想一下，一部电影只有画面，没有声音、剧情和其他要素的支撑，其用户体验是不是就会大打折扣？

用户体验设计的复杂性并不能以单一的加法进行衡量，而更应该从多学科视角评估用户体验设计的复杂性，如在一部电影恰当的场景中加入背景音乐，就能充分地调动观众的情绪。

---

① 可用性工程是指用户体验后续阶段中需要经历的测试评估环节，是评估产品是否可用的方式之一。相关内容可在本书附赠的数字资源中查阅。

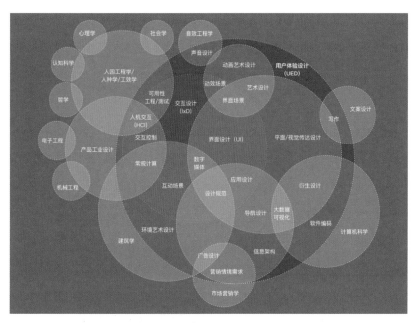

用户体验学科一览 ①

技术的发展一方面提高了人们的生活水平，另一方面也使用户需求日趋多元化，产品和服务单纯地提供功能价值已经无法满足广大用户的需求了。

只有将用户体验渗透到与人相关的几乎所有领域中，如旅游体验、购物体验、餐饮体验、出行体验、娱乐体验等，甚至是沟通体验、互动体验这些和人性相关的复杂领域，企业和产品才能始终保持较强的竞争力。

如果你把用户体验设计师理解为一个依赖于互联网的职位，那就大错特错了！其实这个职位适用于任何领域、任何行业。一般而言，只要和人相关的领域，就会存在用户体验和用户体验设计！

用户体验设计师更关注用户、更关心用户的需求，一切都以用户为中心，并不会像传统领域那样只围绕功能展开设计，不会片面地理解用户。毕竟随着物质生活的日新月异和丰富多彩，用户的需求也在与时俱进，用户不仅需要功能有用、可用，更追求功能易用、好用。

以功能为中心的用户体验

用户体验简化来看其实就是"功能+设计+用户"三者的集合，设计在其中是衔接技术（功能）和用户的桥梁。

在传统设计领域中，设计师的职责主要是美化产品。例如，开发人员开发出来一套系统，但是用户并不是专业的开发人员，他们对一些后台内容和属性并不了解，因此设计师在这款产品中充当着"美工"的角色——相当于给"机器"披上了"一件外衣"，让它产生与用户互动的基本价值。

而用户体验设计师的工作并不会这么简单。《交互设计精髓》一书对用户体验设计师的工作给出了一个抽象的概括："将物理模型向用户的心理模型靠近。"

---

① 　关注公众号"叨叨的设计足迹"，后台回复"用户体验学科一览图"获取高清大图。

物理模型　　　　　　　　　　　　　　心理模型

物理模型向心理模型逐渐转变

功能具有使用价值是用户体验设计的必要前提，同时也是必要保证。以椅子为例，"坐"是椅子的核心功能，如果连"坐"的功能都没有了，那么对于使用者而言，椅子的价值何在呢？

随着市场的发展和用户需求的多样化，市场上椅子的种类越来越多，样式也五花八门，随之而来的是椅子的使用功能也开始变得复杂。用户体验设计师要做的就是让这些椅子看起来"还是椅子"。也就是说，"坐"的功能需要一眼就能被用户看出来，就算看不出来，设计师也必须让用户感知到这个物体可以"坐"。

五花八门的椅子

以用户为中心的用户体验

设计是理性的科学，而非感性的艺术——这是设计和艺术最大的区别之一。但人是复杂的动物，单纯的理性或单纯的感性都不能带给用户太多的愉悦感。这就使得设计工作面临着巨大挑战。

因此，在确保产品能够带给用户功能的使用价值的基础上，设计师还必须提供感性的体验。这就要求设计师必须在理性和严谨的设计创作中加入感性的思考。

或许有读者会问：为什么设计不是感性的艺术创作呢？

相信大家对《呐喊》[1]并不陌生。欣赏它时，我们好像只获得了精神价值，并没有获得实际的功能价值。因此，艺术作品的核心价值是引发人们精神层面的思考，而不是功能的实现。

反观功能的设计是一行行代码（互联网产品）、一个个零部件（传统制造业）构成的功能逻辑，这需要人们拥有极为严谨的工作态度及匠心精神方能实现。而设计不仅是为这些功能"披上外衣"，更要为用户提供优质的体验。

因此，设计师需要更加理性地判断产品的功能价值，思考该如何设计才能把这些功能衔接起来，以带给用户良好的感性体验。

---

① 　《呐喊》是 19 世纪八九十年代的抽象派代表作品，彼时的抽象派正尝试打破"绘画必须模仿自然"的传统观念。

由此可以看出，艺术是以产品为中心的，严格地说是以作品为中心的，实际情况也确实如此——去卢浮宫看绘画作品《蒙娜丽莎》时会发现，一群人围着一幅艺术作品在"转"。

卢浮宫的绘画作品《蒙娜丽莎》

至于想做到以用户为中心，那就要采用设计而非艺术之道。

以用户为中心的设计（User-Centered Design，UCD）思想是指在产品的整个生命周期，只要涉及和用户相关的功能，设计师都要带着"用户心理"去思考设计方案。

这一思想看似简单，实则极为复杂——如图"用户体验学科一览"（本书第 5 页）所示，用户体验学科甚至将心理学涵盖其中。这也是《设计心理学》一书大卖的原因之一——设计首次和心理学相结合，称得上是一种创新。

这样看来，"以用户为中心"的思想对于用户体验这门复杂学科来说是相当重要的，它存在于任何可以和人产生联系的地方，连"坐"椅子这一简单的动作都存在着"体验"，其他复杂的产品和服务更是如此。

如果用一句话概括用户体验，笔者认为：用户体验就是让复杂的事物变得美而简单的"魔法"，它能让用户在使用过程中产生超越预期的满意度。

用户体验和商业利益

既然用户体验是集功能、设计和用户于一体的，为什么还会有本章开头的"公园新路"现象呢？

设计师的设计规划是一方面，而甲方的要求又是另一方面。例如，路已经被"踩"出来了，那么解决方案可以有以下几种。

- 重新用草皮铺上。这样的做法治标不治本，以后依然会出现此类现象。
- 用篱笆拦起来。这和设计规划的美观原则相违背。
- 重新种一棵大树在这条小路上。那么问题来了：果树的预算呢？钱呢？
- 铺一条石板路，同样存在前文提到的问题：石板的预算呢？钱呢？

解决方法有很多种，这里不再一一列举。

通过这些解决方案不难发现，任何一种解决方案都涉及一个问题：钱。用户体验设计师不仅要保证功能的实现、提升用户的体验，还要权衡商业利弊。

> 用户体验在某种程度上和商业利益是呈负相关的。以信息浏览类网站为例，网站对于用户而言，获取信息才是其重要的功能；而网站的用户体验源于网站为用户提供有价值的信息。如果此时网站想要盈利，就必须通过某些渠道来实现，如在网页中进行广告投放。但是广告的干扰会影响用户获取信息的效率，这无异于是对用户体验的巨大挑战。从长远来看，如果用户产生了较差的体验，那么市场上一旦有了替代性网站，说不定用户就会发生转移，进而形成连锁反应。

这样来看，貌似用户体验和商业利益是一种此消彼长的关系。

从商业角度来看，投资回报率（Return on Investment，ROI）可以有效衡量网站的变现能力；而从用户体验角度来看，满意度是衡量网站用户体验的有效指标。这两个指标常年呈现一种此消彼长的态势。如何平衡这两个指标的关系是用户体验设计师的一大职责。

通过上述的例子理解用户体验和商业利益的关系有局限性，毕竟有些内容在不同的场景中所产生的影响不同。以小见大，我们何不把例子放大，把人数变多，再看看体验设计对商业利益的影响呢？

Google 搜索框的下方多了一个"I'm Feeling Lucky（手气不错）"按钮。当用户点击这个按钮时，出现的搜索结果将会比点击常规按钮"Google Search"更精准（算法方面的内容暂且不讨论，在这个例子中我们只谈用户体验设计和商业利益）。从结果来看，准确的搜索结果为用户节约了大量的搜索时间，同时用户体验也得到了提升。

Google 搜索

那这两个按钮的区别到底在哪儿呢？

如果用户点击"Google Search"常规按钮，结果页中将会出现广告。我们都知道，Google Search 的主要利润来源之一就是广告收入，而且其每年的广告收入还不少。经 Google 官方估计，虽然只有大约 1% 的用户会点击"I'm Feeling Lucky（手气不错）"按钮进行搜索，但是这个按钮的使用让 Google 每年至少损失了 1.1 亿美元的收入。

以"大"见"小"，用户体验和商业利益，尤其是将庞大用户群同产品相联系时，一个微小改变的背后将会产生巨额的经济波动。这也是用户体验设计师必须在用户体验和商业利益之间进行权衡的原因。

商业虽然复杂，产品功能也日益多样化，但是用户体验设计师始终要明白一点：良好的用户体验是吸引用户、留住用户的关键。只不过，如何平衡好用户体验和商业利益的关系是用户体验设计师永恒的课题。

用户体验设计师该如何进行体验设计？体验设计的来源是什么？用户体验设计师该如何平衡用户体验和商业利益的关系？在下面的内容中，笔者将会借助不同的例子向大家介绍用户体验在不同领域中的应用，和大家详细地聊聊用户体验是如何源于生活的。

1.1.2 从生活到设计再到生活

设计源于生活，生活因设计而升华。

从原始生活中发现设计的身影

毫不夸张地说，我们身边的所有事物都与设计息息相关。例如，你正在读的这本书经过了排版设计和装帧设计；你使用的手机涉及产品设计、交互设计和用户体验设计；你当前所处的空间，经过了室内设计；就连你身上所穿的衣服都经过了服装设计。设计就在我们身边，并时刻影响着我们的日常生活。

为什么生活需要设计呢？难道没有设计，生活就不会向前了吗？没有设计，生活肯定不会停滞，只不过，社会进步的速度会变缓，比较直观的表现就是效率降低、体验变差。我们不妨将视线前移，去看看原始社会对设计的需求和态度。

在原始社会，生存即生活，原始人为了让狩猎变得更加简单、高效，会利用石头制作锋利的冷兵器，如石箭、石斧等。普通的石头经过原始人的发明创造，在确保人类能够生存下去的同时，也满足了其高效猎杀的需求，这就是设计的价值体现。

随着社会的发展，原始人开始对美好生活产生了追求，于是就利用树叶遮体和保暖、利用泥土烧制陶器当作日用器皿、用兽骨串成链条当作装饰品、将石头磨得锋利来切割食物等。正因为有了这些工具，才逐渐实现了人类对美好生活的追求，社会的进步才能加快。因此，生活需要设计，设计是社会进步的重要动力。原始人石刻如下图所示。

原始人石刻

刀磨得更锋利是为了更好地砍杀和切割、增加握柄是为了让人们更好地用力、器皿的大肚设计是为了能够盛放更多的东西……这些发明和创造其实都是先从无到有，再从有到精的设计优化。在这个逐渐优化的过程中，工具变得越来越好用，人类的劳作效率变得越来越高。

虽然这些原始器物在美观方面仍有欠缺，但是为了能让器物的功能被充分利用，原始人已经开始研究使用体验方面的设计了。就拿捶打来说，天然的工具是石头，但经过社会发展，原始人发现在石头上加个握柄可以更方便地捶打，这就产生了榔头。同样是作捶打之用，榔头的使用体验明显优于石头的使用体验。

不难发现，所有的设计都是围绕人而展开的，人是一切的核心。因此，设计首先要考虑"什么人、在什么场景中、如何使用何种物品、目的是解决哪些问题"。大到国家制度的设计、小到螺丝钉的设计，设计的最终目的都是为人类创造更好的服务和体验，只有先明确使用者的需求才能更好地给出解决方案。

因此，做设计一定要始终秉持"以人为本"的设计思维，映射到用户体验设计中就是"以用户为中心"的设计思维。

下面介绍几个颇具代表性的例子，以加深读者对体验设计的理解。

视觉

从宏观层面讲，设计更像是一种情感载体，好的设计能够让人身心愉悦，影响人的情绪。人是视觉动物，所以设计从视觉出发是最能向用户传递产品情感的。

研究表明，人脑每天通过五种感官接收的外部信息的比例分别是味觉占 1%、触觉占 1.5%、嗅觉占 3.5%、听觉占 11%、视觉占 83%。由此可见，人通过视觉接收的信息比通过味觉、嗅觉、触觉、听觉接收的信息的总和要多得多。

所以，视觉上的美感会极大地影响用户对产品的直观感受，"美即适用效应"就是一种通过视觉引导，从而影响用户对产品产生判断的心理现象——用户通常认为好看的东西肯定也具备实用价值。毕竟随着时代发展，人们所追求的使用体验不仅是产品的功能正常，同时产品还要具备一定的美观度。如果一个工具既能高效地实现目标，同时还美观大方，用户又何必去选择那些丑陋的工具呢？

看看下面"豆瓣影音"界面新老版本的对比，视觉方面的效果一目了然：虽然两张图的内容差距不大，但单纯地从视觉方面进行评价，相信大部分读者会更青睐右图。

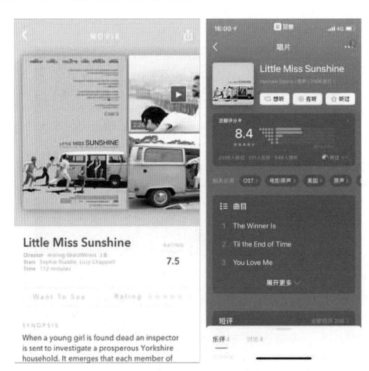

"豆瓣影音"界面新老版本的对比

视觉方面的体验优化不仅适用于互联网产品，还适用于传统行业的产品。例如，从卓别林时代的黑白电影到现代电影中的炫酷特效，就是在视觉方面的一次伟大革新。

左图为"卓别林"电影剧照，右图为科幻电影拍摄现场

交互（互动）

体验设计除了通过视觉进行感知，还可以在互动中得以体现。最简单的例子就是前文提到的石头和榔头的对比，就是从"人与工具"之间的关系出发，优化使用体验。

为了提升交互体验，各个品牌方绞尽脑汁。下图中左图是"三只松鼠"物流盒的"鼠小器/开盒器"设计——消费者在收到包裹后再也不用费心去找锋利物，借助配套的工具即可快速开箱；右图是"乐堡啤酒"的"拉开快乐，拉开惊喜""乐堡扣"易拉瓶盖设计，它解决了用户在饮酒时打不开瓶盖的烦恼。

左图为"鼠小器"，右图为"乐堡扣"

除了从细节方面优化体验，最让人耳目一新的体验要数颠覆式的交互创新。

童年的小霸王游戏机，起初还需要有线手柄控制。随着技术的革新，PlayStation 替代了小霸王，成了家庭游戏机的主流设备。和小霸王不同的是，（从第四代开始）PlayStation 采用了全新的蓝牙 2.1+EDR 技术与主机连接，一改往常的有线连接方式。与此同时，第四代手柄控制器还配备了可按压的双点电容式感应触控板，并且拥有震动反馈效果，让玩家在进行游戏体验时能够身临其境地感知游戏带来的乐趣。

除了 PlayStation 系列，还有任天堂、Xbox、PS 5 等游戏设备同样也在游戏的交互体验方面下足了功夫。

从左往右依次是小霸王游戏机、Xbox 和 PS 5

这些颠覆式的交互创新，都离不开技术的革新，如复杂的手势体感技术、人脸识别技术、虚拟与现实技术等，这些技术无异于重塑了人与设备、人与机器之间的交互方式，同时也在不断刷新人们对科技的认知。

回顾 iPhone 4 的多点触控技术，还有其他"黑科技"发明，它们正是交互创新的里程碑——彻底颠覆了用户对手持移动设备的交互认知。

服务

设计的根本目的是为人类的日常活动提供良好的服务体验，服务方面的优化和进步同样值得一提。

诸位读者是否发现了这样一个有趣现象：手机里的 App 大家每天都在用，除了部分以信息流为主的产品，市场上大部分产品的屏数 ① 越来越少。

有效数据显示，当用户在使用 App 进行浏览时，如果产品界面中有超过一屏的内容，那么有 87% 的用户会选择少看，甚至不看。这就直接导致了某些产品将主要服务（功能）集中在首屏或第二屏的位置。例如，QQ 音乐，往下多翻几屏，用户就会发现"QQ 音乐也是有底线的"（这个例子仅从服务体验优化的角度分析产品）。除了 QQ 音乐，支付宝、网易云音乐也都是"有底线的"。

左图为 QQ 音乐，中图为支付宝，右图为网易云音乐

除了优化线上服务，一些产品或企业也开始了线下服务的优化，如华为体验店、小米体验店、苹果体验店、特斯拉体验店等。

为什么这些线下门店都叫体验店，而不叫购物店或消费店呢？这就要回到 1.1.1 节中所说的"用户体验并不会在某个特定的环节产生，而是对全流程的综合感受"的内容了。

去过线下体验店的读者肯定会发现，在线下体验店中你可以直接接触产品，体验各种"黑科技"。例如，在苹果线下体验店中只需要一部 iPhone，就可以控制苹果旗下的所有产品，如 AirPods、iPad、Mac 等。

除了在核心产品的体验方面下功夫，苹果在线下体验店的装潢方面也花费了不少心思——行人路过苹果线下体验店时，不免要驻足欣赏一下这间"落落大方"的店铺，欣赏一下它整体通透的玻璃构造。

---

① 简单来说，屏数是指手指滑动屏幕到达产品底部或浏览完产品的全部内容的次数。

苹果线下体验店

现在互联网造车正值热潮，剖析事件的原因，我们会发现，它的本质也是一场"软件即服务"的体验升级，其结果就是卖智能汽车的企业会像苹果公司一样，逐渐转型成为一家卖服务的企业。

时间和空间

介绍了视觉、交互和服务，下面我们再来说说更为抽象的时间和空间的体验。

体验设计的优化，最直观的感受就是效率得到了提升。也就是说，以前做一件事情需要花费半天时间，现在做一件事情只需要花费一个小时，甚至几分钟就可以解决。

"从前车马很慢，书信很远，一辈子只够做一件事，一生只够爱一个人"，现在基于互联网的通信很快，一辈子可以做很多事情，一生可以接触很多人。正如《百岁人生》一书中所说：过去人们熟悉的三段式人生已无法维持，取而代之的将会是流动性更强、节奏更快的多段式人生。

在中国，互联网大约是在 2000 年才开始普及的，那么试着回想一下，在这二十多年的时间里，是不是有很多职业已经消亡，但同时更多的新兴职业逐渐产生了呢？这无形中也是在优化各个领域的产能效率。例如，网上交易、直播带货等，无一不是在优化产业和提升产能效率。

回到时间本身。随着技术的进步，电子设备，尤其是移动设备迅速发展。

据 2018 年苹果官方介绍，在 iOS 12 系统中，App 的启动速度比原先在 iOS 11 系统中提升了 40%，输入法的调用速度提升了 50%，相机的启动速度更是提升了 70%。当然同时优化的还有其他硬件和软件服务，这里就不一一列举了。

对于 iOS 系统，即使设计者在交互和视觉方面没有做出任何改动和优化，仅在硬件和技术方面有所突破，用户也能获得"飞"一般的体验。

iOS 12 的速度大升级

如果时间的优化体现在效率方面，感知比较抽象，那么相对时间而言，空间体验的优化是实打实的。

以前见一个人，我们需要奔波很久才能见上一面。现在，只需要一部手机，我们就可以看到远在天边的亲朋好友。

远程技术的发展提高了人与人之间的沟通效率，同时也在弱化人与人之间温情的传递。毕竟，科技是一把双刃剑，在缩短时间和空间距离的同时，越来越多的人，尤其是年轻人开始过度依赖手机，以至于陷入"低头玩手机，抬头无话题"的境地。

手机方便了我们的生活，但我们千万不要忘记自己是活在现实中的。虚拟时空中的好友固然重要，但是现实中逐渐老去的父母更需要我们的关心和陪伴。

技术和科技

回望历史的长河，诸位读者是否发现，人类社会颠覆式的发展进步、效益提升必然伴随着新的技术革命，即工业革命。历史上总共发生过三次工业革命。

第一次工业革命（18 世纪 60 年代至 19 世纪 40 年代）的最大特征就是以蒸汽作为机器的动力。这次工业革命使社会关系和产业链发生了天翻地覆的变化——人们开始逐渐由手工劳作转向机器劳作，马车也逐渐被蒸汽机车所替代。

传统的蒸汽机车

到了 19 世纪 60 年代后期，第二次工业革命开始了。此次工业革命的标志是电力的发明和广泛应用，同时还推动了通信事业的发展，人类由此进入了"电气时代"。

内燃机的发明解决了长期困扰人类的动力不足的问题，而内燃机的发明又促进了发动机的发明，发动机的发明又进一步解决了交通工具的动力问题，最终推动了汽车、远洋轮船、飞机的迅猛发展。有了这些交通工具，人类的足迹才得以遍布世界各地，随之而来的是各地间文化交流频繁、贸易更加便捷。

第二次工业革命浪潮中的制造业工人

第三次工业革命是人类文明史上继蒸汽技术革命和电力技术革命之后，科学技术领域中又一次重大的飞跃。第三次工业革命是以科学发展为主要标志，如原子能、电子计算机、空间技术和生物工程的发明与应用都是这次工业革命的主要标志。

第三次工业革命是涉及信息技术、新能源技术、新材料技术、生物技术、空间技术和海洋技术等诸多领域的技术革命，其推动了全球科技事业的进步和人类社会发展的进程。

至于未来是否有第四次工业革命，我们不妨期待一下。就目前的技术来看，现在的大数据让规模化的产品实现了"私人定制化"的服务（千人千面），如果能够将大数据进一步发展和合理使用，说不定可以迎来"工业 4.0 时代"，或者以人工智能为代表的时代。

工业 4.0 生态系统（九大技术支柱）

关于用户体验，究其本质，我们发现：用户体验设计虽然是在产品细节方面的锦上添花，但从宏观方面看，它更是为了顺应时代趋势而做出的一种反馈——或许是从技术入手，或许是对认知的革新。总之，旧时代总会被新时代所替代，新时代的来临必然伴随着各种各样的变化，设计和体验便是其中之一。

1.2 用户体验团队人员配置

1.2.1 产品设计团队

产品设计的核心竞争力是输出决策的质量，总结成五个词是逻辑、同理心、经验、异见、数据。

——《俞军产品方法论》，俞军

深入人心的体验是如何设计的

小时候，大人会把白酒装在一大瓶雪碧瓶里，小孩以为那就是雪碧，捧起来就喝，后来才发现那是白酒，于是辣得吐了出来，这种体验可以说是极差了。

> 但如果把小孩换成一位酒鬼，雪碧瓶里装的是茅台。起初酒鬼以为只是普通的饮料，喝了一口：
> "哎！竟然是白酒，还不是普通的白酒，是一整瓶茅台！"体验感是不是"噌"的一下就上去了。

酒鬼喝酒所得到的不仅是酒本身功能上的满足，还有他自己精神上的愉悦和兴奋。这就是体验！

产品只有在保证功能满足用户需求的前提下，提升用户的体验，才能让产品的功能深入人心，才能让用户真正产生认同感，才能扩大品牌的影响力。

体验最微妙的地方在于无论投放了多少广告，你只能解决宣传方面的问题，而无法从根本上解决体验方面的问题。更何况，在物质日益丰富的今天，大众所追求的是精神方面的体验，他们已经不再满足于基础的功能体验了。

和传统行业的基础体验不同，用户会发现一个有趣的现象：在互联网中，他们会发现大部分东西都是免费的，很开心，顿时感觉体验很好。随着体验感的不断提升，用户就会产生消费行为，因为此时免费的体验已经无法满足用户强烈的欲望，用户需要解锁更多的付费功能，以获得更多的良好体验。

互联网时代的服务模式和传统服务模式完全相反：先体验，后付费。也就是说，服务提供者要想获得商业利益，首先要考虑的是如何为用户创造免费的价值。

那么问题来了：这些用户价值（用户体验）是如何被实现的，或者是如何被挖掘出来的呢？

要回答上述问题，我们需要回头看"喝酒"的例子：为什么小孩喝了白酒后辣得吐了出来，而酒鬼喝到了茅台却越喝越兴奋呢？这就要对产品的受用人群进行分析了。而在这个分析环节中，需要产品研发团队的介入。

企业在进行产品研发时，会对如下人员进行职位分配[1]。

> 先由市场团队发现商机，再由相关的营销团队进行客户维护（一般进行 B 端产品研发时该岗位的资源分配会重一些）。

> 待客户维护得差不多了，项目经理介入，深入洽谈项目合作事宜，如项目要求、项目进度、项目目标和交付时间等。合作事宜洽谈完成后，产品经理和用户研究员跟进。用户研究员根据在产品研发过程中出现的问题展开调研，为产品经理提供相关信息，然后由产品经理提出有效的解决方案。

> 待方案基本确定，项目经理就会对产品进行正式立项，此时产品研发团队全体成员都会介入项目，针对产品需求和后续工作展开讨论。

> 待需求明确之后，设计团队正式介入产品的设计工作。设计工作完成后，开发团队进行落地开发。

> 等到产品正式上线，维护或运营团队负责跟进客户，主要负责产品的维护和运营工作。

我们来看一下互联网产品研发的全流程，相信会让读者对人员配置有更为清晰的理解。

背景调研		概念设计		产品设计		编程开发		上线运行
市场分析	用户研究	需求分析	交互设计	视觉设计	前端开发	后端开发	联调测试	维护/运营

互联网产品研发全流程

---

[1]　这里的职位分配属于常规企业的产品研发团队配置。某些公司因其业务特殊性，会在这个基础上做出微调或改动。

其中，产品经理是产品研发团队的灵魂人物（针对以产品为主的项目，而不是以项目为主的项目）。产品经理的想法会对产品的走向甚至生命周期产生至关重要的影响。例如，张小龙，就被誉为"微信和QQ邮箱之父"，其实就是指张小龙是微信和QQ邮箱的产品经理。

同样出名的还有百度搜索、百度贴吧和百度知道的前产品经理俞军、eBay的产品总监马蒂·卡根（Marty Cagan）、Keyhole（Google Map的前身）的约翰·汉克（John Hanke）等，这些人所创造的产品无一不是轰动世界的，甚至有些产品还彻底颠覆了人们的生活方式。

下面介绍一下不同团队的职能。

市场团队

首先要说的是市场团队。这里所说的市场团队，如果按照部门来说，应称为市场部门。

市场部门是企业中不可或缺的部门，但由于每个公司的特性不同，市场部门的职责细分也会有所区别，一般来说，市场部门应具备策划、公关、广告和商务拓展四项基本职能，如下图所示。

市场部门的四项基本职能

我们来看看市场部门的四项基本职能。

策划主要是为企业品牌、产品定位，以及各种大大小小的活动做规划，主要起到的是规划作用。

公关可以细分为传统公关（TPR）和网络公关（EPR）两大类，是将企业的一些非敏感信息在各大媒体上进行管理和扩散的团队。

企业要想进行广告宣传，就要花钱在相关平台投放广告，但是如何花钱却是一门学问。一般广告团队在进行广告制作时会加入宣传公司口碑、品牌形象等要素。

商务拓展就是尝试通过商务渠道寻求合作方，以达到1+1>2的效果。合作方式有多种，具体要看商务拓展的渠道和所洽谈的内容。商务团队属于企业的冲锋兵，是为企业开疆拓土的重要力量之一。

产品营销团队 ①

产品营销团队其实就是平常我们所理解的产品销售团队，但是其职责并不仅限于销售。

营销人员的工作主要是全面把握企业产品的市场状况，了解同业竞争策略和用户的有效需求，为企业产品的市场定位提供科学的决策依据，然后从整体氛围的营造和自身产品形象的塑造角度出发，推广和销售产品。

在产品没有面市之前，营销团队的主要工作职责是围绕新产品进行"预售"，即进行产品概念和产品亮点的宣传。

市场上的生意分两种：一种是"谈"出来的，一般这样的生意都是老板或利益相关者直接出面去谈；另一种则是"卖"出来的，这种生意主要依赖于业务员（销售员）推销。靠"卖"出来的生意的企业一般都是

---

① 在本节，将会有两个部分提到产品营销团队。第一部分就是这里所提到的内容，该部分主要围绕售前咨询和研讨进行阐述；第二部分是在后续介绍的维护和运营内容，主要围绕售后服务和产品对外销售行为进行阐述。

以订单驱动型为主，核心资源和人脉都掌握在业务员手中。因此这种企业想要生存下去，对营销团队，尤其是掌握核心资源和人脉营销的个人有极高的依赖性，这也是为什么营销团队的总监一般会兼任总经理（或副总经理）一职，毕竟其掌握着大把的客户资源，同时也能够为企业带来中短期的即时效益。

营销和设计的相似性如下图所示。

设计师可以多学学营销学的相关内容，因为营销学是直接围绕客户而展开的，这一点和设计师所围绕的对象相类似。在《疯传》一书中，产品被简单概括为一种"具备社交属性的货币"，在本书中作者强调了产品与众不同、辨识度强和功能完备三个要点。仔细揣摩这三个要点，不正是对应了设计中的差异性、记忆点和满足需求吗？所以，设计与营销学相结合也是一个能够让设计赋能商业的有效渠道。

营销和设计的相似性

项目经理

在进行了充分的市场资源拓展的前提下，营销团队会提前进行客户维护，之后一般客户会和企业达成某种协议，此时就需要项目经理及时介入，把达成的协议落实到项目中，使其变成项目制度。因此，项目经理又称项目管理人员，其主要职责是制订计划和跟进项目进度，确保产品在规定时间内保质保量地完成。

乍一看项目经理的工作确实挺轻松，但做起来其实一点都不简单。项目经理一般需要具有全局思维，重在对项目进行统筹规划；要有风险意识，根据甲方或需求方的要求建立目标驱动模型；同时还要对整个项目进行监管。项目经理对其所负责的项目，上至洽谈合同，下至项目调控，都需要做到心中有数，因此其职责范围就是管控整个项目，而非具体管控某个产品（一个项目下可以有多款产品或业务线）。

产品经理

介绍了项目经理，下面讲一讲和设计师关系最密切的产品经理。

产品经理的职责主要是评估产品机会点及针对产品的机会点提出具体的解决方案。在开始评估产品机会点和针对产品机会点提出解决方案之前，我们先来了解一下需求的来源有哪些。

大家都知道，需求的来源多种多样，可能是老板的某个"拍脑门的想法"，也可能来自营销团队的意见（在维护客户的过程中，营销团队可能挖掘到多个产品需求点），还可能来自企业的战略规划和目标，甚至可能来自市场上流传广泛的大众分析、用户想法等。如果将这些需求点全部落实到产品中，那想必就是"大杂烩"。

这时就需要产品经理介入，严格审核和评估这些需求点，最终判断这些需求点是否值得采纳，即评估产品机会点。而产品经理在评估产品机会点的过程中则会借助市场需求文档（Market Requirements Document，MRD）对多项需求进行分析、拆解和汇总，从而找到符合企业发展要求的、有价值的产品机会点。

相关人员对产品机会点进行评估后，产品经理就要针对这些产品机会点提出解决方案。解决方案中一般包含产品的特征、功能、所针对的用户需求、发布标准等，这也是产品经理的核心职责所在。

一般情况下，这些细碎的解决方案最终会汇聚成一份详细的产品需求文档（Product Requirements Document，PRD），然后研发团队的相关负责人聚在一起开个会，针对产品需求文档的内容展开讨论，不断地优化和迭代文档。

讲到这里，或许有些读者会疑惑：项目经理和产品经理是不是可以由一个人同时兼任呢？

目前在多数企业中，项目经理和产品经理都由一个人兼任，项目经理和产品经理是否由一个人兼任，需要根据企业的规模和产品而定。微软著名的 Office 系列产品，其项目经理和产品经理就是同一个人，不过 Office 系列产品属于零售类软件，和当前互联网企业的服务类产品还是有区别的。回想一下，以前我们在更新 Office 软件时，是不是都有一个独立的安装包，而且新安装包的发布时间可能会间隔几个月甚至几年不等，安装完成后很多产品功能都会同时发生变化。

像这种独立零售类产品的项目进度、产品的进度及整体更新频率大致相同，完全可以由一人兼任项目经理和产品经理。

项目进度和产品进度的节点分布

由于互联网产品更新周期的特殊性——短则几天慢则几周就要发布一个新功能（一般都是双周迭代），在这样的更新和发布频率下，要想实现产品功能和全局战略同时发布显然不可能。

而且，一般由多名产品经理负责同一款产品的不同功能模块，在兼顾各自模块的前提下，还要确保该模块的研发进度、产品发布时间和后续的测试等事宜，显然这时产品经理就无法很好地兼任项目经理了。

更何况，大部分的项目开发周期会明显长于产品开发周期，如我们常说的小迭代指的是产品开发周期，而项目开发周期就是指一个大版本的更新。大版本的发布需要具备强有力的、多个模块的联动管理，单从这点来看，产品经理和项目经理就不能由一个人兼任。

在大厂里，如阿里巴巴、网易、腾讯、Google、Yahoo 就是指派不同的人担任产品经理和项目经理。项目经理主管项目进度和各个产品模块的交付程度，而产品经理则负责对产品的需求展开挖掘和探索工作，发现其内在的价值，并配合后续工作进行相关测试，最终完成发布任务。

从产品角度看产品经理和项目经理，产品经理比项目经理更重要，因为产品经理掌握着产品的"生杀大权"；而从项目角度看产品经理和项目经理，项目经理比产品经理更重要，因为项目经理需要统筹全局，要站在更高的维度思考战略规划，如 A、B、C 三款产品相结合可以构成某个强大的生态圈。

设计团队

产品的需求梳理完成后，就要交到设计师手中进行设计了，这里的设计师就是本书所提到的用户体验设计师。

在产品研发团队中，设计团队和产品经理的沟通是比较频繁的，因为只有将抽象的功能描述落实到具象的设计稿中，才能确保产品有用、可用、易用和好用。

在用户体验设计中，最常被人们提到的是交互设计师，他们是产品设计团队中的关键角色，当然这是一种传统的角色定位者。现在全新的设计团队中不仅有交互设计师，同时还有视觉设计师，甚至在大型企业中还会设置专业的用户研究员、动效设计师、架构设计师等设计岗位。

岗位虽多，但他们的共同目标是一致的，都是为了深入了解用户，设计出满足目标用户需求的、有价值的功能和产品。

开发团队

设计稿完成后，就需要将其交给开发团队进行"落地"了，说白了就是把概念性的产品变成实实在在的可以直接供用户使用的产品。

对于开发团队，或许有许多人对其不太了解。开发人员其实就是工程师，不过开发人员在团队内部还是有明显的区分的。从职能来看，开发人员分为前端工程师和后端工程师。如果再进行细分，还有测试工程师、维护工程师等。

下面将围绕前端工程师、后端工程师和测试工程师的职责进行阐述，对其他开发人员感兴趣的读者可自行扩展阅读。

前端工程师

前端工程师是开发团队中和设计师联系最为密切的岗位。他们会根据设计师的高保真视觉稿（含交互稿）实现前端界面的详细展示，同时还要配置好相关的交互行为。

从设计师的角度理解前端工作主要包含以下三个步骤。

前端工作的大致流程

首先要搭框架。这里的框架包含两层意思：其一是系统后台的前端配置框架，简单理解就是属性配置，这是对于系统而言的，和设计师的联系不大；其二是布局框架，布局框架需要根据设计师的设计稿进行搭建，和设计师的联系比较密切。

与此同时，在搭框架阶段，还会搭建公共样式库，如 Ant Design、Element 和 ECharts 等都是前端工程师常用的公共样式（组件）库。

其次，前端工程师要根据设计师的视觉稿引入样式。这里有一个前提，为了确保协同工作的有效进行，设计师需要提前和前端工程师沟通其所需要引入的样式库是什么，然后前端工程师参照这些样式库设计页面。如果是 App，设计师需要和前端工程师先建立好设计规范，为产品建立一套标准且统一的样式库，方便后续多人协同工作时进行统一引入，这样就可以保证产品的整体设计风格和细节的一致性。

最后，前端工程师要写好相应的接口，方便后续从后端数据库中调用。此处对接口做一个解释：接口就像一个封闭式的水缸，想要让水缸蓄水或出水，就需要具备一个接口才能灵活地控制水量。例如，用户每次打开淘宝的时候，都会触发淘宝 App 的接口，一些数据的流转就是通过接口实现的。数据流转的大致流程如下：淘宝 App 会对用户的身份进行认证，然后还会根据用户过去几天的浏览记录和喜好，利用大数据和云计算技术分析用户大概率会喜欢哪些产品，这样才能从数据库中调取商品的数据，最终这些商品会出现在用户的浏览页面中。

后端工程师

后端工程师的工作内容和设计师的关联不大。我们平常所说的"程序员"其实从严格意义上来说是指后端工程师，他们会使用 C 语言、C++ 语言和 Java 语言等对系统进行编程设计。

后端的工作流程和前端的工作流程略微有些不同，主要可以分为以下三个步骤。

后端工作的大致流程

第一步，搭一个框架，即建立底层环境。

第二步，后端工程师需要根据业务进行逻辑梳理。这时后端工程师会先建立一个数据模型（简称数模），简单理解就是建立设计规范，然后后端工程师会参照这个数据模型建立数据库，并且在数据库中建立相应的表（可以是多个），而这些表的基础构成单位笼统来理解就是数据。（第一步和第二步没有严格的顺序，也可以先进行逻辑梳理，再搭框架。）

数据库和数据

第三步，当数据库建好后，后端工程师会开始"敲代码"，而"敲代码"包括但不限于处理数据、存储数据和提供供前端调取的接口等。

完成了上述三个步骤，后端工程师就可以配合前端工程师进行联调（或内部自行联调）了。

测试工程师

测试（Quality Assurance，QA）工程师也被称为产品测试工程师，他们是产品上线前的最后关卡，是产品质量安全的最后保障。

测试工程师具体的工作职责是在项目启动之初，根据产品需求或产品需求文档编写产品测试计划和用例，待产品初具规模（交互原型）或完备（落地成品）后，根据测试用例对产品进行性能测试、功能测试、可用性测试、可行性测试等工作，同时针对所出现的问题建立问题追踪库，待前端工程师和后端工程师优化之后再进行循环测试。

在保证无一级 Bug（故障），并且二级 Bug 和三级 Bug 的数量在允许范围内时，产品才会进行线上发布。

产品维护和运营团队

产品完成并成功上线后，就需要维护团队和运营团队的介入了。

维护团队的职责是保证产品服务的正常运行，也就是确保产品后续的服务不出 Bug，偏向技术管理层面。维护团队一般由开发团队兼任或在团队中独立配备专业的交付团队（一般针对纯 B/G 端产品才会有这样的独立配置）。

和维护团队相比，运营团队更偏向产品管理，而非技术层面。也就是说，维护团队是为产品提供技术保障的，而运营团队则是为产品提供经营保障的，如运营用户价值、确保平台稳健发展等。

以互联网产品的运营团队为例，其主要的职责包含社区运营、内容运营、用户运营和商务运营等几个方向，运营团队的具体工作职责需要根据企业和产品的具体属性而定，如微信公众号的推文就属于内容运营，社群类产品就属于社区运营。

一般来说，运营团队会配合营销团队打出组合拳。例如，广为人知的天猫"双 11"大促活动，其实就是由运营团队主导，营销团队配合，维护团队作为背后支撑力量的一种促销活动。

此外，运营团队比较重视数据指标的变化，如拉新量、留存率、激活量、商业交易总额（GMV）、独立访客数量（UV）等数据指标是运营团队重点关注的内容，至于具体要关注到什么程度，则需要根据产品所处阶段而定。

1.2.2　用户体验设计团队

伊利诺伊理工大学设计学院的约翰·赫斯科特（John Heskett）教授认为，设计师有三层价值。第一层，修饰者：主要美化产品页面，体现较为底层的基础价值。第二层，区分者：根据不同的产品打造不同调性，赋予产品差异性。第三层，驱动者：站在战略高度思考产品，引领整个公司，这是价值感非常强的阶段。

说到用户体验，多数人可能听得一头雾水。例如，当你向爸妈解释"什么是用户体验"时，他们往往表现出一副似懂非懂的样子，到底听没听懂你也不知道。毕竟用户体验还是比较抽象的。简单来说，用户体验就是产品或服务给用户带来的感受。

说到产品，通过 1.2.1 节的内容我们大致清楚，想要做出一款好的产品，并最终得到用户和市场的认可，是需要很多岗位通力配合的，而用户体验设计团队便是其中和用户联系最为紧密的团队之一，所以本节就详细地说说和设计直接相关的用户体验设计团队。

用户体验设计团队

知名的用户体验设计团队

User Experience（UX）即用户体验，是在 2003 年前后随着 Usability（可用性）一起被引入国内的一种全新的概念。在 UX 基础上加入设计思维也就成了 User Experience Design，即 UED（User Experience Design，又称 UXD）。

随着"用户体验"这个概念的逐渐普及，中国的各大企业，尤其是互联网领域中的企业出现了相关岗位，甚至有些大企业开始组建相关的用户体验团队。

在我国最早成立"用户体验设计团队"的是阿里巴巴（阿里巴巴中国站 UED，成立于 1999 年），后续在我国市场上陆续出现了 ISUX（腾讯系）、CDC（腾讯系）、淘宝 UED（阿里系）、支付宝 UED（阿里系）、MUX（百度系）、MEUX（百度系）、UEDC（网易系）、ECOUX（小米）、CUED（迅雷）、FED（人人）等专业的用户体验团队。

除了这些互联网领域的"领头企业"组建用户体验团队，招商银行、平安银行、宜人贷等金融领域的"领头企业"也开始组建用户体验团队。下面简单介绍几个目前市场上比较知名的用户体验团队。

阿里巴巴中国站 UED

阿里巴巴中国站 UED 成立于 1999 年，全称是用户体验设计部（User Experience Design Department），花名"有一点"，是阿里巴巴集团成立较早的部门之一。在阿里巴巴"让天下没有难做的生意"的感召下，该部门视"用设计创造用户爱用的产品"为自己的使命，尽己所能地为用户提供良好的产品体验。

阿里巴巴内部的 UED 团队还有很多，如阿里软件 UED、阿里妈妈 UED、口碑网 UED、支付宝 UED 和淘宝 UED 等，这里就不一一进行介绍了，感兴趣的读者可自行扩展阅读。

CDC

CDC 的全称是用户研究与体验设计部（Customer Research & User Experience Design Center），2003 年开始组建，正式成立于 2006 年 5 月，是腾讯重量级的设计团队，致力于提升腾讯产品的用户体验，探索互联网生态体验创新。

CDC 称得上是腾讯集团内部元老级别的设计团队，为腾讯大大小小的产品提供了很多服务，如 QQ、QQ 空间、QQ 游戏、RTX、QQ 电脑管家、QQ 浏览器、QQ 音乐、腾讯视频等。该部门一直致力于用户研究在互联网方面的探索和发展，如设计、体验、产品、运营、市场品牌、投资战略、互联网生态行业、社会产业和研究工具平台等方向。

CDC 十周年主视觉

ISUX

ISUX 的全称是社交用户体验设计团队（Internet Social User Experience），是腾讯内部专注于社交用户体验的部门，于 2011 年 1 月 11 日成立。团队成员涵盖了用户研究、交互设计、视觉设计、品牌设计、视频动画设计、设计开发等方向。这个团队称得上是目前市场上具有一定规模、配比相对完备的 UX 设计团队。

MEUX

百度移动生态用户体验中心（MEUX）是负责百度移动生态的用户 / 商业产品的全链路设计，其团队以"简单极致"为设计理念，在创造极致用户体验的同时赋能商业，推动设计行业的价值和影响力的提升，让生活因设计而更美好。

MEUX 的 Logo

UEDC

网易用户体验设计中心（User Experience Design Center，UEDC）于 2008 年年底成立。崭新的用户体验团队赋予了产品新的使命，UEDC 以"不断提升网易产品用户体验，带给用户良好的上网感受"为目标，不断努力。

UEDC 的 Logo

了解了市场上部分知名的用户体验团队后，我们再来看看用户体验团队中的岗位设置。

用户研究员

用户研究员的职责范围非常广泛，称它为用户体验团队中学科背景最复杂的岗位都不为过。用户研究员的专业背景一般包括但不限于人文科学、社会学、心理学和计算机科学等，同时用户研究员还要具备产品相关领域的背景知识。

既然是用户研究，那么工作内容肯定是和用户直接相关的，如用户访谈、问卷调查、实地调研等，这些调研活动的目的都是为团队中的产品经理、交互设计师、视觉设计师提供相关信息。

用户研究作为一个新兴的领域，在互联网行业中的发展较为成熟一些，阿里巴巴、腾讯、网易等大厂在用户研究领域都已经形成了相对比较完善的流程体系。例如，深耕社交用户体验的 ISUX 就会不定时地向腾讯集团内部的各个产品研发团队输送系统且有价值的用户调研分析报告，为各个产品团队的下一步发展提供方向和依据。

然而，一般的中小型企业是不会配备专业的用户研究员的。因为就其产品目前的要求和体量而言，还不至于涉及如此专业的调研及战略级别的方向挖掘，一般对社会文化有一定了解的人都可以进行简单的用户研究工作，如项目经理、产品经理、交互设计师和界面设计师等。

用户研究员一般负责与用户研究相关的工作

交互设计师

从历史沿革的角度来看交互设计，其实它应该属于工业设计领域，也就是人机交互工程学（HCI 或 HMI）。它是一门研究用户与系统之间交互关系的学科，这里的系统可以是实体机器，也可以是操作系统或软件，而人机交互通常所说的就是人与机器之间产生交互接触点的一种行为。

最常见的就是人通过屏幕接触与机器（设备）进行互动，当然除了通过屏幕接触的方式，通过手势、按压、握姿等都可以实现人与机器的交互。只要是人与机器之间能够产生互动关系的行为，小到手机的电源键，大到航空飞机的控制，这些都可以称为人机交互。

因此，在传统的工业设计领域中，交互设计师的核心职责就是帮助用户（也就是人）与机器更好地产生互动，使用户产生更多的正向反馈体验。

随着技术的发展，很多专业的交互设计师发现交互设计不仅适用于工业领域，甚至可以被运用在任何可以使人和机器产生互动的场景中。

交互设计正在由"以物理逻辑为主的交互行为"向"以行为逻辑为主的交互行为"不断演变，正如辛向阳教授在《交互设计：从物理逻辑到行为逻辑》一文中提到的那样：**交互设计改变了设计中以物为对象的传统，直接把人类的行为作为设计对象。在交互行为过程中，器物（包括软硬件）只是实现行为的媒介、工具或手段。交互设计师更多地关注经过设计的、合理的用户体验，而不是简单的产品物理属性。**

我们来看看大众对交互设计的理解。

相信大部分人对交互设计师这个职业并不了解，假如你对父母说你是一名交互设计师，他们或许都不知道你具体是做什么的，只会若有所思地回答道："哦，就是那个画图的设计师吗？"其实他们口中的"画图的设计师"更多的是指视觉设计师，而交互设计师会更注重思维的表达。这里的表达并不是单纯的口头表达，更多的是思维层面的思考，如注重整套系统的逻辑结构一致性、页面信息表达的主次等。如下图所示，交互设计师的图稿仅展现了设计师思维的"冰山一角"。

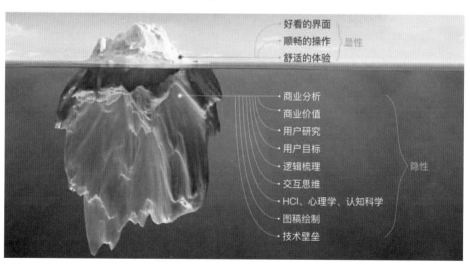

交互设计师的图稿仅展现了设计师思维的"冰山一角"

如果说产品经理的工作职责是：考虑要做什么产品才有价值，那么交互设计师的职责就是要考虑怎样把产品的价值更有效地转换成产品逻辑和产品结构，并且让用户在使用过程中感受到产品的价值。

正如笔者在 1.1.1 节中写的那样"用户体验就是让复杂的事物变得美而简单的'魔法'，它能让用户在使用过程中产生超越预期的满意度"，这句话其实是用来形容交互设计师的。

"美而简单"看似简单的四个字，但实际做起来却无比复杂，它特别考验交互设计师的逻辑思维能力和知识储备。

交互设计师的工作职责包括但不限于商业分析、用户研究、逻辑梳理、交互设计，以及后期的方案推进。乍一看貌似交互设计师是全才，他把用户研究员的部分工作、产品经理的部分工作，还有界面设计师的部分工作都做了，一人可以身兼数职。

正因为交互设计师具有这个特性，业界对交互设计师的任职要求普遍比视觉设计师的任职要求要高。同样地，交互设计师的薪资也比同工龄但不同工种的设计师的薪资要高。毕竟职责越多，技能越多，价值就越大！

这样说来，交互设计师在体验团队中岂不是一个必不可少的职位了？其实并不是！

初创企业、中小型企业由于人力资源的限制，不会考虑招聘专职交互设计师，所以交互设计的工作一般都会"散落"到产品研发团队的其他岗位，如产品经理会兼顾用户调研，并对内容和框架进行梳理。负责任的产品经理还会绘制线框图或低保真图供下游环节（这里指界面设计师）对接，没有责任心的产品经理则会直接甩给下游环节一份 Excel 表格。界面设计师会根据产品经理提供的文档，对界面布局和信息进行设计工作，同时还要配合开发团队做好后续的可用性评估等工作。

这样一看好像交互设计师又不是那么重要了。其实从覆盖面的广度来看，入门级别的交互设计师是极其容易被替代的，毕竟覆盖面广就意味着专业深度不够，任何了解简单的、与交互设计相关知识的人都可以兼顾（替代）。

但随着产品要求和精细化程度的水涨船高，团队就不得不招聘专业的交互设计师，以获得更专业的意见。这也是大厂的团队中会设置交互设计师一职的重要原因。

线框图、流程图、原型图多为交互设计师的工作产出物

视觉设计师

视觉设计师其实是对大部分设计师的一种统称，包括但不限于平面设计师、电商（运营）设计师等，他们的主要工作是围绕"形、色、质、构、字"五大要素，再配合"点、线、面"等内容展开设计。他们通过运用不同的设计表现手法传递画面内容和美感——可以是创意作品，也可以在视觉方面做文章，当然还可以是单纯的文字设计等。

平面设计师

和建筑类专业的设计师在空间上"做文章"比起来，平面设计师主要的工作几乎都是在平面中进行的，平面设计师会在产品中加入创意思维并通过某种表达方式传达其对某类事物的思考和看法。佐藤可士和、原研哉、草间弥生、福田繁雄等都是世界知名的平面设计大师。

电商(运营)设计师

在互联网时代，用户在使用手机或其他设备获取信息时，基本不会花太多时间留意运营图中的内容，所以电商（运营）设计师的作品一定要方便用户快速准确地获取信息。这直接导致运营图往往注重视觉方面的信息传递，而忽略了艺术和创意表现的成分。

携程官网 2021 年端午节 Banner

界面(UI)设计师

界面（UI）设计师往小了说是网页（Web）设计师的衍生，往大了说可以和网页设计师一样独立出来，自成一派。

该岗位是目前互联网企业招聘的主流岗位之一，界面设计师需要具备较强的逻辑思维，即掌握交互设计师的入门知识，同时还要有一定的页面审美能力等，即掌握平面设计师的基础技能。

界面（UI）设计师的作品有界面设计，也就是我们常见的 Web 或 App 中的界面、布局和排版等，同时还有图标设计，兼顾字体设计、色彩设计等。

简单理解界面（UI）设计师的工作就是给产品"披上了一件美丽的外衣"，利用"外衣"在视觉维度给用户带来美的体验。这层"外衣"的背后就是交互设计师的业务逻辑、功能逻辑，以及开发架构等。

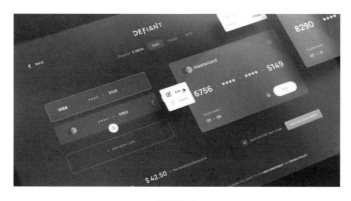

界面设计

品牌设计师

品牌设计师是团队中比较特殊的存在（在市场团队和营销团队中都需要品牌设计师），它不仅要像交互设计师一样衡量企业和产品的战略定位，还要考虑企业、产品和用户三者之间的关系，目的是通过品牌的力量向用户传递企业和产品的价值。

品牌设计师的工作重点是维护和突出企业的品牌形象，如统一全产品的设计理念和风格，这样在对不同产品进行推广时，所有产品都可以在满足差异化的基础上迎合企业的品牌调性。

所以，品牌设计师在体验团队中发挥着承上启下的作用：承上是为企业文化进行传承，启下是各个产品之间对企业文化的承接。毕竟各个产品的设计师已经够忙了，哪还有时间和精力来兼顾企业的文化价值观呢？因此，团队中需要设置独立的品牌设计师为产品赋能。

支付宝品牌视觉规范（VIS）

插画（原画）设计师

原画设计师是近几年热门的职业，其前身是插画设计师。以前的插画都是以出版物配图、卡通吉祥物、影视海报、包装、广告、装饰物、绘本和漫画为主。随着国内影视产业、动漫产业和游戏产业的蓬勃发展，插画设计的内容也开始逐渐向游戏人物设定、游戏内置的美术场景设计、动漫人物设计和动漫 3D 建模等方向扩展。如腾讯手游《王者荣耀》的人物原型设计、3D 立体效果都属于原画设计师的职能范畴，甚至场景搭建、氛围渲染等都可以在原画中一并呈现。

王者荣耀人物——李白

视频动画设计师

部分游戏或影视行业中的企业，还会在体验团队中设置视频动画设计师一职。

在《王者荣耀》项目中，原画设计师将人物绘制好后，视频动画设计师会根据人物的一些特性对衣着、手势和配饰等进行动态体现，如上图中李白的衣角摆动，就是原画设计师在 Adobe Photoshop 中将衣角进行图层分层，配合后期的相应动态技术而实现的"随风摇摆"的裙摆效果。

至于在动漫（如《王者荣耀》的 CG、《斗罗大陆》等）中，都是先根据原画设计师的人物原型进行建模，后续再配合动作捕捉等技术才出现了目前市场上令人震撼的动画大片的效果。

《王者荣耀》2021 年新赛季 CG——《不夜长安》

设计工程师

设计工程师可以没有设计技能（如对工具的运用、手绘等功底），但一定要具备设计思维和开发技能，他们是开发岗位上的设计师——设计工程师一般由前端开发人员或前端测试人员担任。

有读者会感到奇怪：用户体验设计团队中不应该都是与体验、设计相关的岗位吗？怎么还有开发岗位呢？

其实，在用户体验团队中设置前端开发岗位的主要原因是，设计无法通过开发团队在最终的产品中得到完美呈现。毕竟开发团队在实际工作中都会将功能开发的优先级排在界面开发的优先级之前，这就导致设计中的一些基础组件、规范钥匙在没有前端支撑的前提下难以落地（封装）。这也是体验团队中的前端工程师需要具备设计思维的主要原因。

至于前端开发和前端测试的工作职责细分，读者可以自行扩展阅读。

由体验团队中的前端工程师开发组件库可以保证将组件库的细节打磨得更加饱满

用户体验设计师

随着时代的发展，以及设计专业领域的不断扩张，不同设计职能的细分壁垒开始逐渐被打破，较为突出的就是交互设计师——它可以替代任何岗位，任何岗位也都可以替代它。因此在国内，阿里巴巴集团首次将全部设计师的职位进行转型，提出了 UXD 设计师（用户体验设计师）的概念。

从商业分析到用户研究，再到原型设计，最后到视觉表现，用户体验设计师都可以"一站式"解决。合并岗位的目的是让设计驱动产品的综合效益显著提升。

如果你想进阿里巴巴（其实不止阿里巴巴，几乎所有大厂都已经开始实行这样的岗位制度），除非你在某个领域内是特别厉害的人物，否则就安安心心、踏踏实实地练就多元化的专业能力，这样才能具备全局的战略思维，才能更好地配合团队作战。

希望你读完本书后，能够对用户体验设计师有一个全新的认知，当然也预祝你顺利成为一名正式的用户体验设计师。

1.3　产品设计全流程

1.3.1　0 ~ 1，产品的常规研发流程

为顾客创造价值的是流程，而不是哪个部门或团队。

——管理大师，加里·哈默尔（Gary Hamel）

产品设计无论设计的是实体的工业产品，还是设计的虚拟的线上产品，其本质无非就是将抽象思维、用户需求转变成一个具象的、可被满足的事物的过程，它也是一种通过假设、挖掘、分析和拆解，给出合适的解决方案的创造性活动过程。

笔者将这个过程拆分成五大环节、九大阶段，下面就依次介绍每部分具体的工作内容。

五大环节

五大环节就是产品研发的主要流程，分别是背景调研、概念设计、产品设计、编程开发和运维营销（上线运行）。

背景调研　→　概念设计　→　产品设计　→　编程开发　→　上线运行

五大环节

背景调研

在开始做背景调研之前，利益相关者和业务方都会基于某种目标或假设，提出相应的设想。这些设想可能

来自市场观察，也可能受竞争者影响，甚至是利益相关者和业务方通过对用户需求的研究衍生而来的。总之，设想的来源有很多，但万变不离其宗的是这些假设一般都源于利益相关者和业务方的愿景及战略规划。

背景调研环节的核心工作就是验证当前设想是否符合利益相关者和业务方的愿景和战略规划。如果符合，就需要进一步搜集相关信息，以制定合适的方案，同时还要为下一个环节提供相应的参考依据和价值方向。

在这个环节中，用户体验团队可以提前介入，尤其是用户研究员和交互设计师可以提前介入。他们可以根据业务方的目标和假设，对要设计的产品进行全方位的挖掘和分析，这其中就包括了用户研究和场景分析等。

概念设计

该环节会将上一个环节中那些抽象的想法具象化，也就是说，概念设计环节会将无序的、抽象的、只可意会不可言传的假设物变为有序的、具象的、可被具体描述的内容。

在概念设计环节，想法是最重要的，工具是其次的。这是因为概念设计注重的是将背景调研环节的各项信息落实到产品中，而对产品的思考是物化过程中非常关键的一步，如需求的评估、优先级的定义、信息架构的组织，当然还有对产品本身的设计定位等。

该环节由产品团队（产品经理）和用户体验团队（交互设计师）共同完成。

产品设计

如果背景调研是抽象的，概念设计是具象的，那么产品设计就是将具象的信息进行可视化转换的环节。

产品设计一般由用户体验团队中的交互设计师和视觉设计师共同完成——交互设计师负责产品原型的构建和细节的打磨，视觉设计师则需要根据原型对页面进行更深入的美化和创意工作。

编程开发

编程开发是落地环节，也就是将可视化的信息变为实际的产品的环节。

从项目内容来看，在产品设计环节就需要编程开发人员的介入了。在交互原型完成后，交互设计师需要辅助产品经理和相关的开发团队对原型进行评审——在可视化的基础上对内容和技术进行评估和审核，并制定一套完整的可执行的落地方案。

等到视觉稿完成后，视觉设计师需要辅助产品经理、交互设计师和相关开发人员对产品的细节进行打磨，并确定最终的开发周期。

待开发完成后，用户体验团队还要配合运维团队和测试工程师对产品进行最后的联调测试工作，确保产品的上线质量。

上线运行

到了这个环节就说明产品已经具备上线的条件了。然而，上线之后产品还要面临市场诸多的考验，如用户需求变更、市场风向转变等，这时就需要运维团队（to B/G）或运营团队（to C）基于数据分析进行合理的方案优化和迭代，为产品下一个版本的迭代提供有效支撑。

下面笔者将展开对五大环节的描述——九大阶段，我们一起来看看一款产品是如何从无到有的。

九大阶段

背景调研	概念设计	产品设计		编程开发			上线运行

							to B/G/C 有所不同
市场分析	用户研究	需求分析	交互设计	视觉设计	前端开发	后端开发	测试	维护/运营

九大阶段

市场分析

市场分析是背景调研环节的首要阶段，同时也是产品雏形的第一个阶段。

前文提到，在开始做背景调研前，需要先确定业务方的目标和假设，只有在确定了业务方的目标和假设的前提下，才能有针对性地挖掘相关市场信息，进而制定出合理的分析和评估方案。在市场分析阶段，一般包含以下内容。

- 战略目标。在开展市场分析前，一定要先明确企业自身的价值所在，然后考虑业务方的目标和假设是否符合企业当前的战略目标。

- 产品定位。一款好的产品想要深入人心，不仅需要团队成员的共同努力，更需要相关人员基于当前市场情况，判断市场走向，进行准确的产品定位。当前一个好产品的定位，往往可以对后续的研发起到事半功倍的赋能作用。

- 营销分析。营销分析主要源于售前服务团队，这是因为售前服务团队是最了解用户需求的团队，多了解一些用户的需求，可以为后续的用户研究夯实基础。

- 竞争性研究。竞争性研究就是研究同行，企业只有通过分析同类竞品和同类企业的优势和劣势，才能合理地判断自家产品的发展方向，并根据得出的结论制定相应的迎头策略（以强碰强）、避强策略（扬长避短）等，充分发挥自家产品的价值和优势。

- 可循环、可持续、清晰的盈利（商业）模式。研发产品是为了企业获利（公益型产品除外）。所以，相关人员在对市场环境进行分析的时候，一定要考虑产品的商业模式和盈利方式，如是靠广告盈利的，还是靠卖服务盈利的，这些都是在前期需要考虑清楚的问题。除此之外，还要考虑是"一生一次的盈利"还是"一辈子的盈利"，这是决定产品能否持续盈利、能否持续运营下去的根本。

- 价值分析。俗话说得好：凡事预则立，不预则废。这句话放在价值层面尤为贴切。相关人员在进行产品研发之前，需要考虑产品能否通过自身的价值为企业带来相应的价值提升，这关系到后续企业资源的投入。

- 目标人群定位。目标人群定位确保了产品在投放市场后能够得到用户的青睐。如果没有用户使用该产品，那么企业在产品研发的过程中所投入的资源将付诸东流。

市场分析阶段

用户研究

用户研究阶段是背景调研环节中与用户联系非常紧密的一个阶段，是继市场分析之后的第二个阶段。用户需求是产品价值之源，也是设计的出发点和落脚点。

在确定了业务方目标和假设的可行性之后，企业就要开始针对目标人群开展各项与之相关的用户调研活动了。在调研活动中，企业还要找到潜在用户，为产品后续的发展方向提供持续不断的数据动力。

用户研究主要的方法如下所述。

- 用户画像。这是一种基于实际用户的目标、需要、态度和行为建立的调研模型，配合其他调研活动，可以起到辅助分析、辅助相关人员制定相应策略的作用。同时，用户画像也是一种将目标用户进行图表可视化的研究方法。

- 用户访谈。调研人员需要观察并了解受访者的感受，然后剖析用户需求，最后将这些需求落实到产品中，从而满足用户。

- 焦点小组。焦点小组和用户访谈比较类似，其差别在于用户访谈是一对一的形式，而焦点小组是采用小组（多人）访谈的形式。

- 问卷调研。问卷调研可以说是目前市场上所有用户调研活动中较为高效、便捷的一种，其最终目的是验证并阐述问题之间的因果关系。

- 用户体验地图。通过一张流程图，尝试利用讲故事的方式从目标用户的视角出发，记录用户使用产品或服务的全过程。它同时还可以运用在细分场景分析中，如细分目标用户类型、明确使用场景、明确用户痛点、发现需求点、挖掘机会点等，进而确定产品优化目标。

用户研究阶段

需求分析

当一切背景调研工作完成后，就要进入概念设计环节了。概念设计没有想象中那么复杂，只有一个阶段——需求分析。需求分析是将通过调研活动所获得的抽象的信息概念化的第一个阶段。

在需求分析阶段，相关人员主要的工作是对产品内容进行思考，产品经理需要结合前期的所有调研信息为产品提供一个趋于完美的解决方案。

一旦制定了合适的解决方案，产品经理就需要创建相应文档以描述产品的概念雏形，如项目需求文档、产品需求文档等，这些文档的内容包括但不限于产品描述、所提供的服务和要达成的目标等，甚至可以加入能够验证产品价值的关键数据指标，如常见的独立访客数量、转化率、复购率和留存率等。

- 立项。立项是产品研发的前提——组建相应团队为产品研发提供保障。

- 需求分析、评估和筛选。相关人员对大量需求进行分析和评估，并最终筛选出有价值的需求。

- 编写产品需求文档。针对产品需求，编写出可视化的文档。

- 需求评审。待给出可视化的文档后，产品团队就会集中开会，针对相关文档给出清晰的评估意见。会议内容一般围绕相关的需求进行评估和审查，确定需求无误后进入交互设计阶段。

产品（需求）分析

交互设计

相比于产品需求文档，交互设计会更加具象，因此该阶段是继概念设计之后，正式进入产品设计环节的第一个阶段。

交互设计可以拆分成两个小步骤。

第一步是思考，思考用户与产品之间、用户与商业之间的联系，以及产品如何平衡商业与用户之间的利弊关系。若需求分析阶段的目的是如何实现产品价值，那么交互设计阶段的目的就是如何找到产品、商业和用户三者之间的价值平衡点——有功利的价值，也有非功利的价值。

第二步是将思考变现，即将思考的结果落实到可视化的图稿中，进入交互原型设计阶段。推荐交互设计师先采用手绘或纸质原型的形式表述想法——这样可以以最小的成本完成沟通，同时也极大地降低了设计成本和思考成本。

当用手绘稿将产品细节表达得差不多的时候，交互设计师就可以根据当前所理解的内容绘制可交付的电子版原型了。

以上两个步骤没有严格的先后顺序，二者存在伴生关系：交互设计师在不断探索解决方案的同时，也在不断地思考更合适的解决方案。

在这一阶段工具是次要的，关键在于交互设计师的想法和对产品的理解深度，这才是交互设计师的核心竞争力。

- 框架设计。框架包含了对信息架构的梳理和流程设计，这是产品底层逻辑的核心，同时也是向用户展现产品结构的最重要的"门面"之一，如导航就是产品框架最直观的体现。

- 交互思考。（配合交互原型设计）思考的本质是探索最合适的解决方案。也就是说，配合交互原型设计可以合理地规避产品形态、技术等硬性条件的限制，交互设计师可以自由发挥，并汇总团队成员的意见，不断打磨想法，慢慢就会找到合适的解决方案。

- 原型设计。进入设计阶段，交互设计师（配合交互思考）首先需要根据具体需求完成原型设计和最终交互原型定稿，待交付物（交互原型）在体验设计团队内完成了内部交互评审后，再与产品经理对接，完成产品团队的评审确认。

- 交付物。高保真交互原型（需要包含关键的页面和流程，需要具备基本的交互操作）、交互文档（包含详细的交互说明、要求及各项备注）等。

交互设计阶段

视觉设计

交互设计通过具象化的手法把产品框架可视化，而视觉设计的主要作用是对产品框架进行美化，这是产品设计环节的第二个阶段。

产品的操作界面如同一张脸，在人机互动的过程中起着至关重要的作用。设想一下，此时你面前站着的是一位粗犷油腻的男士或者是一位上了岁数的大妈，你可能瞟都不会瞟一眼，但如果你面前站着的是一位年轻帅气的小伙或者是一位靓丽高挑的美女，你肯定会多看几眼。所以，视觉设计的好坏往往能够影响用户在使用产品时的主观感受。

如前文所述，人的大脑每天通过五种感官接受外部信息的比例分别为视觉占83%、听觉占11%、嗅觉占3.5%、触觉占1.5%、味觉占1%。由此可见，视觉感受在用户使用产品时占了相当大的比重。至于视觉表现力的强弱，则往往由色彩主导。

不仅如此，色彩还能刺激用户的消费欲望。营销大师尼尔·帕特尔说："色彩在主导用户购买特定产品的行为中起到了重要作用。"因此，视觉界面设计师（交互设计师）需要掌握除设计学以外的一些知识，如心理学、用户消费行为等方面的知识，多个专业的互相组合可以为用户提供更优质的视觉服务，如保持页面色彩的统一、品牌调性保持一致、减少用户的审美疲劳、减少界面干扰信息、降低记忆负担和吸引用户的注意力等。

视觉设计的主要工作就是为产品的逻辑、架构，以及内容和信息"披上一件美丽的外衣"，这样用户才能喜欢这副"美丽的皮囊"，才会有进一步接近产品的欲望。（除了视觉设计师，用户体验团队中的其他设计师，如动效设计师、品牌设计师等也会同时参与到产品的视觉和动态打磨工作中。）

- 界面设计。待交互方案确定后，视觉设计师会对产品视觉层面的内容展开设计工作。完成后的界面需要由交互设计师和产品经理一起审核，即视觉评审，确定方案可行后交由前端工程师进行落地开发。
- 情绪板（工具）。情绪板最大的优势之一在于当言语不足以描绘出一幅完整的图画时，借助情绪板，设计师可以更高效地找到可行的视觉方案。情绪板是设计师常用的设计工具之一。
- 设计规范。无论是交互设计还是视觉设计，都有与之对应的设计规范。设计师在进行设计工作时遵循设计规范，这样能为工作赋能，进而提升工作效率和作品质量。

视觉设计阶段

前端开发

前端工程师会把交互设计师和视觉设计师的图稿以代码的形式进行落地展现，产出可操作、可交互的真实产品，后续再配合后端工程师对数据内容进行联调测试。

后端开发

后端工程师会对产品所需要的数据进行相关的代码处理、存储和调用。

测试

根据产品需求，测试工程师会提前编写好测试计划和测试用例，待产品落地后对产品进行完整的全流程测试。通过行之有效的测试用例（如性能测试、可用性测试、可行性测试）发现产品的相关问题并及时解决，确保产品在上线前不出任何问题——原则上有一级 Bug 存在则产品不允许上线，而针对二级或三级 Bug 会有一定的数量限制，达标则允许上线。

上线运行

经过前期充分的调研和各团队的通力协作，产品终于可以上线了。

这个阶段比较特殊，需要根据产品的业务性质进行区分。

- to B/G[①] 类产品在上线后还会经历现场部署和运营维护。内容大致就是相关人员到客户现场对系统进行实际部署，并根据实际情况进行问题追踪和系统优化，直至客户满意。在部署系统的同时，相关人员还会对客户的有关人员进行操作培训。
- to C 类产品（如支付宝、天猫、美团等）无须进行现场部署，只需在相应的平台上进行上架并推广即可。后续需要运营人员根据不同的领域对不同的内容进行运营，如内容运营、社群运营和商业运营等。C 端产品的运营没有具体的流程，相关人员会根据产品的数据反馈对产品研发团队提出修改及优化的意见，为下一个版本的迭代提供数据支撑。

---

① 　to B/G 产品可以进行本地部署，也可以在线上进行部署，产品的部署方式可以根据业务方的需求进行选择。

上线运行阶段

当产品上线以后，维护团队（to B/G）或运营团队（to C）需要时刻关注数据变化，有针对性地向开发团队和用户体验团队提出建设性的优化意见，为产品的第二期（to B/G）或下一个版本的迭代优化（to C）提供行之有效的改进方向，推动产品进入一个良性循环的过程。

迭代循环

上面介绍的这套流程并不是线性的，而是不断循环迭代的。

即便流程中的各个阶段非常顺畅，但依然达不到"上线即完美"的效果。就像用户调研一样，任何人都无法保证用户调研活动可以一步到位，我们常常需要通过多次用户调研来获取相关信息。

也正因为市场风向的不断变化、用户需求的不断变化，产品才会不断迭代以随时适应市场和用户需求的变化，这样企业才能在市场中立于不败之地。

以上便是一款产品 0 ～ 1 的具体流程，也是一段比较常规的产品研发流程。

随着技术越来越成熟，产品的更新频率也在不断提高，用户的需求也在不断变化。如果固执地遵循"完成 A 阶段之后才能进入 B 阶段"的流程（瀑布式研发），产品难免会有滞后性。

为了适应互联网快速迭代的特性，一些产品研发团队也在这套常规流程的基础上精简出了一套敏捷、机动的研发流程。

笔者给出了高清的产品常规研发流程图，读者可扫本书封底的二维码，关注"有艺"公众号后获取下载资源。

1.3.2　简化版产品研发流程

效率最大化是简化版流程的一大亮点。

在 1.3.1 节讲到产品研发 0 ～ 1 的完整流程，但是在实际工作中我们一般不会墨守成规地遵循这套流程进行产品研发。尤其是大部分产品都不是从 0 开始的，像阿里巴巴、网易这样的大型企业，大部分产品都已成型，用户体验设计师的价值主要在产品的日常维护和迭代中得以体现，以及针对某些新的模块进行设计工作（少部分新成立的事业群或 B/G 端产品会频繁地进行 0 ～ 1 的研发）。而且，互联网具有快速迭代的特性——快则几天，慢则几周，如果单纯地遵循常规研发流程，想来等产品上线时市场环境和用户需求已经发生了天翻地覆的变化。

为了便于新入门的设计师尽快掌握产品快速迭代的方法，笔者基于常规研发流程，适当地简化了一些复杂的和不必要的步骤，形成了一套产品研发的"简化流程"。

简化流程

简化流程大体上和原有流程一样，都有五大环节和九大阶段，简化的只是部分步骤。下面以"急需 + 迭代"为前提介绍一下简化后的产品研发流程。

首先，是**市场分析——第一阶段**。

由于时间紧，而且还要迭代产品，因此有关企业战略、目标意义、盈利方式和价值分析的细节暂时可以不考虑，我们只需要针对当下市场的同类产品进行研究、分析即可。也就是说，在市场分析阶段我们只需要保留竞争性研究即可。

接着，就是在竞争性研究的基础上进行一些简化的**用户研究——第二阶段**。

一般来说，用户研究需要基于大量的实际用户展开调研活动，为了方便，我们可以对身边的同事进行简短访谈，然后根据小范围的访谈内容，总结出一份相对详细的可行性报告。

然后，到了概念设计环节，就是进行**需求分析——第三阶段**。

产品经理或项目经理可以根据之前旧版本的产品需求文档，对当前需要迭代的产品进行适当的增、删、改、查。如果遇到相对简单的需求也可以通过口头方式对后续岗位进行传达。不过要切记，口述传达后一定要抽时间把需求落实到文档中，这既是身为产品经理（交互设计师）必须要具备的职业素养，同时也是为了工作内容的可追溯。

接下来到了**交互和视觉设计阶段**，则可以一并执行——**第四、第五阶段**。

若在草图上简单地构建粗略模型，那么可以和上、下游快速对接信息和架构等内容，在得到认同的前提下快速根据草图进行视觉稿的绘制。

如果有设计规范，那么设计的时间成本就可以被大幅降低。毕竟有现成的组件库和设计规范，设计师完全可以基于组件库和设计规范搭建页面，并且能确保不遗漏细节。

之后就是**编程开发阶段——第六、第七、第八阶段**。

前端工程师会将一些可复用的代码直接"复制"，甚至可以配合之前绘制的草稿对页面进行（粗略的）同步搭建。除了间距和细节，前端设计师完全可以根据公共样式库（基于设计规范而开发的样式库）先对页面基础的组件代码化，甚至在产品内测或急需展示的情况下，还可以将某些数据直接固定，省略联调测试的步骤，通过"仅上线"的方式优先展现页面，后续再慢慢调整 Bug。

后端工程师则比较为难，在迭代的前提下，除了能够省略底层框架的搭建步骤，对于数模和数据的处理仍然需要一步步地操作。不过好在后端的内容是不可视的，后端工程师可以在产品上线后进行处理。

至于测试的简化就更轻松了。因为测试工程师会根据提前编写好的测试用例对产品展开测试工作，在情况紧急的前提下，测试工程师可以只针对某些重要用例（如可用性测试或可行性测试）展开测试工作。甚至在无一级 Bug 的情况下，可以适当地"宽容"二、三级 Bug 的数量，让上线的"门槛"适当降低。

最后是**上线运行——第九阶段**

对于 C 端产品而言，运营团队的迭代其实就是依据数据的变化对产品迭代的优劣进行评判，这一阶段前后没有大的区别。

对手 B/G 端产品而言，迭代的最大前提是已经部署好了相关底层环境，对功能的测试"过关"后，产品就可以直接上线运行了。至于后续的培训、答疑和优化等环节则可以有序推进。

产品迭代是在某些固有的东西已经提前准备好的前提下进行的，如目标导向、价值分析、文档模板、设计规范、底层框架、测试计划及用例、部署环境等，这样的产品迭代相比于"0 ～ 1"的产品研发会更轻松，毕竟很多东西都是现成的。

如果真的遇到了"0 ～ 1"的产品研发，并且急于交付的情况，应该怎么办呢？解决方案也有，如对需求进行优先级排序，暂时只开发核心功能——先打通产品的主要任务路径，其余任务可以在后续版本迭代中不断补充和优化。相关人员也可以在产品内测过程或对外营销过程中先使用一个"飞机稿"——直接看图，让业务方先看看系统整体的大致效果，后续再将产品的各项功能和细节逐步落地——类似于前端设计师直接把页面固定，后续再慢慢修改的情况。

以上便是笔者基于产品的常规研发流程生成的简化版产品研发流程，诸位读者可以结合产品常规研发流程图加深理解。

创新式产品研发流程

随着时代的发展，越来越多的公司，尤其是互联网公司开始根据市场环境，结合自身产品特性，创新产品研发流程，如精益设计、敏捷开发、螺旋式开发、DevOps 开发模式等。和这些新颖的产品研发流程相比，无论是常规的产品研发流程还是简化的产品研发流程，都犹如繁星比之皓月，二者的差距显而易见——毕竟创新式产品研发流程会最大限度地适应当前产品的研发规划。

下面就跟随笔者，进入产品研发流程的第一步——市场分析。

02

第二章

业务和需求

原研哉在《设计中的设计》一书中说: "设计的实
质在于发现一个很多人都遇到的问题, 然后试着去
解决它的过程。" 这就是用户研究的过程, 是发现
用户需求的一系列拆解过程, 也就是 What 和 Need
的关系——前者重在发现, 后者重在挖掘。

一款产品的核心是功能, 这点毋庸置疑。那么功能
如何能够为用户所接受并且被用户喜爱呢? 这离不
开 "需求" 这个强力抓手, 如产品的需求文档、交
互原型甚至包括后期的更新迭代都是建立在需求之
上的。在第二章, 笔者将带领大家深入了解需求的
诸多方向和来源, 尤其是商业需求的本质, 并介绍
一些挖掘需求的方法。

2.1　业务策略

2.1.1　商业模式和体验设计之间的全局性增量

所有商业模式，都可以从"门槛"和"可复制"两个维度来看它的性质。

——《5分钟商学院》主理人，刘润

体验设计和商业模式

"用户体验"和"商业利益"本就是一个共生体，在这个共生体中，二者通常是此消彼长的，而用户体验设计师通常在其中扮演着"和事佬"的角色，经常需要在二者之间进行权衡，平衡二者的利益关系。

试着想想看，二者到底谁大谁小？

这个思考题不难，肯定是商业利益大于用户体验，毕竟提升用户体验的最终目的就是实现商业目标、获取商业利益。因此，用户体验是针对商业的一种有形设计，用户体验设计师需要找到用户体验和商业利益之间的最佳平衡点。

为什么体验设计在产品或项目中起到的是平衡作用，而不是决策作用呢？其背后的原因又是什么？

要想回答这些问题，笔者建议先来看看商业模式的本质。

很多读者会有疑问，这本书不是讲用户体验的吗？怎么不是先讲体验设计，反倒讲起商业模式来了？通过第一章的介绍，相信有些读者会发现，体验设计虽然属于设计范畴，但是它和执行层面的"美工"还是有区别的——体验设计是思维活动。既然是思维活动，用户体验设计师想要拿出成功的设计方案，就必须从根本目标出发，进行思考，所以兜兜转转，我们又回到了商业模式。

下面我们就从目标出发，尝试从本质上探索体验设计在产品或服务中的地位。

什么是商业模式

相信很多读者听过"商业模型"这个名词，我们不妨通过"模型"来推导"模式"。

- 模型其实就是一种工具，如地球仪就是一种将巨型地球缩小化的可视化工具，除此之外，还有汽车模型、飞机模型和楼市沙盘等。
- 模式和模型相比，可能比较抽象，就像思维一样——抽象但具备可循的隐性规律，如DeBug模式、沉浸模式和心流模式等，这些都是一种抽象的表达，但我们可以实际感受到它的存在。
- 简单理解模式就是"从不断重复出现的事件中发现并高度概括出来的一种规律，是对以往事件解决经验的高度总结"。

市场中有许多成功的商业模式，我们一起来看看。

- 从产业价值链的定位来看，腾讯、阿里巴巴和百度这些巨型互联网公司就是通过"平台＋互联网"的方式，将不同产业的内容与互联网相结合，从而抓住了新业态发展的大机遇。而将不同产业的内容与互联网相结合，其实就是一种创新模式。
- 从共享经济的角度看，滴滴和Uber在自身没有汽车的前提下做成了市场上数一数二的汽车租赁公司；Airbnb在自身没有酒店或房屋的前提下做成了市场上最大的酒店连锁企业；淘宝在自身没有相关商品的前提下成了中国市场上首屈一指的电商平台。

除了上述例子，在各行各业都有不同的商业模式存在，甚至一家企业可能同时具有多个商业模式。不同的模式盈利的方式不同，这里不做过多举例。

总的来说，商业模式就是一种成熟的、可行的、可复制的、可为企业带来相应价值的模式。

拆解商业模式

了解了什么是商业模式，接下来笔者就带领大家剖析一下常规的商业模式是怎样的。

建立和运行商业模式的目的不外乎就是了让企业盈利，所以企业价值是商业模式中的核心要素。然而，仅有企业价值还远远不够，必须有顾客买单才能产生价值，所以顾客价值就是企业盈利的主要来源。

企业价值和顾客价值这两大要素构成商业模式最原始的雏形：企业为顾客提供价值，而顾客为企业提供盈利，从而构成一个利益输送的循环模式。

商业模式的雏形——二元模式

结合实际情况，基于二元模式再细分，我们会发现顾客价值和企业价值还可以由多个要素构成，如顾客价值可以由顾客（受众）和价值提供构成，企业价值可以由资源能力和盈利方式构成。

- 顾客是价值的主要受众群体，而价值提供则是双向的——获取企业价值和反馈价值。
- 资源能力是企业盈利的必要前提，即有了资源方可结合盈利模式进行价值创造。

将商业模式的雏形细分——四元模式

简单来说，企业基于资源，通过某种盈利方式将资源整合成顾客需要的价值并向其输送，待顾客收到其所需要的价值之后又会为企业提供盈利，如此形成价值和利益的重复循环。

这样看来，四元模式的核心就在于资源能力的强弱，资源越多，企业能够创造的价值就越大，能够获得的盈利也就越多。当然，企业的资源能力越强，再结合好的盈利模式、高效的价值输送纽带和高质量的顾客，其价值就越大。

因此，通过四元模式我们发现了一个全新且重要的概念，那就是总价值创造[①]，即全局性增量。

那么问题来了：什么是全局性增量？

我们姑且把这个词拆成两部分来看：第一部分是全局性，在企业的资源能力中就是指全部资源；第二部分是增量，在企业资源能力中就是指全部资源的增长量。

---

① 总价值创造的概念源自日本早稻田大学商务学院客座教授三谷宏治的《商业模式全史》一书，本节中"四元模式"的内容也是根据该书中的核心观点进行转述的。

有些读者会产生疑问：全局性增量这个概念既然如此重要，那么在商业模式中又有什么用处呢？关于这个问题，笔者会在后续的内容中通过例子进行解答，这里暂不进行阐述。

我们再由四元模式进行更深入的细分。

- 对受众群体进行细分——渠道通路、客户关系、客户细分等。
- 对价值提供进行细分——价值主张、关键业务等。
- 对资源能力进行细分——合作伙伴、投资方、人脉等。
- 对盈利模式则要厘清企业的收入来源、主要支出及成本结构等。

从表面上看，貌似这些细分内容与市场中流行的商业画布相类似。没错，商业画布其实就是一种商业模式，它是企业在进行商业活动过程中，对那些无序、抽象但具备某种隐性规律和内在联系的各个要素进行梳理之后所得出的一种规律。

商业画布

以上对商业模式的简单细分是笔者从商业模式的各个影响要素入手（或者从构成要素入手）进行的分析，仅供诸位读者参考。

除了在四元模式的基础上进行细分，我们还可以将其打乱重组。例如，魏炜教授在四元模式的基础上，结合定位理论，从交易结构视角出发所提出的商业模式的运行机制[①]。

在商业模式的运行机制中，明确定位是商业模式成功运行的前提——只有先明确企业或产品的定位，才能结合自身能力找到合理且合适的运行机制，最终使企业盈利。

商业模式的运行机制

相信诸位读者现在对商业模式已经有了大致的了解，那么不妨回过头来看看"什么是全局性增量"。

全局性增量无非就是让全局都获利的一种概念。然而概念归概念，想要把概念变现还需要看集体的执行方式。

① 魏炜教授在其所著的《发现商业模式》一书中提出的。

笔者就拿商业画布举一个全局性增量的例子。

一家企业（厂商）是做家具制造的，它在刚成立的时候能将 2000m³ 的木头制造出价值 10 万元的家具。随着技术进步，厂商引进了更先进的机器和技术，改进了各项制造工艺，在品质不变的前提下，将原先 2000m³ 的木头制造出总价值 18 万元的家具。

如果单纯从厂商视角（单独增量）来看，这多出来的 8 万元肯定是实打实的利润，但这样并不属于全局性增量，只能算是个体增量。但如果这样操作：把 8 万元分成 4 份（每份 2 万元），分别给厂商、消费者、渠道商和合作伙伴，也就是让价值产业链中的"四大天王"一起分多出来的 8 万元。

- 厂商可以拿走其中 2 万元的利润。
- 消费者现在可以花同样的钱多买到价值 2 万元的家具。
- 渠道商只要成功卖出家具，（在数量不变的前提下）就可以多获得 2 万元利润。
- 合作伙伴也可以在这一系列的商业交易中获得额外的 2 万元利润。

这样看来是不是四方都很高兴：因为厂商一个人的提升可以带着大家一起"吃肉"，然后也就有了更多的消费者、渠道商和合作伙伴来找厂商，如此形成良性循环，进而形成庞大且成熟的复利效应，也就有机会让产业链进化成生态链。

或许有些读者会说：这完全就是把自己的利润拆开，散财了，厂商岂不是成了"罗宾汉"？

其实这样理解是错误的。相信做过老板的人（多少和老板有过接触的人）都说（听）过这样一句话：大家一起赚钱。这句话可不是空话，想要大家拧成一股绳一起赚钱，那就需要采取相应的措施，而"散财"这样的行为正是大家一起赚钱的一种方式——可以创造更多的利润。消费者多了、渠道商多了、合作伙伴多了，利润不也就水涨船高了吗？

现在厂商或许能卖出价值 18 万元的家具，再过几年，随着资源的扩张、合作关系的巩固、价值主张的深入、核心资源的强化，假以时日就能卖出价值 24 万元、32 万元的家具。

一套可复制、可循环的成功的商业模式，再结合适当的成本结构和盈利方式，是完全可以做到全局性增量的。市场上还有很多成功且成熟的商业模式，由于本书主要阐述的是用户体验设计，所以对商业模式的讲解不再继续深入，感兴趣的读者可自行扩展阅读。

用户体验设计平衡商业模式

现在我们回头来看本节开头的问题：为什么体验设计在产品或项目当中起到的是平衡作用，而不是决策作用呢？其背后的原因又是什么？

相信阅读至此，对于这些问题，诸位读者心中已经有了大概的答案——其实商业模式的本质之一就是形成全局性增量。那么，如何形成全局性增量呢？相关人员可以借助用户体验设计，协调和平衡各要素之间的关系。例如，借助用户体验设计提升客户价值、巩固渠道关系等。总之，用户体验设计能为企业的商业模式赋能。

体验设计的最终目的是让商业模式中所涉及的诸多要素保持平衡。这也是用户体验设计在产品或项目当中起到的是平衡作用，而不是决策作用的原因。

用户体验设计主要由设计师负责。但是只要是身处商业模式中的一员，其最终目的都是一致的——创造共赢局面。商业模式中的一员包括但不限于利益相关者、运营人员、市场人员、营销人员和渠道商等，他们所承担的不同职责能够影响的范围不同。以设计师为例：视觉设计师可以通过设计相关的运营广告维护客户关系；交互设计师可以让核心资源得到最大限度的场景曝光，同时还可以为供应商和合作伙伴提供良好的维护关系场景等。

在借助体验设计实现全局性增量之前，相关人员先要明确产品定位，这样才能为全局性增量打下良好基础。

2.1.2　明确定位，创造成功的全局性增量

不同的设计策略和侧重点，迎合不同的业务场景和需求。因此，评价一份设计方案的好坏，需要综合看待所使用的设计策略是否符合目标定位。

从 2.1.1 节的内容中我们知道了用户体验设计师需要平衡各要素的关系，目的是让商业模式涉及的人、事、物实现全局性增量。接下来，我们来聊聊设计师应如何借助商业模式创造成功的全局性增量，即如何制定成功的用户体验设计方案。

先有产品还是先有价格

设计师要制定成功的设计方案有一个重要的前提——成功的定位。在开始讲定位之前，我们先思考一个问题：先有产品，还是先有价格？

给自己五分钟的思考时间……

世界著名营销大师菲利普·科特勒认为："先有价格，而产品是让价格显得合理的工具。"给大家举几个比较浅显易懂的例子。

例子一：农夫山泉是靠卖饮用天然水起家的，农夫山泉饮用天然水的零售价为 2 元 / 瓶；而可口可乐是靠卖可乐起家的，可乐的零售价为 3 元 / 瓶。农夫山泉如果想把自家的饮用天然水卖到 3 元 / 瓶，该怎么办呢？

此时农夫山泉就要反问自己：如果自家的饮用天然水的定价是 3 元 / 瓶，我怎样才能把自家的饮用天然水卖出去？和可乐相比，自家的饮用天然水的优势又在哪里？怎样卖，消费者才会觉得物超所值呢？

出于对上述问题的考虑，才有了东方树叶、茶 π 等饮料。在饮用天然水中加入不同的配料，就可以将水卖到 3 元 / 瓶。

例子二：一位老板想开一家健身房，是先选址，还是先定价？

如果先定价，那么价格是定 2999 元 / 年、5999 元 / 年、还是定 8999 元 / 年？如果这家健身房的定价是 8999 元 / 年，那么它和 2999 元 / 年的健身房的区别又在哪里？怎样设计健身房才能让消费者觉得这家健身房定价 8999 元 / 年物超所值呢？

如果先选址，那么价格应该定为多少才能让消费者觉得钱花得值呢？消费者如果觉得值了，那么除去成本，老板还能赚到钱吗？

所以，要想开健身房，必须先定价，再选址。

例子三，也是最直截了当的例子：房地产商手中有一块地，应该先盖楼还是先定价？

这个地区房子的均价是 2 万元 / 平方米，房地产商核算成本之后觉得定价 5 万元 / 平方米可以实现利润最大化。那么，如何才能让 5 万元 / 平方米的定价显得合情合理，购房者也愿意支付呢？

房地产商要在盖楼的时候先想好是建高层住宅还是建别墅，绿化范围如何规划，甚至再融入创新的设计方案，让这个楼盘值这个价。反过来，如果房地产商先盖楼，那么他连要不要建别墅、如何规划绿化范围都不知道。

更何况，相关部门出台了相应的政策，限制了房地产商的利润，因此房地产商也必须先定价再盖楼。

因此，产品是让价格显得合理的工具，而定价才能倒逼着企业明确定位。

定位可以平衡商业和设计

根据《发现商业模式》一书提出的商业模式的运行机制，我们发现定位是六元模式中的第一环。为了平衡好各方利益和价值，设计师只有先了解清楚企业的定位策略，才能快、准、狠地确定设计定位，进而才能制定符合各方利益的设计方案。

这也是为什么目前有很多产品的体验设计、交互设计、视觉设计并不是最合适的，但从商业设计的角度看，这些设计是成功的——为商业创造了价值。这就是设计师在商业模式中选择了全局性增量最大化——或许牺牲了用户的一部分体验，但能为其他要素带来巨大的增量，这从总体上来说还是可行的设计。

举一个比较隐性的成功定位的案例。

有很多年轻人喜欢去宜家购买商品，在宜家的消费者群体中，女性消费者占 75%。出现上述现象的原因在于宜家对其自身的定位。

首先，和顾家家居这些做全屋定制的企业相比，宜家的定价显得十分平易近人，这也是年轻人愿意去宜家购买商品的一大原因。

其次，宜家的产品设计相对别出心裁，颇受年轻人喜爱。

最后，宜家为什么能够得到女性消费者的青睐，这主要归功于宜家产品的定位不仅在于解决日常生活的问题，如收纳、整理等，更多情况下宜家的产品是在向消费者阐述一种生活态度。在这个方面女性会比较敏感，她们也乐意为了自己喜欢的事物而消费，她们常说的一句话不就是"千金难买我喜欢"吗？

由此可见，一个成功的设计案例不仅需要考虑到设计本身的问题，也需要考虑到设计之外的问题，如用户、价格、品牌等。只有这样，设计出来的产品才能适应市场需求，企业也才有生存下去的可能。

说到定位，就不得不提定位理论的起源。定位理论是 20 世纪 70 年代由美国著名营销专家艾·里斯与杰克·特劳特共同提出的。他们认为："定位要从一个产品开始。产品可能是一种商品、一项服务、一个机构，可能是一个人，也许就是你自己。但是定位不是你对产品所做的事，而是你对目标消费者所做的事。换句话说，你要在目标消费者的脑海中给产品定位，确保产品在目标消费者的脑海中占据一个真正有价值的地位。"[1]

简单来说，定位就是针对现有产品在现有消费者和潜在消费者的脑海中"钉入"一个概念，当消费者产生某种需求时就会自发地产生相关联想。理论的基本原则不是创造东西，而是利用消费者的需求，尝试打开其联想的大门。

这样看来，定位理论无非就是"攻心"——消费者的需求是定位的核心。根据"消费者心理五大思考模式"[2]的内容，消费者只能接收有限的信息、喜欢简单、拒绝复杂、缺乏安全感、对品牌的印象不会轻易改变、焦点容易变化；与之对应的应对措施可以是在使用或体验方面变得简单和易感知，同时还可以提升用户对企业、产品或服务的信任感和安全感，这样便于聚焦用户的注意力，促使其为此消费。一般来说，掌握了这五大消费心理思考模式可以有效帮助企业将与之有关的定位"钉入"消费者的脑海。

将定位再做细分，其包含市场定位、价格定位、产品定位、品牌定位、人群定位等，而其中市场定位、产品定位和品牌定位的关联性最强。

三大定位

市场定位、产品定位和品牌定位

目前市场上仍有很多人将市场定位和产品定位混为一谈，实则二者不是一回事。

简单来说，市场定位就是一种企业对目标消费者或目标消费市场进行选择的定位策略。市场定位的目的是利用定位的特性使本企业和其他企业产生一种本质上最明显的区别，并且目标消费者可以轻而易举地感知到这种区别。

产品定位则是针对消费者对特定产品中某种属性的重视程度，通过塑造或强化的方式，将产品的这种属性变得独具特色，进而在市场上树立起产品独有的形象，这样就可以使目标市场中的消费者了解和认识到产品特点的一种定位策略。不过，产品定位必须基于市场定位才能得以确定，并且会一直受到市场定位的影响。与市场定位的抽象概念相比，产品定位因其独特的属性更加深入人心，如王老吉以"去火"的属性能够让消费者直接感知到产品的功效或价值。产品定位的意义在于让企业清楚应该生产什么样的产品来满足目标消费者或目标消费市场的需求，这些需求和产品本身的固有属性应具有正相关性。

市场定位和产品定位既彼此独立，又有很多的关联——产品本身的特性可以影响市场定位，而市场定位又可以主导产品方向。因此，一家企业在考虑市场定位和产品定位时，并不会独立地看待二者，而是将它们联系起来，以实现企业利益最大化。

接下来，我们说说品牌定位。定位体系全球开创者鲁建华先生认为：品牌定位是指以打造品牌为中心，以竞争导向和消费者的需求为基本点。因此，品牌定位可以说是定位理论中的核心，是所有定位的集合体。它是企业基于市场定位、产品定位等，对特定的品牌在文化取向及个性差异方面的一种定位策略，是建立一个与目标市场有关的品牌形象的过程和结果。

[1]　摘自艾·里斯与杰克·特劳特合著的图书《定位》。
[2]　关于"消费者心理五大思考模式"的详细内容可参考本书附赠的数字资源 1.1.1 节中的相关内容。

简单地理解品牌定位就是为某个特定产品寻找一个恰当的市场位置，使产品在消费者的脑海中占领一个特殊的位置，当消费者有某种需求时，能够随即产生相关联想的品牌策略。而如何让消费者在有需求时迅速产生联想，则需要靠企业加强宣传。总之，品牌需要借助某些渠道才能得到拓展，才能被消费者所熟知。例如，我们在火锅店吃火锅时会联想到"怕上火，喝王老吉"，夏天打完球口渴时会联想到"透心凉，心飞扬"。通过这些口号不难发现，品牌定位其实就是对市场定位和产品定位的一种高度概括。

市场定位、产品定位和品牌定位相互影响，相辅相成。

市场定位

市场定位也被称作营销定位，是市场营销工作者所使用的在目标消费者和潜在消费者的脑海中塑造产品、品牌或组织形象的一种营销技巧。

正如前文所述，定位并不是企业对一件产品做了什么，而是企业使产品在目标消费者的脑海中留下了什么印象。例如，一提到苹果手机，消费者的脑海中就会出现精致、易用、昂贵等关键词，反映到市场层面就是高端市场定位；小米手机在消费者脑海中的印象是性能强、"发烧机"、价钱亲民，反映到市场层面就是中低端市场定位。

企业在进行市场定位时，应主要围绕产品定位、企业定位、竞争定位和消费者定位展开。其中，产品定位主要围绕产品的特征、属性等展开；企业定位主要围绕企业的可信度、品牌、文化等展开；竞争定位是结合竞争对手和竞品的情况，为自身企业的市场提供选择参照，如小米研究苹果的市场定位，借此确定自身在中国市场中的位置；消费者定位就是明确产品的受众。

从另一个角度来分析，产品定位、企业定位、竞争定位和消费者定位同样也可以反作用于市场定位，如产品属性、产品质量等可以影响市场销量；企业可以参考竞争对手和竞品的相关情况做出市场决策。

那么相关人员该如何做好市场定位呢？

一是根据市场**趋势**进行市场定位，也就是预测未来产品的市场定位。例如早年的阿里云，任何人都不看好，因为在当时没有这种市场需求，但是并不能说明未来不会有这种市场需求，从结果来看，阿里云的预定位是成功的。

二是利用**现有产品**进行市场定位或再定位，市场定位的改变可能引发产品名称、价格、包装等的改变，如果市场定位或再定位足够精准，也许还会影响产品的某些固有属性。不过，这些变化都是为了保证产品在消费者的脑海中留下值得购买的印象。

而再定位是基于原有产品进行更新或再创新的一种定位策略，如京东成立"一号店"是根据现有消费者市场进行的再定位，目的是提升用户黏性。

市场定位的两个方向

根据已经选定的方向，企业可以开始制定定位策略。一般来说，定位策略有避强策略、迎头策略、创新策略和重新定位四类。不同的策略可以针对不同的市场环境进行调整。

市场定位的四类策略

避强策略是指企业力图避免与实力强劲的企业进行正面竞争，从而将自家的产品投放在竞争对手较弱的市场中，这样才能使自家的产品在某些特征或属性上和强劲的竞争对手的产品形成显著区别。例如，拼多多一开始将自身的市场放在三四线城市，这就有效地避免了与京东、天猫这类强劲对手展开一二线城市市场的争夺。这种策略的最大优势在于自家的产品可以在某些未被挖掘的市场中快速站稳脚跟，而且风险较小；不过这种策略的劣势也同样明显，相当于企业放弃了最佳的市场，无法获得更多的利益。

迎头策略是指企业为了占据市场中最佳的位置，不惜直接和在市场中占有支配地位、实力强劲的竞争对手直面"硬刚"，从而使自己的产品有机会进入和竞争对手相同的市场。这类定位策略可以使企业及其产品更快地为消费者所了解，方便企业快速树立市场形象。例如，抖音收到越来越多的人的喜爱，微视随之而来，这两个平台争夺同一个市场中的最佳位置；当然，还有早年的力士和舒肤佳在香皂市场中的竞争、苹果和三星在高端手机市场中的竞争等。

创新策略是指寻找新的尚未被其他企业占领，但有潜在市场需求的位置，以填补市场中某些细分领域的需求空缺。其优点是大家都对该市场需求缺乏了解，因此存在较大的机遇——没有竞争对手也就意味着可以独享蛋糕（当然，垄断是不行的）。俗话说"机遇与挑战并存"，对未知的市场进行探索充满风险，这些风险对于企业和产品来说都是挑战。

重新定位是一种以退为进的策略，进行重新定位是为了给产品重新进入市场做更充分的准备。正如前文所提到的"对现有产品进行再定位"一样，两者都是为了寻求更多的发展机遇。

企业在对自家产品进行市场定位的时候应该谨慎，要经过反复调研，发现最合理的切入口后才能进行自家产品的市场定位。避免出现定位错误、定位不明的情况，否则一旦出现，那将会对企业资源造成浪费，甚至导致企业破产。

一旦确定了市场定位，那么企业就必须在后续的环节中维护这个定位。当然，确定了市场定位并不代表不可改变，企业仍不能掉以轻心，对市场环境的变化需要保持敏感，随时根据市场环境的变化做出战略调整。

产品定位

产品定位是对目标市场的选择与企业产品相结合的一种结果，即将市场定位产品化的一种定位策略。也就是说，产品定位是在消费者心中树立一个产品的具体形象，为消费者提供一种消费决策的捷径，从而促成消费行为——消费者为什么买这款产品呢？是便宜还是实用？还是说这款产品可以帮助消费者达到某些目的，实现某些价值呢？

"怕上火，喝王老吉"，王老吉利用口号将产品的定位告诉消费者——王老吉是功能型饮料。

那么，企业该如何对产品进行定位呢？

笔者建议从产品实体的表现进行定义，如产品的形态、构成、特性、作用等，也可以从消费者心理方面做文章。

以王老吉为例，凭借一句简单的口号就可以在目标消费者的脑海中留下王老吉可以"去火"、是功能型饮料的印象，轻轻松松就把产品特点告诉了消费者。

不过，企业不能只靠产品本身的属性进行产品定位，还需要基于市场定位进行综合分析。例如，小米手机的市场定位是中低端手机，那么其定价就不宜过高，否则容易对消费者好不容易建立起来的对产品定位的认知产生冲击。

这里有两个进行产品定位的原则。

产品定位的两大原则

第一个是**竞争性原则**，也可以称为差异性原则。产品定位必须结合市场同业竞争产品的情况进行确定，避免产品在功能、特性方面与竞品雷同，突出自身优势，吸引消费者购买产品。生意人口中常说的"人无我有，人有我优，人优我廉，人廉我转"正是竞争性原则实际运用的具体表现。

第二个是**适应性原则**。首先，产品要适应消费者的需求，投其所好，这样才能促使消费行为产生。其次，产品的定位要适应产品自身的能力，不能欺骗消费者，构成虚假消费，如市场上盛行的"老年人保健品欺诈"，就是一种产品宣传和实际效用不符的案例。

为了适应市场趋势，产品不仅需要满足消费者的需求，而且产品的质量要经得住市场的考验。

综上所述，企业在进行产品定位的时候，一方面要关注消费者对产品某种特性的需求程度，另一方面也要考虑竞品的特色，也就是通过竞品从侧面了解自己的产品。相关人员可以通过调研活动，分析、挖掘消费者的需求，进而发现市场的机遇，这样一步步地确定自家产品独特的定位。

有了进行产品定位时需遵循的原则，企业可以根据市场环境应用不同的定位策略。

产品定位的四大策略

专业化策略是指企业通过生产单一产品获取利润的策略。采用这种策略的企业不求产品多元化发展，走的是产品专业化发展路线。目标是把一个产品做精、做透、做大、做强，通过大批量生产和扩充销售渠道谋求发展。这种企业在我国企业发展早期比较多，如老干妈早期只有一种豆豉风味酱，仅靠这一款产品在我国酱料市场中站稳了脚跟。

单一产品做大、做强

不过，市场是不断变化的，企业有些时候不得不对定位策略做出调整，以适应市场的变化。

差异化策略是指企业通过某种方式调整那些基本相同的产品，以使消费者相信这些产品存在差异而产生不同的需求偏好的策略。也就是说，为了适应市场变化，企业会通过对多项产品的不同组合方式进行横向和纵发展。这也是老干妈后续推出辣三丁油辣椒、精制牛肉末、红油腐乳、干煸肉丝油辣椒等多种产品的原因之一——这些产品都是为了适应消费者日益多元化的口味需求，以赚取更多的利润。

当然不仅食品行业的老干妈，香奈儿也靠着差异化策略赢得了消费者的青睐。香奈儿早期依靠卖帽子起家，为了满足消费者多元化的需求，在后期陆续推出了许多产品，如服饰、香水、箱包、珠宝、手表等。

由此可见，只有不断地调整策略，才能从更多的角度满足不同消费者的多元化需求，企业才能获得更大的成长空间和更多的利润。

通过差异化策略获取更多的利润

然而，有些行业运用的策略却和差异化策略不同。动漫产业链运用的是**边缘化策略**，即围绕以打造品牌为中心，扩展更多的周边市场。这种策略是企业同时生产或提供具有两个或两个以上行业特点的产品的一种定位策略，其特性是通过产品组合由深度向关联度发展，如皮卡丘这一动漫形象，可以通过边缘化策略，发展出玩偶、钥匙扣等衍生品。

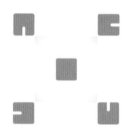

围绕以打造品牌为中心，实施边缘化策略

多角化策略是指企业同时生产或提供两种以上分属不同行业的产品的定位策略。为了能在千变万化的市场环境和激烈的市场竞争中占据有利地位，企业必须处于不断求变和及时应变的状态，由单一产品经营转向跨行业产品经营。

多角化策略在帮助企业合理分散风险的同时，还可以帮助企业扩大经营范围，提高竞争能力。与此同时，采用多角化策略也有利于企业充分利用自身现有资源，挖掘生产经营潜力。和其他策略相比，多角化策略更多的是将产品组合由关联度向广度发展或者由深度向广度发展。最形象的例子莫过于阿里巴巴的 1688 发展出了淘宝，阿里巴巴通过差异化策略，发展了天猫、闲鱼、考拉海购等同属于电商类的广度产品。采用多角化策略，阿里巴巴还发展并打造出了支付宝、菜鸟、阿里云等多个分属不同行业、不同领域的产品。

利用现有资源跨行业经营

除了需要遵循原则、运用策略确定产品定位，企业的相关人员还需要清楚在产品定位执行过程中，有哪些因素会影响产品定位。

- 能够影响产品定位的最大因素就是产品本身，也就是"货"。
- 受众群体（消费者）的需求也能影响产品定位，也就是"人"。
- 往大了看，产品定位是基于市场定位而确定的，因此产品在市场竞争中的位置也是影响产品定位的关键因素之一，也就是"场"。

在市场定位和产品定位都明确的情况下，要想让消费者轻而易举地感知产品属性，还得靠品牌定位。

品牌定位

品牌定位是指企业基于市场定位和产品定位，为某个特定产品确定一个适当的市场位置，使产品在消费者的心中占据一个特殊的位置，即当消费者的某种需求突然产生时，能够立即联想到该产品。

王老吉就是通过广告营销手段将产品具象化，这样才便于产品在消费者的脑海中留下深刻印象，当消费者对"去火"有需求的时候，立马会联想到王老吉。

借用《视觉锤》一书中的相关概念，转译一下品牌定位的概念：品牌定位就像一把锤子，它可以将企业或者产品的核心内涵，通过营销宣传的方式，在目标消费群体的心中，钉入一颗有价值的"钉子"，也许是一句口号、也许是一个实体形象、也许是一个故事，当消费者产生某些需求时，这枚具有独特价值的"钉子"就能发挥作用了。

通过市场推广和广告营销的渠道观察市场上诸多成功的产品，它们都具备一个共性：始终如一地围绕品牌定位"叙述故事"。

> 1934 年，力士香皂进入中国市场，市场定位是个人高端消费者市场，并且在 20 世纪 90 年代一跃成为该领域的领军品牌，占据了中国市场 46% 的份额。舒肤佳是在 1988 年进入中国市场的。从市场定位和产品定位进行分析，二者的差异很小，唯一的差别是二者背靠的母公司的实力存在差距——前者是联合利华，后者是宝洁。

> 那么，舒肤佳作为一个新进入中国市场的品牌，怎样才能实现逆袭呢？这就需要借助品牌定位的力量！

> 通过相关信息可以发现，力士在进行市场推广的时候将宣传重点放在了芳香、润滑、滋养、柔顺四个特点上，在海报宣传中各路明星为其代言。虽然一款产品具备多重功效并不是坏事，但是与消费者对香皂的基本需求相比，似乎这四个特点并不能满足消费者的基本需求。

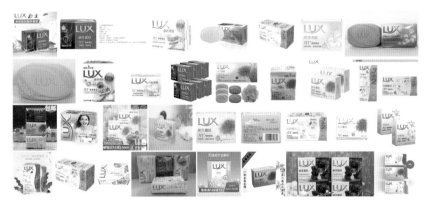

力士香皂

回头看看舒肤佳的广告，从始至终只有一个核心点——抑菌，而且是长效抑菌！

无论是将广告宣传的重点放在长效抑菌的功效上，还是针对代言人的选择——穿白大褂的专业医生 / 科研人员，抑或是广告场景取自实际的洗浴环境，都体现了其专业性。由此可见，舒肤佳香皂的产品定位就是抑菌，并且它的 Logo 是一块盾牌，这给予了消费者被守护的感觉，在消费者心中树立了良好的品牌形象。

舒肤佳香皂

此时结合前文所述的与定位相关的概念，再将力士和舒肤佳的定位进行比对会发现，力士的品牌定位过于分散，很难在消费者心中形成品牌聚焦点。反观舒肤佳聚焦抑菌功效，在任何场合、媒介、渠道看到的与舒肤佳香皂相关的营销广告，都始终如一地把抑菌作为品牌推广的重点。这有利于舒肤佳先通过品牌聚焦，将产品的功效和消费者的需求联系起来，再通过某些方式将品牌定位准确地传达给消费者。

因此，成功的品牌定位可以充分体现产品和消费者的关联性，以及和其他竞品的差异性。这正是品牌定位的核心所在：独特的品牌定位使品牌和消费者建立长期而稳固的联系，同时清晰聚焦的定位也能为企业下一步的产品研发和市场营销指引方向。

同产品定位的适应性原则一样，如果品牌定位刻意夸大而忽视了产品本身的特性，就会透支消费者的信任。这也是为什么在保健品行业中，企业夸大宣传自家产品的功效，最终会变成众矢之的。

关于如何对品牌进行定位，笔者认为可以通过"七问法"挖掘品牌的价值。

- 是什么？
- 有什么用？
- 消费者需要它吗？
- 有替代品么？
- 购买理由是什么？
- 定价合理吗？
- 什么时候买？

初创企业的品牌形象不是很清晰，相信通过"七问法"可以将产品的特性聚焦于一处，这样企业才能在后续的推广营销活动中全力宣传产品的这一特性，从而在消费者心中树立清晰的品牌形象。

所谓"新瓶装老酒"，企业为了适应市场变化，可以先调整产品的包装、定位等，再建立一个全新的品牌，这样企业及其产品的形象可以在消费者心中得以重塑，企业才能持续发展。

定位理论的不足

定位理论并不是一种万能的理论。经过长时间的发展，许多人在实践中发现了一些问题，提出了反对的意见。

有些人认为定位理论的格局太小，不应该只局限于迎合消费者的偏好，应该回归消费者的需求进行定位，借此寻找新的市场机会，而不是在有限的空间里争夺现有的"蛋糕"。

有些人认为定位理论过于简单，不成系统，毕竟定位不能单方面决定产品的发展方向。

有些人认为定位理论的作用被过分夸大了，要知道定位理论只是一种方法，它只是企业采取差异化发展策略时可以用到的一个工具而已。

更多关于定位理论的内容，诸位读者可以自行阅读艾·里斯的著作《定位》。本书仅从宏观角度描述市场定位、产品定位和品牌定位对于用户体验设计而言的相关影响，以便诸位读者深入理解本书后续内容。

2.1.3　SWOT 模型

SWOT 模型通常用于战略规划，以帮助确定潜在的竞争优势。

——《赢》一书中部分内容转述

在前文中我们讲到了借助定位帮助企业创造成功的全局性增量，也详细讲述了如何定位。不过由于市场环境错综复杂，想要准确地进行定位是一件困难的事情，这就像看待一件事情的发展一样，不能只看表面，需要把它置于当时的时代背景下，综合地考量内部环境和外部环境。因此，我们还需要借助一些科学的方法进行分析，接下来，笔者介绍一下 SWOT 模型。

SWOT 模型概述

在商业战略中，SWOT 模型经常被用作辅助竞争分析。20 世纪 80 年代初，美国旧金山大学管理学教授海因茨·韦里克首次提出 SWOT 模型，后经麦肯锡咨询公司优化才得以实现商业化应用。

SWOT 模型也被称作"态势分析法"，即通过分析，将与主体相关的优势、劣势、机会和威胁进行统筹，并运用系统性思维得出具有决策性质的结论。

既然是关乎商业决策的分析，那么交给老板、利益相关者来做就好，身为用户体验设计师又何必去了解这方面的内容呢？

SWOT 模型主要协助相关人员分析特定对象的优势和劣势，以及特定对象在所处内部环境和外部环境中所受到的积极影响或消极影响。因此，SWOT 模型聚焦影响企业和产品（以下统称企业）的内部因素和外部因素，帮助企业制定符合自身的发展战略。对于设计师而言，SWOT 模型可以辅助设计师进行竞争性用户研究、市场营销分析等。因此，作为用户体验设计师也需要学习 SWOT 分析模型。

SWOT 模型的构成

SWOT 是四个英文单词的首字母，即优势（Strengths）、劣势（Weaknesses）、机会（Opportunities）和威胁（Threats）。这种分析方法的好处是企业的相关人员可以从优势、劣势、机会和威胁等不同视角审视全局：优势和机会是企业最想拥有的，而劣势和威胁则需要根据环境进行综合分析，争取将其转变为企业发展的动因。

SWOT 模型

外部环境分析	内部条件分析	
	优势（Strengths）: 1. 2. 3. …	劣势（Weaknesses）: 1. 2. 3. …
机会（Opportunities）: 1. 2. 3. …	SO-1. SO-2. SO-3. …	WO-1. WO-2. WO-3. …
威胁（Threats）: 1. 2. 3. …	ST-1. ST-2. ST-3. …	WT-1. WT-2. WT-3. …

上表是模型的矩阵结构，可以看出，S、W、O、T 是四个单一维度，彼此独立，但可以通过交叉重叠产生不同的结论。

我们先来拆解一下四个维度的构成属性。

随着全球经济一体化的日趋完善，信息网络的便利性和消费需求的多元化，为诸多企业创造了更为开放同时更具波动性的市场环境。因此，企业外部环境的分析变得更加重要。

根据 SWOT 分析模型，可以看出，外部环境可分为两大类：一为积极要素——机会，二为消极要素——威胁。

- O——机会。例如，开发区规划、市场趋势效应、产品互补环境、拉新渠道多元化、良性的竞争循环等，这些外部环境的机会往往具有不稳定性。企业如果想在其中寻找机会、谋求发展，就需要相关人员具备极度敏锐的嗅觉，抓住时机，带领企业不断壮大。

- T——威胁。天灾人祸我们无法预见，但是有一些威胁是可以提前避免的，如市场压力逐渐增大、市场份额被抢占、恶劣的竞争环境、行业内卷、新的竞争者加入、同业替代品增多、成本逐渐升高、用户需求多元化等，面对这些威胁，企业需要结合实际情况制定合理的应对策略。

下面以"华为手机的 SWOT 分析"为例，简单展示 SWOT 模型的基本用法。

机会和威胁维度

外部环境分析	内部条件分析	
	优势（Strengths）	劣势（Weaknesses）
机会（Opportunities） 1. 4G、5G 时代的到来，华为拥有 5G 牌照，为其在通信领域做大、做强，夯实了基础 2. 终端设备的多元化，迎合时代趋势，同时也满足了消费者多元化的需求 3. 人才储备（即管理和自主研发技术）是华为的核心竞争力	SO	WO

续表

外部环境分析	内部条件分析	
	优势（Strengths）	劣势（Weaknesses）
威胁（Threats） 1. 外部环境日趋紧张 2. 同跨国公司的竞争日益激烈 3. 同国内公司的竞争也逐渐激烈	ST	WT

从上表中可以发现，企业战略、产品方向的制定受外部环境的影响。用户需求多元化就是外部环境的构成要素之一，只有用户受益了才能实现企业效益的提升。

更何况，公司战略的制定也受宏观环境的影响，在这里可以借助 PEST 分析法，通过对政治、经济、社会、技术四个方面的分析，从四个层面把控好宏观环境对企业乃至产品的影响，趋利避害，帮助企业利用外部机遇扩大优势，或者有效规避风险，寻求新的机会。

PEST 分析法

PEST 分析法	具体内容
P——政策 / 法律	税收政策、经济刺激方案、行业法律法规等
E——经济	经济周期、汇率 / 利率、货币政策等
S——社会环境	市场需求增长韧性、人们消费生活的变化、地域特性、文化教育水平、竞争环境的变化
T——技术	技术革命、硬件突破、技术壁垒、替代技术的出现等

我们也可以借助**波特五力分析法**，从供应商、消费者（购买力）、潜在竞争者（威胁）、替代品（威胁）、现有竞争者等多个角度做出更全面的分析。

波特五力分析法

对于企业的综合影响力和固有价值而言，外部环境固然重要，但这些都是外在的，企业只有自身强大了，才会提高抗风险能力。

- S——优势：一般来说，内部的优势可以是技术优势、成本优势、竞争优势、特殊能力、成熟的产品线、颇具规模的经济体、财务资源的充足保障、管理层的能力保障、市场上的口碑等。
- W——劣势：劣势相对优势而言，会"藏"得比较深，很多时候，企业的相关人员需要花费更多的精力去挖掘。例如，市场竞争方面的劣势、设备或产品老旧问题、策略陈旧、产品 / 业务线单一、人员储备不足、推广营销的能力不足、内部管理不善、资金链断裂等，这些问题都是企业内部的劣势，需要加以完善。

继续丰富上述华为的例子。

优势和劣势维度

	内部条件分析	
外部环境分析	优势（Strengths） 1. 业务排名靠前 2. 拥有 5G 通信牌照 3. 技术实力强悍，并在多地设立研究所 4. 拥有承办优势，低于市场平均成本 5. 提供优质的售前和售后服务 6. 人才储备充足，在多地设立中心培养技术人才，并进行灵活调配 7. 领导层优秀，拥有前卫思想	劣势（Weaknesses） 1. 与国有企业、上市企业相比，华为在某些政策方面没有优势 2. 消费者对华为的了解仅限于移动设备领域，对 FMC、IMS、IPTV 等领域了解不多
机会（Opportunities）	SO	WO
威胁（Threats）	ST	WT

衡量一家企业或者一款产品是否具备竞争力，需要经过市场和消费者的检验，因此，相关人员在分析优势和劣势的时候应该从消费者的角度思考问题，不应该一味地从企业、产品自身的角度思考问题，否则容易本末倒置。

我们可以借助人力资源管理中的 **QCDMS 分析法**，从品质（Quality）、成本（Cost）、交付（Delivery）、士气（Morale）、安全（Safety）五个方面进行综合分析。

人力资源管理中的 QCDMS 分析法

QCDMS 分析法	具体内容
Q——品质	产品质量、安全性、稳定性、实用性、适用性、可靠性等
C——成本 / 价格	单位产品成本、销售成本、服务成本等
D/D——产量、效率、支付能力	生产总量、产出能力、单位产量、人均产量、综合效率
D/L——研发、技术、制造	新产品研发能力、专利技术申请、独有技术支撑核心业务、创新能力、制造领域影响力等
M——人才、设备、物料、方法	人才储备计划、优秀管理人才、设备先进、现代化流程、供应商保质保量、优秀的管理体系等
S——销售、服务	强大的销售团队、营销策略团队、市场公关团队、定制化服务、优质的售后服务体系等

SWOT 模型分析

SWOT 模型的核心价值是辅助企业制定相应的策略，相应的策略包括机会优势策略（SO）、机会劣势策略（WO）、优势威胁策略（ST）和劣势威胁策略（WT）。

- SO 策略是企业最理想的策略维度，即抓住外部的机遇，顺应趋势，并且充分发挥自身优势以进入发展快车道。例如，淘宝就抓住了移动互联的机遇才得以在短期内迅速崛起。"机会总是留给有准备的人的"，这句话放在 SO 策略中再合适不过。因此，SO 策略也被称为增长型策略，即企业利用自身的优势，借助外部环境（如市场趋势、政策扶持等）发力，形成杠杆效应，产生巨大效益。

- WO 策略。企业借助固有优势，尝试追加资源转换优势方向，以求在内部对劣势资源进行良性调整，进而迎合外部的环境，抓住新的机遇。例如，阿里巴巴收购淘票票，就是利用资本优势以收购或并购的方式弥补自身劣势——缺少成熟的影音娱乐平台。因此，WO 策略又被称为扭转型策略。

- ST 策略。企业外部存在风险，但是自身的优势却迫于环境压力无法发挥。在这种情况下，企业尝试追加资源转换优势方向，考虑通过转型或衍生发展规避风险，进而寻求新的转机，因此 ST 策略又被称作多种经营策略。

- WT 策略。当企业遇到严重危机时，不求发展，只求保全自身。企业在减少内部劣势的同时还需要避开外部环境威胁，WT 策略是一种防御型策略。

华为完整的 SWOT 分析

外部环境	内部条件	
	优势	劣势
机会	1. 抓住机遇，争取成为世界级的通信制造企业 2. 借助 5G 技术优势，建立华为品牌影响力 3. 创新创造并推出更多拥有自主知识产权的设备和技术 4. 争取在全球范围内实现资源的最佳配置和整合	1. 将高质量人才向所有潜力的市场输送 2. 努力培养更多优秀的高层管理人员 3. 开拓新的市场，采用高效的方式开拓海外销售渠道
威胁	1. 提升设备技术含量和服务水平，吸引对服务质量有要求的稳定用户 2. 用实力说话，加强和政府相关部门的合作，充分利用政策红利促进企业的发展 3. 用专利、技术作为敲门砖，提高全球跨国合作的可能性	1. 裁撤不合适的员工，降低成本 2. 多参与组织活动、国际贸易活动等，加强和政府、各大企业之间的合作，以提升品牌知名度 3. 组建专业团队对相关情况进行分析，考虑投资的方向 4. 通过合作，寻求多元化发展

每一个时代都是挑战与机遇并存的时代，有些企业懂得利用自身优势来规避风险，或者迎难而上、减少外部威胁。

综合上述分析，笔者给出了基于 SWOT 模型的分析流程。

基于 SWOT 模型的分析流程

框架只是基于模型的一种逻辑参照，不应被理解为束缚思维的工具。企业或相关人员可以结合自身所处的环境和对 SWOT 模型分析的理解，自行设计新的分析流程。

时代局限性

从适用性来看，随着市场的不断发展和完善，SWOT 模型开始在某些场景中逐渐暴露出其缺陷和局限性。

因为当时的企业更加注重成本控制及对质量的把关等，所以 SWOT 模型特别适用于当时的企业战略规划，然而现代企业却更加注重对组织流程的现状分析，借助 SWOT 模型反而会让企业忽视改变现状的主观能动性。因此，在现代企业经营模式中，我们可以通过寻找新的资源，改变甚至创造新的优势和契机。

如前所述，我们很容易就可以发现在 SWOT 模型中的主导因素是优势。很多时候，企业或产品发展不好并不是因为缺乏优势，而是优势太过突出，导致无法整体协调。

例如，设计一套系统，A、B、C 三个模块都设计得很出彩，但用户在使用的时候却感觉不到这是一套完整的系统，为什么？因为 A、B、C 三个模块虽然相互独立，但无法兼容。这时就需要设计规范的协调，使 A、B、C 三个模块协同配合。

模块之间的协同配合需要设计规范的协调

因此，在借助 SWOT 模型进行分析后，我们应该把主要精力放在扩大优势上，当然这并不是让我们忽略劣势。我们应当从全局出发，毕竟企业或团队的精力和资源是有限的，无法追求全面发展，我们更应该建立起牢固和稳定的相对优势，以应对突如其来的挑战。SWOT 模型并不是指导我们追求全面的发展，而是要求我们稳固和夯实与市场相契合的最大优势，分散部分精力消除一些相对的劣势，这样才能实现内部资源的良性调整。

2.2 需求来源

2.2.1 探寻需求来源

内容应当先于设计。缺乏内容的设计算不上设计，最多算是装饰。

——最早的 Web 设计师之一，杰夫·齐曼

需求来源的主要渠道

每当新项目开始时，团队的首要任务就是了解产品或服务所在领域的行业规则。尤其是在项目初期，相关人员需要尽量多关注现有产品、竞争对手、用户和市场等，这样才能帮助团队成员在后续的项目推进中逐渐构建完整的领域认知。这就要求团队需要通过多种渠道关注需求的来源，如通过市场部门了解市场环境，通过竞品分析对产品所在领域的竞争对手有所了解。总之，多了解各方面的需求来源可以帮助团队成员在该领域乃至细分领域内扎根，巩固自身的软实力。

除了要明白需求来源，相关人员还要清楚在产品的不同阶段，需求侧重点不同。

例如，产品初创期的需求侧重点是积累用户，这时一般会以用户需求为导向，也就是吸引用户、满足用户；而当产品达到一定体量（产品成熟期）时，也许业务需求会占据上风……所以，清楚产品各个阶段的需求侧重点，可以帮助我们尽快调整工作重点。

（常规产品的）需求来源大致有三类：产品需求、用户需求和业务需求。

产品需求、用户需求和业务需求是需求的主要来源

产品需求一般通过产品功能表现出来。当然，功能需求只是产品需求的表现之一，除了功能需求，产品结构、逻辑设计等都是隐性的产品需求。

功能需求

用户需求一般描述的是用户目标，如 2.2.2 节提到的福特汽车的例子，虽然用户提出"需要更快的马"，但这只是表面需求，用户体验设计师要做的就是通过用户的表面需要挖掘其更深层次的需求。这些需求体现在产品中则更多的是用户操作的内容，如分享、收藏、下单、返回等。

如前所述，功能需求和用户需求有重叠。这是因为功能只有满足了用户需求才会被开发出来，所以功能和用户需求存在一定的逻辑关系。

功能其实就是需求的可视化

业务需求则比较特殊，主要以市场为导向，通常源于利益相关者、投资者、竞争者或管理者等。这些人会为产品提出设立高层次的目标，如一款社交 App，表面上看是为了解决人和人之间的沟通问题而研发的，但其本质是资本的逐利和相应的商业价值——社交可以扩展很多内容，如支付、第三方扩展、广告等。

因此，相关人员在考虑业务需求时要时不时地问问自己："这么做有哪些既得利益和预期利益，甚至有哪些长远利益呢？"

归根结底，一款产品的最终目标无非就是满足业务需求。但是为了达成这个最终目标，就必须以产品需求和用户需求作为基石。只有将这三者的关系梳理清楚，后续的结构逻辑和产品设计才会更加顺畅。

产品的最终目标就是满足业务需求

产品需求

产品需求是针对功能的补足和完善，那么产品需求一般会来自哪些方面呢？

首先，就是针对产品的内部评论或点评，这是获得关于产品功能优化建议的比较直接的渠道。当相关人员利用该渠道获得产品需求时，需要向运营人员或市场人员寻求帮助，他们需要通过后台查看的方式获取有价值的内容。

内部评论最大的优势就是方便快捷，且问题点大多比较集中，无论是对于 C 端产品还是对于 B 端产品来说，这都是一个不错的渠道。但是，能够自主提交反馈信息的一般都是产品的忠实用户，很少会有大范围的用户主动提交反馈信息。这也就限制了反馈的覆盖面，毕竟产品的忠实用户并不代表用户群体。

产品的功能主要围绕主流用户展开设计，所以仅靠内部反馈来优化产品显得有些片面，建议相关人员结合其他渠道完善产品需求。

其次，既然有内部反馈渠道，肯定也有外部反馈渠道——外部评论。例如，论坛、贴吧、应用宝和 App Store 这些平台中的评论都是产品需求的来源。这些平台会聚集各个等级的用户——不仅有初级"小白"，还有专业用户的身影，所以合理利用好这些平台中的评论，相信对于产品需求的汇集大有裨益。

再次，正如小米在早期开设了一个"米社区"，在该论坛中，所有用户都可以畅所欲言，想说什么就直接在论坛评论区进行回复。相关人员可以更快地获取用户的反馈，汇集产品需求。除了上述平台中的评论，还有诸如第三方测评、数据分析公司和调研企业等具备专业性质、针对较强的企业的建议，也可以看作"外部评论"。不过这些"评论"比较特殊：第一它不是免费的；第二这些"外部评论"往往夹杂着诸多的市场趋势分析和专业意见等，内容的覆盖面比较广，甚至会涉及业务需求。

最后，通过后台日志或数据分析，相关人员也可以得到产品需求，这也是许多产品优化迭代的依据之一。

日志文件可以通过用户访问数据记录获得，当然也可以在前期针对某些需要特别留意的功能或模块进行埋点处理，方便相关人员后续有针对性地进行优化。有了数据之后，再结合一些其他需求来源进行综合分析，可以帮助调研人员获得有价值的信息，以进行用户研究和可用性分析工作，如验证数据产生的原因和影响，便于挖掘数据背后更深层次的需求。更多关于日志文件、后台数据的描述请参考本书附赠的数字资源 2.2.1 节中的相关内容，此处仅对需求来源进行补充说明。

产品需求来源主要有内部评论和外部评论，以及第三方企业和后台数据

产品需求来源的渠道有很多，除了以上四种渠道，还有产品的自我挖掘、业务需求的演变等，感兴趣的读者可自行扩展，这里就不再赘述了。

用户需求

关于用户需求的分析，有很多的需求分析模型可以利用。用户需求从本质上理解就是"通过产品需求满足用户自身的某种欲望"，如微信是为了满足社交需求、饿了么是为了满足用餐需求、BOSS 直聘是为了满足找工作的需求等。至于如何分析这些需求，这些需求又该如何落地，就需要相关人员通过用户调研挖掘用户需求了，如前文提到的用户画像、用户访谈、焦点小组、问卷调研和实地调研等活动都是有效分析用户需求的调研活动。这些活动有助于相关人员了解用户需求，收集用户数据，从而有助于团队设计出合适的解决方案，提升产品的体验。

不过调研活动本身是需要成本的，对于一些创业公司来说或许有些难度，因此我们还可以通过其他渠道获取用户需求。

最简单也是最直接的方法就是自行研究和体验。毕竟在一定程度上，团队成员其实也是用户，虽然不具备代表性和普适性，但总归也可以用得上——结合企业现有产品进行体验当然是最好的，如果自家没有实体产品，建议相关人员体验市场上的竞品，从而获取用户体验和用户需求。

不过需要注意的是，相关人员在自行体验时容易陷入"以自我为中心"的思维盲区——将自己置身用户的使用情境中是恰当的做法，但不能将自己的想法当作用户的需求。合适的解决方案就是将通过自行体验发现的问题记录下来，在进行团队讨论时提出来，这样可以有效避免因"以自我为中心"而影响产品的发展方向。

除了自行体验，相关人员还可以通过同事分享和团队讨论等方式获取用户需求。特别是在新项目中，团队的其他成员很有可能和自己一样都是刚开始研究该领域的相关知识，此时和团队其他成员多交流，是项目前期获取高质量需求的一个重要方式。

为了使自己和其他团队成员的沟通更加顺畅，建议相关人员尽可能地完善自己的知识体系，这不仅可以帮助自己赢得团队其他成员的尊重和信任，还可以促进自身快速融入新领域。因此，技能迁移 ① 能力是职场中需要具备和熟练掌握的一项技能。

用户需求来源主要有用户研究、自行体验和团队讨论

业务需求

结合用户需求，我们发现用户的欲望通过产品功能能够得到满足，而所达成的某些利好恰好可以满足业务方面的需求，如微信在满足用户社交需求的同时，通过植入广告获取利润；饿了么在满足用户用餐需求的前提下，成为商家和用户之间的桥梁，借此赚取利润等。

很多的需求往往是由商业利益主导的，其中企业管理层是最直接的利益相关者，因此他们提出的需求往往更偏向业务层面：有能力的管理者会结合企业定位、发展规划、商业模式、股东利益等，给出产品下一步的发展方向。这也是为什么在工作中，老板的"一句话需求"传到基层，执行起来很费劲——基层员工对需求的理解不全面，往往会忽略商业利益和市场这些要素。这也是新人设计师和资深设计师最大的区别——认知、眼光和见识的不同，导致其看待事物的高度和广度不同。

除了利益相关者（业务方）是业务需求的来源，市场部门的相关人员同样也是业务需求的来源之一。毕竟市场部门中主要是售前人员和营销人员，他们十分清楚地知道用户需要什么样的产品——市场部门的相关人员会直接和用户接触，他们所提供的部分数据可以作为市场行情分析的依据。

需要注意的是，市场部门所提供的数据会相对比较多元化，因此相关人员需要对市场部门所提供的数据进行筛选。

有的读者会问：既然市场部门提供的数据多元化，那是不是可以和市场部门协商，只提供需求相对应的数据就可以了呢？

① 技能迁移是指一种技能的学习对另一种技能的学习和应用产生影响的过程或现象。简单理解就是，已经形成的技能会对掌握另一种技能起到促进、迁移的作用。

其实，提供的数据多元化是受到了这个部门的职能的影响——市场部门关注的是产品产生的实际价值，这样才能将产品卖出去，而用户则关注产品能给他们带来的价值转化。虽然说二者的本质是相通的，但是所体现的方式却大相径庭。因此，市场部门的数据是多项需求的结合体，也就是说，市场部门提供的数据就是一个结果，至于为什么会有这样的结果则需要设计师自行进行分析。

因为市场部门所提供的数据只能帮助团队构建部分需求（比较杂乱），这些需求可能会严重脱离实际场景和使用条件，所以相关人员还需要注意市场部门的需求落地性。

竞品分析也是业务需求的重要来源。

除了上述三个渠道，还有一个渠道比较特殊——第三方平台。

业务需求来源主要有利益相关者（业务方）、市场部门、竞品分析和第三方平台

与产品需求和用户需求不同，业务需求所覆盖的范围比较广，业务需求是产品需求和用户需求的集合和演变，因此业务需求往往可以拆分出相关的产品需求和用户需求。也就是说，产品需求和用户需求可以彼此相互联系，但它们始终是一个独立的个体，而业务需求是它们最终的归宿。

正如北极星指标（业务目标的升华目标）一样，是以业务为导向而制定的企业最高目标，为了达成这个目标就需要三大需求逐步演变。当然，最终目标肯定不止三大需求演变这样简单，背后会涉及复杂的多项要素，篇幅有限，笔者就不再赘述了。

2.2.2　什么才是需求本质

人们并不想买一个四分之一英寸的钻头，他们更想要的是四分之一英寸的孔。

——哈佛商学院市场营销学教授，西奥多·来维特

对需求本质的挖掘，其实并没有一套合适的方法或模型可言，大多凭借经验和理性判断，然后结合不同的方法才能挖掘出来。

然而在实际生活和工作中，需要和需求具有多样性并且是不可控的，因此希望诸位读者在看完本节的例子之后能举一反三，结合自身情况合理挖掘需求。

在深挖需求本质之前，我们先来看两个例子。

【例子一】

　老板：今天交一份关于××模块的提案，需要有××、××和××细节。下班之前给我。

产品经理：嗯？！这个模块不符合现实需要，也不符合逻辑啊！（心想：老板要什么就做什么吧。）

老板：你的提案我看了，做得不行。重新写一份给我。

产品经理：啊！错在哪里了？我完全是按照老板提的要求来写的啊……

【例子二】

消费者：我想要一匹更快的马。

亨利·福特：为什么你想要一匹更快的马？

消费者：因为可以跑得更快，节省时间！这样我就可以早点到达目的地。

亨利·福特：所以，你要一匹更快的马的真正用意是什么？

消费者：用更短的时间、更快地到达目的地！

亨利·福特：我发明了一个东西，叫汽车，比马快多了。

亨利·福特和他发明的福特汽车

需要和需求

【例子一】是反面教材。由于需求来源具有多样性，尤其是业务需求具有很强的目的性和倾向性，因此产品通常由利益相关者所主导，即相关人员需要根据市场风向的变化提出新的产品研发方向，这些方向往往是相关人员在综合分析了市场的趋势、利弊和企业经营目标等多种要素后得出的。但处于执行层的相关人员为什么会认为管理者的需求无法理解呢？很大一部分原因是员工没有从利益相关者的角度思考问题。当然也不排除一些利益相关者是创业型企业负责人，由于个人能力和经验不足而导致需求本身确实不靠谱。

【例子二】是正面教材。消费者的需求是"更快的马"，而福特所看到的是消费者深层次的需求。正因为福特懂得如何挖掘需求的本质，才使得如今的福特汽车处于行业领先地位。

如果我们能够像福特一样"通过现象看本质"，多问几个"为什么"，或许可以避免【例子一】中的返工。

通常情况下，一些原始的想法都是用户最浅显的需求，如在用户访谈过程中，受访者会就某个问题提出自己的解决方案，受访者认为这样的方案可以快速解决目前的问题。

　　"我讨厌弹窗，希望可以把弹窗这个功能去掉。"

　　"我讨厌广告，希望可以把推送广告这项服务取消。"

而事实上，如果相关人员能看到用户需求的本质，也就是说，用户产生这个需求的原因是什么，就可以找到更合理、更高效的解决方案。

　　"用户讨厌弹窗，仅仅是因为在打游戏的时候弹窗容易影响用户的游戏体验。"

　　"用户讨厌广告推送，仅仅是因为广告推送的内容并不是用户感兴趣的，因此，用户才会产生抵触情绪。"

在实际工作中，团队在研发一款新产品或迭代一项新功能时，往往能从业务人员、市场人员和运营方那里得到许多不同的原始想法。

　　业务方："这个按钮要足够红，这个 Logo 要足够大。"

每一个辛苦的设计师的背后都有一群指点江山的"大神"

一些"小白"设计师，并没有丰富的经验和敏锐的洞察力，往往就按照既有的原始需求进行设计。其实，按照这些原始需求进行设计并没错，因为在业务方眼中这样的解决方案是最快捷也是最高效的，但是将这些原始需求交到资深设计师手中，往往会出现如下情景。

　　资深设计师："这样设计的目的是什么？"

　　业务方："红色按钮可以吸引用户目光，Logo 大点是想让用户看到的时候一目了然。"

仔细想想，设计红色按钮无非就是想吸引用户的注意力，这样能起到引导用户点击按钮的效果；至于放大 Logo 无非就是想让品牌得到曝光。这两点信息才是业务方提出原始需求的根本原因。

针对上述业务方的原始需求，解决方案如下。

- 在按钮设计方面增强点击的视觉效果，这比直接用红色按钮更加含蓄。
- Logo 的大小可以尝试通过对比的设计手法体现出来，同时也可以尝试一些创意手法对 Logo 进行创意设计，以增强记忆点。

再来说一件笔者亲身经历的事。

我在家写书时，朋友李明要来做客，突然想到家里的笔用完了，就拜托李明顺路买一些笔。其实这个需求很简单——我的笔用完了，需要一些新笔。

此时李明就问我："要笔做什么？"

我回答："写书打草稿没笔了。"

这时，李明和我说："不买了，包里有现成的。"

我为什么会产生"买笔"的需求，是因为我自认为"买"是获得新笔最快的解决方案，但是在李明看来，他包里有笔就不需要通过"买"的方式达成目的，他有更快的解决方案。

无论是"设计师满足业务方的需求"还是"买笔"的例子，其背后有一个共同的有趣的现象，那就是双方的信息不对等。

- 在"设计师满足业务方的需求"的例子中，业务方个人认为红色按钮和放大 Logo 是最有效的解决方案。殊不知，在设计师的认知中还有更好的解决方案。
- 在"买笔"的例子中，笔者认为直接买笔是最有效的解决方案。殊不知，在李明的认知中还有更好的解决方案。

所以作为体验设计师，在遇到一个新需求时，尝试多问几个"为什么"有助于探求需求的本质，这就和"丰田五问法"一样，不断地追问才能发现某一现象产生的根本原因。

很多时候，我们并不一定要按照要求执行，反而应该慢下来，先仔细思考一下针对某个问题或现象是不是还有更优的解决方案。这就是挖掘需求的本质，是不断筛选并最终得到最优解的一种挖掘方法。

需求的特征

通过上面的例子，笔者大致总结了需求的几个特征。

① 需求是可以被满足的，而不是虚无缥缈、模棱两可的。

② 需求必须是客观存在的。我们换一个角度来思考：既然产生了需求，那么肯定就有它产生的原因。通过层层剖析，我们发现，这些需求不会凭空产生，相关人员只要把握了需求的本质，就会找到相应的解决方案。

由于缺少同类产品或为了节约资源，很多团队会通过"以自我为中心"的方法挖掘需求，认为自己的需求即代表大众和市场的需求，其实这是一种主观臆断。

相信诸位读者在生活中肯定有过这样的经历：自己认为"我对这个事物有所需求"，但在别人的眼中却没有构成需求。这其中的"我认为"就是对事物的一种主观臆断。这也是市场上很多小众产品只被少部分人接受，流行了一段时间后就被淘汰的原因——在挖掘需求方面投入的资源过少，没有做好充分的调研就盲目地进行资源投入，最终的产品不能为大众所接受。

举个例子。

> 笔者参与过一个项目，这个项目主要为老人设计一款产品（由于项目的保密性，这里仅以老年机为例）。

- 王皓说：老人的爱好很多，如唱黄梅戏、下象棋，我们可以在手机里面加入这些娱乐功能。
- 张晨说：老人出门散步时，子女不放心，我们可以在手机中设计 GPS 功能。
- 孙宇说：……

> 这样一看，好像大家说的都很有道理，而且也合乎逻辑。但是我们回想一下，王皓、张晨和孙宇是老人吗？对于老人而言，他们所设计的功能是"自认为的"老人所需要的功能，这些需求确实存在，但并不是客观的，是出于对老人的需求的一种主观判断。

> 相信对老人做过相关调研的读者肯定知道，老人使用手机大多只是打电话和接电话，至于短信、娱乐和视频功能用得很少。

因此，想要得到客观存在的需求，一定要做一场实实在在的调研。很多人说没有资源，那是不是可以给自己家的老人打个电话，沟通一下。这样既可以增进感情，又可以收获调研数据，不是一举两得吗？

③ 需求是否具备可挖掘性。或许有些需求本身就是需求，遇到这些表象问题，我们不需要花费太多的精力去挖掘，现象即原因。例如，在设计师的圈子里经常说下面这个例子。

> 用户口渴，想喝水。这个现象出现的原因是用户出现生理性缺水反应，所以需要补水。

在笔者看来，用户缺水，你就给他一杯水。如果下次再渴了就再给他一杯，实在不行就设计一款不需要递水的产品，用户渴了就能自补水。但从人类的生理构造来看，这样的产品或许并不存在，未来也不存在——人们喝水的需求出于自身的生理反应，水需要人们自己主动获取。

在某些场景中，需要本身就是需求，我们不需要花费太多的精力和资源进行深入挖掘，那么相关人员如何判断是否需要深入挖掘呢？这就需要知识储备、认知水平和见识做支撑了，并没有具体的方法可以培养，唯有经验的累积。

当然，大部分的需求都是需要进行深入挖掘的。

> 比如，有些生活中的常识经过验证之后发现是错误的。例如，进入秋冬季节，我们穿着短袖出门跑步，在冷热交替的影响下会感冒。过去我们往往认为着凉是感冒的原因，而感冒是着凉的结果。这是我们凭借以往的经验得出的一种因果关系，没有事实依据。

> 现在医学研究告诉我们，冷热交替并不会使我们感冒，在冷热交替的过程中人会出现暂时性的免疫力降低，真正导致我们感冒的是空气中的病原体，如流感是由流感病毒引起的。

对于某些需要、问题或现象，我们需要不断挖掘其背后的需求。例如，本节开篇的【例子二】——消费者想要一匹更快的马，其实福特的解决方案并不是为消费者解决速度的问题，而是转换思路，为消费者提供一种更快且便捷的出行方式。

挖掘需求的一般步骤

随着对需求的了解越来越深入，我们会发现需求的挖掘也是有迹可循的。

第一步是发现需求，如果连问题或现象在哪儿都不知道又何谈挖掘呢？所以相关人员要善于发现问题或现象，并在问题或现象中发现需求。我们可以通过访谈或者调研发现需求，本书的后续内容会对此详细介绍。

第二步是通过各种方式挖掘需求。挖掘需求的方式有很多，借助经验也好，凭借理性也罢，但是要注意的是，千万不能把经验单纯地曲解为理性的演变。

第三步是利用如快速迭代之类的方式验证需求，重复，再重复。验证需求的方法有很多，像 MVP、Growth Hacker 等工作模式都可以运用。

在实际工作中，这三步的顺序会有不同的存在形式，但无论怎样变化，都是研发产品过程中不可或缺的关键步骤。这也是为什么很多产品经理会对需求进行优先级排序，要求相关人员将优先级高的需求先落实到产品中，优先放到市场中去检验其是否满足了用户的需求，而不是待全部功能开发完毕后再将产品投放到市场中进行验证。Dropbox 就是最佳的例子。

> Dropbox 的创始人德鲁·休斯顿（Dropbox 的现任 CEO）发现很多朋友对数据的同步存储存在需求（第一步，发现需求），紧接着他利用各种方法剖析这一需求，挖掘需求的本质，探寻人们产生这一需求的原因（第二步，挖掘需求）——人们担心存储在本地的文件丢失、有时文件不方便传输或携带、希望可以随时同步或备份……根据人们的需求，德鲁·休斯顿开发出了"云盘（产品）"——Demo。

> 不过德鲁·休斯顿并没有一上来就开发出一款完整的产品，而是只开发了产品的核心功能，并制作了一个针对该功能的营销广告，将其投放市场。这一步就是在验证需求。没想到广告的投放带来的是用户的激增。

> 经过验证需求，德鲁·休斯顿发现这款具备核心功能的产品是拥有市场的，紧接着他开发出了一款完整的产品并对其不断进行完善和扩展（需求迭代，不断重复）——在满足核心需求的基础上对产品逐渐升级，不断地打磨和完善产品的各项功能以满足用户日益多元化的需求。

对需求的误解

随着产品的不断迭代和用户需求的日益多元化，很多初级设计师开始逐渐对迭代和需求产生了误解，甚至会单方面地认为："需求都是产品创造出来的——既然以前没有这样的功能（产品），那么它的面世肯定会受到用户的欢迎。"这显然是无稽之谈。

反观我们现在的生活，所有的需求都是客观存在的。由于某些渠道或媒介的改变，这些需求能够得到更高效的满足。例如，传统的手机功能是接打电话和收发短信。随着知识共享和互联网的普及，我们现在可以通过微信、LINE 等软件实现即时通信。这些产品的本质都是满足人类已经存在的社交需求，只不过是通过不同的媒介实现了这一需求。就像前面提到的"更快的马和汽车"的例子，无非就是转换了出行的方式而已。同样地，微信小程序、支付宝小程序其实就是转换了产品或服务的呈现方式和承载媒介，从本质上看，这些产品并没有创造需求，而是以一种全新的方式实现需求。

支付宝小程序

苏格拉底曾说："未经省察的人生没有价值。"比思想更重要的是思考的过程。浅尝辄止地分析问题，只能将问题流于形式、流于表面，这样的产品缺少灵魂。只有对用户的需求进行深层次的思考，才能从根本上满足用户的需求。

至于如何培养深度思考的能力，则需要我们在平时就养成良好的习惯，拥有"通过现象看本质"的洞察力。想要看清楚问题的本质，最好能从更高的维度去审视它，从而站在高维度采用"降维打击"的方式找到合适的解决方案。

除了转换维度，我们还需要注意在看待问题时不能只看局部，而需要具备全局思维——把问题推远了看，尝试从不同视角看待问题。

2.2.3 定量和定性及二者的关系，行为和态度之间的关系

我们的思维方式无论正确与否，归根结底都是由我们的行为与态度引发和表达的。

——《高效能人士的七个习惯》，史蒂芬·柯维

通过挖掘，相信会有大量的本质需求显现出来，但是相关人员需要对需求进行筛选，筛选出有价值的需求。想要筛选出有价值的需求，就需要进行大量的数据论证，而这些数据往往来自用户调研。用户调研活动对于一家企业、一个团队，乃至一款产品来说都是必须要经历的过程。

单纯地通过数据来看，常见的有定量数据和定性数据，而从用户调研角度来说，通过这些数据我们可以分析用户的行为和态度。这四者的关系错综复杂，彼此又可以独立存在。

定量、定性、行为、态度

定量和定性的关系

首先，定量和定性同属于科学研究中的一种数据类型，而科学研究的核心是因果关系，因此定量和定性的不同在于对原因呈现的差异。定量关注数据频率，定性关注数据意义；定性假设起因，再由定量来验证；定

量挖掘数据，再由定性剖析原因。

从数据的角度来看，定量分析的结果会更加具有说服力，而定性分析的结果更多的是阐述某种事物的价值或意义。

- 用户 A 比用户 B 胖（定性）。
- 用户 A 比用户 B 胖了 25kg（定量）。
- 用户 A 和用户 B 的身高都是 180cm，而用户 A 的体脂率比用户 B 高了 12%，因此用户 A 比用户 B 胖，且胖了 25kg（定量）。

通过比较可以发现，定量给出了具体的数值，它在一定程度上会比定性更加具有说服力。而对于定性来说，其更加偏重结论的对比（如胖和瘦），这是一种主观评估。至于这种结论正确与否，就需要利用具体的数据（定量）进行校验。

从表达形式的角度来看，定量往往采用数理统计进行表达，目的是利用具体的数字科学地证明事物的真伪和可靠性；而定性采用因果关系或逻辑关系进行表达，通过非量化的手段探究事物的本质——进一步探究产生这样的结果或现象的原因。

因此，定量是用具体数据论证结论是否可靠、真实，而定性在某种程度上更偏重于阐述事物的含义和挖掘数据产生的原因。

如果定量研究阐述的是"是什么"，那么定性研究则阐述的是"为什么"。定量关注结果，定性关注原因。

定量和定性关注的核心不同

行为和态度的关系

和定量、定性的关系不同，行为和态度常常是"伴生关系"，由 A 生 B，也可由 B 追溯 A。

行为在很大程度上是由态度引发的。例如，用户 A 认为出去玩必须精打细算，所消费的内容必须物有所值。那么当用户 A 使用某旅行 App 进行酒店预订的时候，通常会优先考虑性价比。

态度通常是行为产生的根本原因，这也是我们要通过用户调研进一步探究用户行为的原因之一。

和定性、定量一样，行为和态度关注的核心也有所不同

在某些事情上，如果没有态度作为牵引，行为将很难产生。但凡事无绝对，并不是所有的行为都必须受到态度引导，行为也可以自然产生。甚至在某种程度上，行为能够影响态度甚至能够改变态度。

下图所示的内容是比较常见的调研方法。

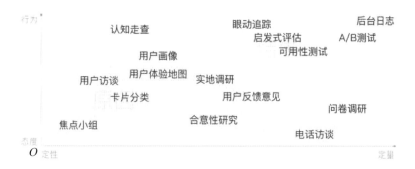

常见的调研方法在坐标图上的集合

11 种调研方法的差异性汇总如下表所示。

11 种调研方法的差异性汇总

调研方法	行为 / 态度	定性 / 定量	场景要求	样本需求量
用户画像	均可，更偏态度	定性	自主分析，无	中
问卷调研	态度	定量	建议基于互联网	大
用户访谈	均可	定性	室内	小
焦点小组	均可，更偏态度	定性	室内	中
用户体验地图	均可	定性	自主分析，无	小
卡片分类	均可，更偏态度	定性	室内	中
实地调研	均可	均可	根据实际情况	根据实际情况
*启发式评估	行为	定量	必须有可操作性产品	小
*认知走查	行为	定性	必须有可操作性产品	小或中
*合意性研究	态度	均可	必须有可操作性产品	小
*A/B 测试	行为	定量	必须有可操作性产品	大

注：无 * 号的方法在本书第三章讲解，带 * 号的方法请参考本书附赠的数字资源第二章中的相关内容。

下面我们详细介绍一下定量和定性。

定量

从广义上讲，针对定量数据的分析是具有结构化的数据模型，是可以用于表述客观事实，并且具有科学依据的数据。在样本的数量方面，定量研究需要较大的样本量作为数据的支撑，这样才能保证结果的准确性。当然，某些定量数据也可以间接地反映用户的行为和态度。

从来源方面看，定量数据主要来自两个方向：一个是产品本身的测量数据（产品日志文件、后台数据、埋点等），另一个是用户研究数据（可通过问卷调研等调研活动和可用性测试获取）。定量分析更多的是集中于对数字化数据的统计分析。这些定量数据可以帮助设计师验证设计内容是否正确、设计方向是否符合市场趋势等，进而为设计师优化作品提供方向，积累经验。

定量数据来源

而定量分析的方法主要是采用数学中的统计分析法，如差方、漏斗模型等，对结果的频率、效能等进行对比和总结。

定性

从广义来看，针对定性数据的分析往往使用非结构化的数据模型，或者主观表述现象，它并没有一套明确的标准，缺乏科学的研究方法。在样本的选取方面，定性研究往往需要的样本较少，数据仅作为其理论的参考依据。

定性数据主要源于用户调研活动。定性数据和定量数据都可以通过用户调研活动获取，不同的用户调研活动的侧重点不同，如焦点小组更适合获取定性数据，而问卷调研则更适合获取定量数据。

在产出的载体上，用户调研一般会依赖于文字媒介，如某些词条出现的频率，相关人员通过聚类分析法、亲和图等进行定性分析并得出结论。当然，定性数据经过重新编码，也可以作为定量数据，如开放性访谈，针对访谈中出现频率较高的词条，通过相关分析方法进行重新编译，也可以将定性数据量化。

而在数据分析阶段，相关人员往往需要将定性数据和定量数据相结合，尤其是通过实地调研获取的数据，定性和定量的内容庞大，综合分析更利于相关人员挖掘用户的偏好和真实需求。

通过定性研究，能够高效地分析用户的行为和态度，如通过焦点小组，我们可以了解到用户情绪的波动、表情的微妙变化、点击操作的频率及在进行点击操作时的想法等。这些细节不仅可以帮助相关人员挖掘用户的偏好和真实需求，而且有助于相关人员探究数据产生的原因，从而使设计师设计出有针对性的产品。

2.3   需求挖掘

2.3.1   马斯洛需求层次理论

饱腹思淫欲，是马斯洛需求层次理论最直观的体现。

对于需求的来源相信大家已经有了一个清晰的认识，然而在实际的需求分析中，我们往往会遇到各种错综复杂的情况，其中大部分源于用户的不确定因素。因此，设计师要想设计出好的产品，必定离不开对人性的揣摩和理解。正如舒肤佳和力士的例子，单纯从市场份额来看，早期舒肤佳的市场份额无论如何都比不过力士的市场份额，那么舒肤佳又是如何抢占市场的呢？商业战略是一方面，根本原因在于舒肤佳考虑到了用户的实际需求。

马斯洛需求层次理论的内容在某些程度上可以为设计师提供一些产品需求的方向。设计师首先要识别某个需求处于哪个层级，然后深入挖掘用户的需求动机，进而通过产品的功能设计满足用户的需求。

马斯洛需求层次理论概述

马斯洛需求层次理论，是亚伯拉罕·马斯洛在 1943 年于《人类动机的理论》一书中正式提出的。同时，他也是心理学三大势力的领导人物，是人本主义心理学派的开创者和引领者。在马斯洛看来，人的需求分为低层次需求和高层次需求。当人们的低层次需求得到基本满足后，这些低层次需求的激励作用就会逐渐降低，人们继而产生高层次需求，此时高层次需求会比低层次需求具有更大的价值。

马斯洛需求层次理论

最初，马斯洛需求层次理论包括生理需求、安全需求、社交需求、尊重需求和自我实现。基于五个层次的需求，马斯洛在后续的理论著作中补充了两个层次的需求，即求知需求和审美需求，本节主要阐述的是前五个层次的需求。

马斯洛认为，人们都有五个不同层次的需求，但在不同的时期表现出来的对各种需求的迫切程度是不同的。

五大需求层次

马斯洛需求层次理论是我们进行产品分析，尤其是对用户展开需求挖掘时常用的需求分析模型，设计师在进行设计的时候可以根据不同的场景匹配不同的需求层次。马斯洛指出：人只有在满足最基本的生理需求之后，才会进一步考虑私人欲望。正如在沙漠中缺水时，人迫切的需求是生存，而不是观光。在未满足底层的生理需求前提下，其余的任何需求都不可能"插队"。

沙漠中的水比其他任何需求都重要

生理需求（Physiological Needs）：维持自身生存的最基本的需要，包括食物、水、空气等。这层需求是促使人行动的最强大的动力，同时也是其他需求产生的基础。例如，人在饥饿时，想在最短时间内获得食物。饿了么、美团外卖就是基于这一需求而诞生的，并且受到用户青睐。

左图为美团外卖，右图为饿了么

安全需求（Safety Needs）：保障自身和资源的安全，免除恐惧、威胁、痛苦的需求。

例如，战争时期，在生存需求被满足的前提下，人们会渴望和平。

【产品案例】

登录账户时对密码的隐藏、卡片圆角设计、手机圆角设计、桌角的防撞海绵等都是出于安全性考虑的设计。

相关人员还可以通过其他方式体现产品的安全性，如退出按钮的强提示或二次提示、安全验证操作，都在确保用户使用产品时的安全。

左图为支付宝对金额的隐藏，右图为 iOS 短信弹出框的二次强提示

归属与爱（Belonging and Love）：个体希望与他人建立情感联系，以及隶属于某一群体并在群体中享有相对地位的需求。

这层需求包括两个方面：一是对爱的需要，二是归属感的需要。例如，广交好友，寻找真爱。

【产品案例】

归属与爱映射到产品中就是社交，社交可以分为熟人社交和陌生人社交，与社交相关的产品层出不穷，如抖音、陌陌、微信等。

左图为支付宝消息页，右图为微信消息页

说到归属与爱，就不得不多说几句。现在大部分的产品都倡导"以用户为中心"，简单来说就是"和用户谈恋爱"，产品做得越好，服务越周到，用户对产品的好感度就越高，用户黏性也就越强。因此，市场上

很多产品在细节的打磨方面都会表现得很人性化，如"天冷了多加衣服哦""夜深了，辛苦一天好好休息吧"……这些内容听起来是不是很贴心？

相对而言，关心最好的表现手法就是情感化设计。

社交需求的本质是人们对于情感的获取，而社交类产品能做的就是增强人与人之间的情感联系，争取在某些方面能够和用户产生情感共鸣，进而让用户感受到爱并产生归属感。

公益广告

尊重需求（Esteem Needs）：从这层开始就已经算是高层次需求了。尊重需求不仅包含个人内在超越的需求，同时还包含自身对外在认同的需求。例如，在父母、朋友面前不断努力，想要证明自己的优秀和与众不同，希望得到赞赏。

【产品案例】

尊重与被尊重都存在于人与人的互动中，所以尊重需求严格来说是深藏在社交需求中的。因此，大部分的社交产品都会加入个人或他人尊重的场景，如成就墙、排行榜、会员身份标识、等级特权、特殊挂件等。

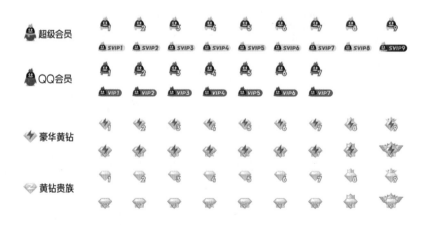

QQ 会员各个等级的标识

自我实现（Self-actualization）：这是最高层次的需求，指人希望最大限度地发挥自身潜能，不断完善自己，从而实现自身价值。当自身价值得以实现后，人们通常会出现短暂的"高峰体验"。这种体验通常要在完成一件具有挑战性的事情后才能拥有。

例如，获得奖牌的运动员在比赛过程中不断超越自我，为团体赢得了荣誉；收获朋友圈中的点赞，就是基于社交需求，传达了朋友对自己的尊重和认可，从而获得成就感。

一款产品想要成功，免不了迎合用户关于精神层面的自我追求。只有用户能够基于产品获得成就感，这款产品才能吸引用户。

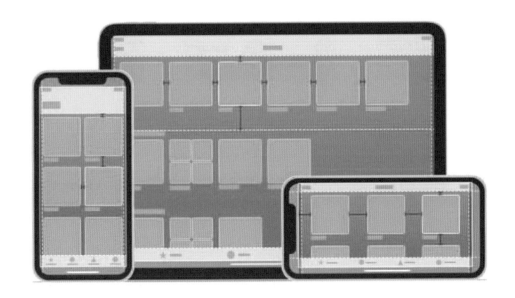

苹果 iOS 设计规范的核心：清晰、尊重、深度

然而，有些产品的初衷就是帮助用户进行"自我实现"，虽然从性质上看，这是符合马斯洛需求层次理论的，但这总归是昙花一现。这些产品也许在未来有很大的价值，但是在当下，用户只是获得了一时的快感。

辩证地来看，只基于这一需求而研发的产品，在短期内能够迅速吸引用户，但其生命周期通常很短。例如，前些年大火的 AI 换脸，用户体验的就是新鲜感，以至于具备 AI 换脸功能的产品一夜之间拥有了成千上万的流量，然而等到用户的新鲜感消失了，具备 AI 换脸功能的产品的流量开始急剧下降甚至消失。而且，这样的技术存在极大的安全隐患。所以，产品在未保障用户安全需求的前提下，想要帮助用户进行"自我实现"是极其困难的。

需求层次理论的特性

需求具备层次性

通过马斯洛需求层次理论不难看出：层次越低的需求，其原始属性就越强烈；而越是层次较高的需求，其社会属性就会越强，最高层次的自我实现已经上升到精神层面了。

层次越低的需求，其刚性越强，如饿了么、美团外卖就属于底层需求产品。试想一下，人在饱腹的时候，还会考虑觅食吗？显然不会。当底层需求得到了满足，人就会开始渴望更高层次的需求。

低层次需求的稳固性好，围绕低层次需求研发的产品，用户黏性未必高，但产品的生命周期一定长。

越是高层需求，受感受的驱动越明显

19 世纪，人们渴望有便利的出行方式，于是马车诞生了。随着社会的发展，人们希望有更高效的出行方式，于是汽车、飞机陆续诞生了。到了现代，人们不满足于现有汽车、飞机的速度，于是有了磁悬浮列车等速度更快的交通工具。

从马车到汽车，再到磁悬浮列车，人们对速度的追求永无止境

需求层次理论的不足之处

如前所述，只有低层次的需求被满足后，人才会渴望较高层次的需求能够得到满足。然而，需求的演变除了和自身息息相关，同时还会受到外界的影响，甚至会出现为了使较高层次需求得以实现而忽视低层次需求的情况。例如，现代女孩为了拥有好的身材，甘愿主动放弃底层的饱腹需求。

需求具备同级衍生性

马斯洛需求层次理论只注意到了各层次需求之间的纵向联系，而忽视了在某些前提条件下，各层次需求还会存在多种横向联系。

例如，微信 1.0 刚面世的时候，只是满足了用户的基本社交需求，即在微信中用户可以进行简单的文字聊天。随着社会的发展，微信为了满足用户多元化的需求，在产品中不断加入各种新功能，如语音转文字、拍一拍等。我们观察这些需求可以发现，它们都是在同一层次内不断衍生的需求。正是用户需求的与时俱进，才导致产品更新频率低于用户需求的产生频率，这也是产品必须通过快速迭代的方式满足用户需求的主要原因之一。

需求是不断演变的

这些层层递进的需求更像是一种共生关系，是一浪叠一浪不断向前的。正如微信功能的多样化，从文字聊天到语音聊天，再到视频聊天，其实每个功能背后都代表着一个衍生需求的产生与被满足。然而在某些情况下，这样的堆叠如果不加以克制，就会产生功能"臃肿"的现象。该现象在 B 端产品中尤为明显，各个功能模块的相互堆叠导致数据冗余，最终导致产品变得越来越难以使用。

影响需求的因素是复杂的

需求就是人的需要，需求源于欲望，是自发产生的。然而，欲望并不是需求的唯一来源，社会制度、企业战略、时间因素、资源、规则、流程等都是影响需求的重要因素。

需求层次具有跳跃性

人的需求可以从生理需求直接上升到社交需求，甚至可以直接上升到自我实现层面（当然，需求也可以向下跳跃）。例如，电商产品起初只是满足了用户对线上购物的需求。随着产品越来越多样化，用户开始不满足于线上购物，开始衍生出更多的、不同层次的细分需求。因此需求的满足并不一定要完全按照层层递进的顺序，也许可以在某些条件下进行需求层次的跳跃。

马斯洛需求层次理论也许在他所处的那个时代是适用的，但如今，需求的层次正在逐渐模糊。我们作为后世的传承者，需要更加理性地看待马斯洛需求层次理论。我们应结合当今时代的背景，尝试优化它，而不是盲目地照搬和使用它。

毕竟人性多变，一成不变的分析模型总归有退出历史舞台的一天，只有结合时代背景，不断推陈出新，才能让相关模型继续适应时代，发挥应有的作用。

虽然马斯洛需求层次理论有很多不足之处，但总体来看马斯洛需求层次理论的价值还是巨大的，最起码它指出了人的需求是从低级向高级不断发展的，这一趋势基本符合了人的发展规律。如果没有马斯洛需求层次理论作为理论基础，如今也不会出现丰富多彩的人本主义心理学研究了。

辩证地看待马斯洛需求层次理论，它的产生是背离了社会规则，脱离了人类发展历史和实践进行论述的一种需求结构。正如马斯洛自己后期所认为的那样："有的需求一经满足，便不能成为激发人们行为的动力，于是被其他需求取而代之。"马斯洛需求层次理论的理论基础是存在主义的人本主义学说，即人的本质是超越社会历史的，这是一种抽象的"自然人"所产生的纯粹的需求。因此，马斯洛需求层次理论的研究会更加注重理论方向的构建。

马斯洛需求层次理论的狭隘导致它在进行科学验证时很难客观地被论证，更何况当今心理学领域愈发强调实证证据的重要性，因此马斯洛需求层次理论框架开始逐渐淡出一线研究，变成了心理学历史上光辉的一笔。

虽然马斯洛需求层次理论已经淡出了一线研究，但它划分层次的概念给人性的探索提供了一个可探讨的窗口，让设计师明白了需求的递进关系和优先级排序。然而随着时代发展，用户身处物欲横流的社会中，其需求逐渐变得多元化且朝着越来越错综复杂的方向发展，单纯的层次递进式的需求只存在于过去，外界许多影响因素让需求朝着更加不稳定但又多种多样的方向发展。而设计师要做的就是保持初心，在不断求索的过程中，把产品越做越好，让用户体验设计越来越优质。

言归正传，一款产品要想成功，相关人员必须深谙人性，而且还要能够持续稳定地维护用户，即不断满足用户的多元化需求。

根据福格行为模型的描述，用户行为在动机和能力的共同作用下才能产生。

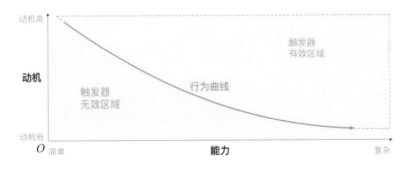

福格行为模型

人本主义心理学家阿尔弗雷德·阿德勒在《洞察人性》一书中揭示了行为背后的动机是人的根本诉求，这些诉求会支配人的行为，而设计师发现并理解诉求的过程，其实就是在洞察人性。书中还指出，一个人的行为习惯是洞察其人性的钥匙，是一个人实现其根本诉求的方式，尝试发现和挖掘行为背后的动机，则是设计师在挖掘需求的过程中要做的事情。

设计师除了引导行为动机，还需要在产品中置入触发器以降低用户的操作难度，即"通过触发器将能力简单化（杠杆原理）"。这样就可以配合动机促使用户行为的产生，最终达到满足用户根本诉求的目的。

由此看来，做产品并不是要发明需求，而是要发现用户行为，然后深挖这些行为背后的动机。毕竟在动机面前，产品只是提供了一个可视化的触发器罢了。

扩展阅读

如果对心流体验有所了解，你可能会发现，马斯洛提到的高峰体验与心流体验有些类似。心流体验是指人们可以在工作和生活中产生一种可以和"精神熵"相互对抗的最优体验，它能够使人专注于快乐和有意义的事情，并且在完全投入的过程中逐渐发掘自身潜能。

这两个理论的核心是人类的体验和愉悦感，在这两种心理感受下，人们可以忘记时空概念，沉浸在自己的世界中。不过高峰体验和心流体验也有许多不同。例如，马斯洛所描述的高峰体验是一种高强度的体验，当人处在这种状态时能够体会到一种极度的愉悦感；相比之下，心流体验虽然也可以令人愉悦，但是它却没有高峰体验所带来的愉悦感那么强，在心流体验产生的时候人们甚至都不知道已经产生心流体验了。

更多关于心流体验的详细内容可关注公众号"叨叨的设计足迹"，后台回复"心流"进行扩展阅读。

2.3.2　Censydiam 消费动机分析模型

……越有可能导入消费行为的关键词，定价就越高。也就是说，一个关键词所匹配的消费意愿越强，那么它的搜索定价就越高。

——《混乱的猴子》，安东尼奥·加西亚·马丁内斯

什么是消费动机

从古典主义的注重装饰到现在的实用主义至上，产品或服务的设计开始逐渐摆脱繁杂无用的装饰，越来越注重实用性。但对于现代消费者来说，产品只是满足消费者的功能使用需求显然不足以吸引他们，他们所期待的产品还要尽最大可能地满足其深层次的需求。

作为用户体验设计师，又该如何在保证消费者各项基础需求得到满足的同时，满足消费者更深层次的需求呢？这就需要从消费者的消费动机说起。

所谓消费动机，其实就是消费者产生购买行为或消费行为的根本原因。对于一款产品来说，消费动机就是一种行为意向——产品要做的就是在某些特定场景中刺激消费者产生消费动机，从而促使消费行为的发生。

为了便于读者理解，笔者给出一个思考题。

"Google Search"相信大家都不陌生。这个搜索引擎每天都有上亿人在使用，用户进行搜索主要依赖于关键词。那么问题来了：谷歌是如何对这些关键词进行定价的呢？

按照一般逻辑进行思考，搜索频率越高的关键词，其定价越高。实则不然，谷歌关键词的定价逻辑是"越有可能导入消费行为的关键词，定价越高"。也就是说，一个关键词匹配的消费意愿越强，这个关键词就越贵。这句话中的"消费行为"其实就是本书接下来将要介绍的由消费动机产生的消费行为。

既然说到消费动机，就不得不提 Censydiam 消费动机分析模型。我们先来说说它的起源。

Censydiam 消费动机分析模型的起源

从宏观角度看，Censydiam 消费动机分析模型属于心理学三大势力之精神分析学派，是由人格理论衍生而来的一种现代分析模型。

人格理论是指个体思维、情感和行为在对待人与事物方面的社会反应，主要表现在内部倾向和心理特征中。如果再将它细化，主要可以表现在自我方面——它的本质是一种探讨人格结构、形成、发展和动力性的理论研究。

Censydiam 消费动机分析模型的理论基础是西格蒙德·弗洛伊德提出的精神分析理论、阿尔弗雷德·阿德勒提出的个体心理学，还有卡尔·古斯塔夫·荣格 [1] 提出的分析心理学。

弗洛伊德的精神分析理论中最出名的就是潜意识论、人格理论、本能理论，这些理论为后续的动力心理学、变态心理学的产生和发展奠定了坚实的基础。

此外，在 1899 年出版的《梦的解析》一书中，弗洛伊德系统地阐述了精神分析心理学，精神分析心理学的正式形成，为后续的个体心理学和分析心理学奠定了理论基础。当然，这也为 Censydiam 消费动机分析模型的出现提供了一个有效前提。

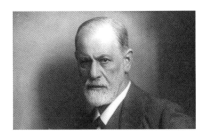

西格蒙德·弗洛伊德（Sigmund Freud）

个体心理学由阿德勒提出，他和弗洛伊德是师生关系，后因反对弗洛伊德的心理学体系而自成一派，创立了个体心理学。

该理论认为当个体遭遇无法解决的问题时，自卑感就会产生。人一旦有了自卑感，就会尝试弥补这种认知失调，从而无意识地产生一系列的行为，尝试克服和战胜自卑感。因此，它算得上是决定行为的一种原始力量，也就是 Censydiam 消费动机分析模型中导入消费行为的"始作俑者"。

不仅如此，因为每个人自卑感的程度不同，所以每个人拥有不同的优越感、自豪感和成就感。

阿德勒在 1932 年出版的《生命对你意味着什么》（后被译为《自卑与超越》）一书中系统地阐述了自卑感和个体心理学。

阿尔弗雷德·阿德勒（Alfred Adler）

---

[1] 弗洛伊德、阿德勒和荣格是精神分析学派的主要代表人物。

Censydiam 消费动机分析模型的理论基础之一是荣格提出的分析心理学（又称荣格心理学）。分析心理学是荣格在 1913 年和弗洛伊德分道扬镳后创立的，他提出了"情结"的概念——主张把人格分为意识、个人无意识和集体无意识三层。该理论所提出的集体意识对 Censydiam 消费动机分析模型的社会维度产生了深远影响。

卡尔·古斯塔夫·荣格（Carl Gustav Jung）

基于以上理论，后经思纬市场研究公司的 Censydiam Institute 研究机构的优化和完善，在 1997 年出版的 *The Naked Consumer* 一书中系统地阐述了 Censydiam 消费动机分析模型的原理及科学应用。这标志着 Censydiam 消费动机分析模型最终形成。

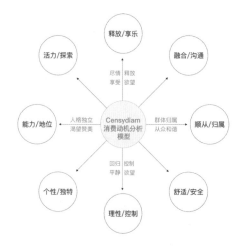

Censydiam 消费动机模型一览图

该模型主要表达的是消费者的需求一般表现在社会和个体两个维度上。在不同的维度上，消费者的需求会出现不同的侧重点。通过深入剖析社会和个体这两个维度，我们能够挖掘出消费行为背后所潜藏的消费动机。

不仅如此，Censydiam 消费动机分析模型除了能够挖掘消费动机，还可以在一定程度上弥补马斯洛需求层次理论的不足之处——马斯洛需求层次理论主张将需求拆分为七个层次，并提出当人们的低层次需求被满足后，才会产生高层次需求的理论。

这一理论并不适用于现代社会，如攀比心理就对马斯洛需求理论提出了挑战。某些个体在其经济能力不足以支撑生活的前提下，依然会选择购买昂贵的手机、奢侈品等。这根据马斯洛需求层次理论来说是不可能成立的，但事实确实如此——有些人连温饱（生理需求）都成问题，但依然会选择满足自身的社交需求或尊重需求。

既然马斯洛需求层次理论失效了，那么我们又该如何分析这样的行为和行为意向（需求动机）呢？借助 Censydiam 消费动机分析模型就可以对这样的行为和行为意向进行分析——个体的多种需求在同一时期产生了相互交错、缠绕和彼此矛盾的现象，而且大多来自消费者基础的情感需求（除成长需求以外的需求都属于基础需求）。在同一时期，消费者可以拥有多种平行需求，也就是同级别的消费动机。而这一事实正契合了 Censydiam 消费动机分析模型所提倡的"将个体需求进行同级处理"的观点。

两个维度，四大策略

社会维度

《孟子·尽心上》中有这样一句话："穷则独善其身，达则兼济天下。"这句话完美地阐释了 Censydiam 消费动机分析模型中的横向维度——社会维度。

社会维度

在原始社会时期，个体为了生存必须寻求团队协作以达到生存的目的——氏族、部落和联盟正是个体寻求群体归属感最好的佐证。那么，团体又是如何向个人反向演变的呢？

随着个人的生命安全需求得到了保障，人们开始追求个体的独立性，并逐渐产生了私有制、奴隶制、封建等级制度和君主专制制度等。这些制度无一不体现了等级阶层的变化——从集体主义转向个人主义。也就是说，随着社会的安定，在人的基础需求得到满足之后，个体在社会团体中开始寻找个人的成功之道。

> 将这种理解借鉴到商业市场：相关人员需要将产品需求投入市场才能发挥其价值，但随波逐流又无法获得更大的成功（对于企业来说就是更大的利润）。因此，为了实现成功，单一产品必须具有其自身独特的定位和与众不同的风格，这样才能在市场中占有一席之地，进而实现自身的成功。

当然，这是对于产品市场而言的。对于消费者来说，产品的价值在于如何帮助消费者塑造自身与社会之间的良性互动和平衡。

个体维度

接下来，我们再来说说 Censydiam 消费动机分析模型中的第二个维度——个体维度。

个体维度

个体维度表达的是对个人欲望、想法的控制与释放。

在实际工作中，个体维度的主要作用在于帮助调研人员通过观察消费者对需求的态度和看法，预判消费者对产品的满意度。

- 如果消费者对产品持保守态度，那么就说明产品无法在功能或内容方面满足个体需求，个体就会采取控制策略以弥补需求失调。
- 反之，如果产品能够在功能或内容方面满足个体需求，那么个体就会采用释放策略接纳产品。

在淘宝诞生初期，消费者不信任第三方交易平台，因此消费者抵触在平台上购买的行为。然而，随着第三方平台的不断完善及平台中产品的日益丰富，消费者逐渐信任并接纳了第三方平台，越来越多的消费者选择在平台上进行消费。

当然在某些场景中，产品就算满足了消费者的需求，他们依然会采取控制策略来限制自己的欲望。

四大策略

通过对以上两个维度的理解，相信我们可以轻而易举地拆分出 Censydiam 消费动机分析模型中的四大策略。

- 群体归属，从众和谐（团体）。
- 人格独立，渴望赞美（个体）。
- 尽情享受，释放欲望（释放）。
- 回归平静，控制欲望（控制）。

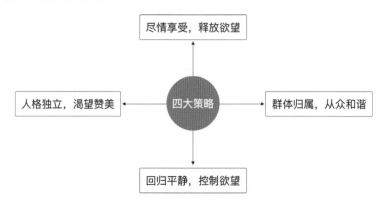

Censydiam 消费动机分析模型中的四大策略

当个体行为意向受顺从／归属心态影响时，其表现出来的行为会偏重社会属性，如从众行为；当行为意向受能力／地位心态影响时，其表现出来的行为会以个体为中心，如个性独立、彰显自身价值等，其目的是追求个人自身的成功和渴望得到赞美或关注。

追求无拘无束的人，大多是受了纵向的享乐／释放策略的影响，他们追求自我生理或心理上的最大满足感；而理性克制的人则常常会表现出较高的控制感（对自己、对他人都是如此），这是受了理性／控制策略的影响。

对于用户体验设计师而言，四大策略的最大价值在于：社会维度可以帮助其思考消费者和产品在社会需求属性方面的关系，纵向维度则更多的是帮助其预测消费者对产品或服务的满意度。

回过头来思考一下：身为用户体验设计师的我们又该如何将 Censydiam 消费动机分析模型运用到商业运营和产品需求挖掘过程中，让企业或产品拥有更大的价值呢？

想要将 Censydiam 消费动机分析模型运用到商业运营过程中，我们首先需要清楚一件事情，即消费者是怎样产生消费行为的。

从需求到行为

消费者也许只是单纯地想这样做，也许是被什么行为刺激到而产生了相应的行为……理由千千万，但是本质不外乎只有一种——消费者产生了某方面的需求。

在前面我们讲到，行为本身是由行为意向主导而产生的，而行为意向则受认知、情绪和态度的控制，由此构成了一整套态度系统。那么，态度系统与需求之间有什么联系呢？

抽象地理解，需求就是由认知、情绪和态度三大要素组成的。例如，身体缺水是个体的一种生理需求，进而影响到个体的情绪变化，个体出现了补充水分的认知，进一步产生缓解身体缺水的行为意向，最终个体出现了喝水的行为。

从需求到行为的示意图

需求的出现促使个体行为意向的产生，而行为意向是促使行为产生的主要原因。

通过以上的例子不难发现：相比于需求本身，我们通过行为意向其实更能准确地预判用户的行为。而产品成功导入消费行为的关键就在于，相关人员能否通过行为意向找到需求动机。

有了这些步骤拆解，相信调研人员可以轻松地通过调研数据挖掘用户的需求，从而预判用户的行为。

态度和需求相结合会形成一套复杂的反应系统。为了方便阐述，笔者制作了一幅详细的推导流程图，诸位读者可以据此举一反三。

结合 Censydiam 消费动机分析模型的行为 / 态度推导流程图

Censydiam 消费动机分析模型案例分析

市场调研、统筹分析等活动的最终目的都是转化企业目标。也就是说，企业要想实现自身的目标，就先要为消费者实现他们的目标，这是企业实现成功的首要前提。所以，笔者下面会通过几个实际案例，介绍 Censydiam 消费动机分析模型是如何帮助企业实现商业目标的。

我们先来看看在移动设备领域，Censydiam 消费动机分析模型是如何实现其价值的。

诺基亚品牌在移动设备领域的历史长河中算得上是巨头级别的存在，但是反观诺基亚现在的市场份额，可以说少之又少。综合来看，诺基亚失败的原因不外乎以下四点。

- 观念保守，缺乏创新。

- 组织架构传统、老旧。

- 投资单一，没有把握市场方向。

- 定位模糊、角色模糊。

回想一下：我们身为消费者，为什么不买诺基亚品牌的手机了呢？不外乎就是我们对诺基亚的手机"不买账"了。消费者少了，利润自然就会减少，进而引发一系列新的问题。

那么问题来了：消费者为什么对诺基亚的手机"不买账"了呢？因为有更好用、更好看的手机了。再往深了说，就是企业没有创造出足够的亮点促使消费者做出消费决策！

什么是创新？相信大家对这一点没有一个统一的答案。毕竟创意思维比较抽象，更多的时候是借助个体以往的经历和经验进行判断的。

例如，关于设计和艺术的美和丑，每个人都有自己的判定标准（审美标准）。用户体验设计师的产出物大多以产品或服务为主，与对美丑的衡量相比，产出物的好坏反倒比较好衡量——将产出物对标市场，结合实际的情况进行综合判断，以市场反馈作为检验产出物好坏的标准。

回到诺基亚本身。在诺基亚一家独大的时候，华为在移动设备领域刚刚起步，也正是凭借着不断创新，华为在市场中杀出了一条"血路"，才铸造了如今的辉煌。

华为 Mate 20 最亮眼的卖点之一应该是摄像头的"大浴霸"造型了。当然，华为 Mate 20 大卖的原因不仅在于摄像头的"造型独特"，其背后的品牌价值、性价比、操作系统、工业设计等要素也符合消费者的需求。华为的成功相信身为国人的我们是有目共睹的，它的创新都是有迹可循的，毕竟华为投入的研发资源不在少数，成功也是迟早的事情。

华为 Mate 20

华为之所以能够大获成功，就是因为其创造出的产品能够极好地满足消费者的需求，进行精准的产品定位和市场定位。

同样地，只要是涉及消费者的，我们就可以轻而易举地在 Censydiam 消费动机分析模型中找到与之对应的消费动机，并以此作为促使消费者做出消费决策的快捷路径。

顾家和欧派提供的是全屋定制服务，它们在品牌服务的打造方面更具有针对性，非常关注消费者在精神层面和情感层面的品牌价值体验。例如，欧派家居的"爱家计划"和"火种计划"，以及其热推的"梦想设计家"的品牌活动，还有顾家家居的"全民顾家日"等，都有效地促使消费者产生需求动机，从而促使消费行为的产生。

如果单纯地看家具，其实无非就是提供某些特定功能，如存储、收纳等。但是这些企业聪明的地方就在于，将它们的产品定位进行转移——从实体物品所能提供的固有属性转移到消费者对生活态度的体现上，即在精神上给予消费者一种归属感，一种只属于家的亲切感。

再对比一下宜家，宜家在品牌宣传方面不是很突出，而且其品牌定位不是全屋定制。宜家的产品在定价方面比较亲民；在购物流程设计方面，宜家更是给予了用户全流程的高质量服务体验。

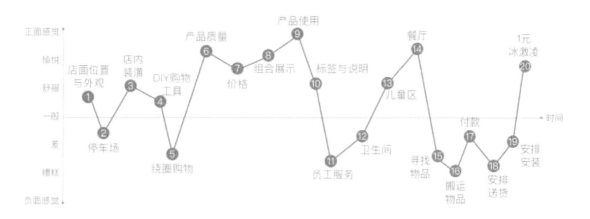

宜家购物体验地图

除了高质量的服务体验，仔细分析一下宜家产品的使用场景，我们会发现，宜家的产品大多会被用在出租屋或者个人的"小窝中"，很少有消费者会考虑采购宜家家具来布置家庭住房。综合宜家的产品定位和价格定位等因素，笔者大胆猜测或许是因为宜家的产品价格亲民，一些收入有限的人会考虑购买宜家的产品。

以用户为中心的设计理念是一个很好的理念，要想把这个理念加以落实还需要借助更多的方法。Censydiam 消费动机分析模型为设计师提供了一种全新的设计思路——体验设计不从产品开始，也不从品牌开始，而是从消费者入手，从消费者的消费动机挖掘开始。这样做的目的是挖掘出消费者的需求和符合消费者动机的行为意向，这样才能实现以用户为中心的用户体验设计。

不过 Censydiam 消费动机分析模型的实际运用并不会像上述案例描述得那样简单。例如，我们现在所看到的华为的成功是其背后无数个团队日夜辛劳所得到的成果，是基于大量人力、物力、财力的支撑。

用户体验设计师掌握 Censydiam 消费动机分析模型的根本目的是更好地提升产品的价值，这才是 Censydiam 消费动机分析模型真正的价值所在。

2.3.3　竞争性用户体验研究 [1]

和竞品分析不同，竞争性用户体验研究会基于竞品分析和用户体验的分析，然后结合市场、商业等多个维度进行用户研究。

众所周知，无论是寻找产品设计灵感，还是比较产品之间的差异，竞品分析总能提供合适的契机。竞品分析从字面上理解是对产品进行比较分析，涉及的用户体验的内容比较少。既然要从用户体验的角度对竞品进行分析，那么就需要借助专为用户体验设计而创造的竞争性用户体验研究（以下简称"竞争性研究"）。

下面笔者就详细地讲讲竞争性研究到底研究的是什么，它和竞品分析相比又有哪些独特的地方。

竞争性研究和竞品分析

许多成熟的产品在进入市场之前和进入市场初期，已经做了大量的市场分析和用户研究，这给了我们成熟的经验参照。但是要切记，参照是参照，每一款成功产品的背后都有其独一无二的设计理念和商业逻辑。市场上有很多企业在照抄华为的管理模式，依葫芦画瓢谁都会，但是能够画好的却没有几个，产品亦如此。

同样地，竞争性研究也不仅仅是抄一抄那样简单。为此，我们先站在更高的维度来看看"什么是竞争"。

任何产品、任何服务、任何市场都存在于一个由多个竞争者构成的生态环境，因为有了竞争者，所以才有了竞争市场；没有竞争者，就只是一家独大，是垄断市场，毫无竞争可言。例如，成绩竞争、学校竞争、职位竞争，只有存在相互竞争的多头关系，才能形成良性的成长型的市场。

试想，如果苹果一家独大，三星、华为就都是小厂甚至都不存在，那么苹果的产品还能做得如此优秀吗？显然不太可能。因此，只有存在良性的竞争关系，企业为了占据更多的市场份额，赚取更多的利润，才会想方设法地挖掘和满足消费者的需求，这样才有了提升服务质量和产品价值的空间，这就是竞争生态！

既然提到了竞争，我们就再来说说竞争性研究。

竞争性研究需要从一个更大、更远、更广的视角分析人、事、物，或许是某个事件、某项服务的综合分析，相关人员还要尝试不断深入挖掘其内在的本质，也就是"为什么这么做"。例如，市场上的趋势分析、测评文章或点评、研究报告等，这些都是竞争性研究的一种形式。

竞争性研究被比作战争分析很贴切。正所谓"知己知彼，百战不殆"，在市场争夺战中了解竞争者的优势和劣势显然十分重要。和成绩竞争不同——成绩只是单一维度的比较，而在战争中，相关人员在进行策略分析和战略制定时必须进行综合考量，这样才能取得胜利。

要注意的是，千万不能将别家产品的优势对标自家产品的劣势，这无异于以卵击石。要想成功，就必须做到扬长避短。怎样才能发现自家产品的优势和劣势呢？这就需要借助竞争性研究进行分析。

传统的竞品分析主要由独立的分析师或市场营销人员负责，他们一般都是从价格、广告、市场等维度分析产品的竞争态势。通过这些分析得到的信息，更多的是帮助管理层和利益相关者制订相应的战略计划，从而引导企业或产品的下一步走向。例如，分析 Facebook（现已更名为 Meta）的最大竞争者，可能大家会想到是TikTok，这当然是从业务层面得到的结论。如果横向来看会发现，二者背后的商业模式和盈利模式完全不同，Facebook 的主要利润来自广告收入，而 TikTok 的收入来源则多样化。因此，我们如果要分析 Facebook 底层的商业模式，或许将其对标 Google 搜索会是不错的选择——二者的主要利润都源于广告收入。

由此可以发现，竞品分析更多的是集中在产品所处的商业领域中，而和用户相关的（如"用户喜欢产品的

---

[1]　竞争性用户体验研究是用户研究方法之一，其内容并不全是用户研究，还包含了商业、市场、产品、运营等方面的研究和分析。因此，它与竞品分析有许多相同之处，但也有竞品分析未涉及的内容。

哪些方面""用户经常使用产品的哪些功能""用户使用产品的理由是什么")在竞品分析中很少体现。这些和用户相关的内容属于"竞争性用户体验研究"的范畴。

当然,竞争性研究除了分析与用户相关的因素,还会结合竞品中的市场、商业等维度,利用这些重要因素之间千丝万缕的联系为用户提供更好的服务体验。

因此,竞争性研究并不是在否定竞品分析的作用,反而是对竞品分析的一种升华——是对竞品分析中缺失的用户成分进行补充完善,同时降低市场同质化现象对自家产品的影响。

竞争性研究适用场景

竞品分析常常被运用在产品前期的策略制定环节,但是在产品的中后期显然有些乏力。而竞争性研究可以适用于产品的任何时期。

无论是在产品上市之前的需求挖掘和策略制定方面,还是在产品的成长期和同类竞品进行竞争时,抑或是在迭代期进行产品更新换代时,竞争性研究都可以给予相关人员有价值的信息。

和用户访谈、焦点小组这些用户调研活动一样,竞争性研究也要定期进行检验和完善,这样才能确保通过竞争性研究所获得的信息真实、有效。

- 产品上市之前的竞争性研究,可以通过分析竞品获得该领域中的用户偏好、用户需求等方面的信息,然后通过挖掘产品潜力,充分发挥自身长处,有效地满足用户需求。而且,竞争性研究在早期也可以帮助相关人员发现竞品存在的某些缺陷,从而优化自家产品。

- 切换视角来看,竞品还可以被看作自身产品的原型,相关人员可以通过竞争性研究找到一些尚未发现但有待挖掘的机会点。

- 当产品处于成长期时,竞争性研究可以帮助相关人员及时对标竞品,调整自身营销和设计的方向,做到快速响应市场变化。例如,竞争者在关键版本中实现了具有前瞻性的功能或创意,借势创造出了一个全新热点,那么我们就可以通过普遍性研究分析,思考该功能背后的逻辑是否可以在自家产品中实现——如果可以,就基于规则进行创新;如果不可以,那就果断放弃。

- 如果产品考虑迭代或转型,即产品处于成熟期时,竞争性研究也可以在一定程度上发挥作用。例如,观察竞品因迭代而带来的结果,可以避免相关人员因盲目跟风所造成的损失,如网易云音乐推出的"一起听",是基于网易云音乐自身的社交属性而进行的创新设计,此时如果QQ音乐也推出类似的功能,又能否给自身带来积极的影响呢?我们不得而知。不过从QQ音乐的产品定位来看,显然重社交属性的"一起听"不太适合QQ音乐。

竞争性研究框架

竞争性研究从研究和分析框架方面来看,和竞品分析大同小异,二者的差异主要体现在对内部细节的处理上。竞争性研究自下而上地关注用户对产品的看法,投射到商业的成功上,其核心在于找出"用户对产品的价值观、态度和看法";而竞品分析则自上而下地希望通过商业的成功检验产品对用户需求的贴合度,其核心在于找出"企业产品在市场中成功的原因"。

接下来,我们来看看竞争性研究的框架。

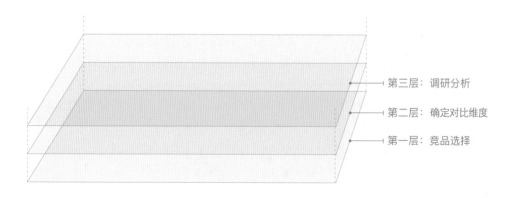

竞争性研究的框架

第一层: 竞品选择

和竞品分析中的产品选择不同，竞争性研究中的竞品选择会更加细致，一般竞品可分为两类：直接竞品、间接竞品。

直接竞品就是和自家产品在单点或多点上具有极高相似度的产品，两者可以形成正面相抗的直接竞争关系。例如，淘宝和京东就属于直接竞争关系，两者同属于电子商务平台，具有依赖于互联网等相同属性。通过相同或相似的属性，相关人员还可以找到更多的直接竞品。

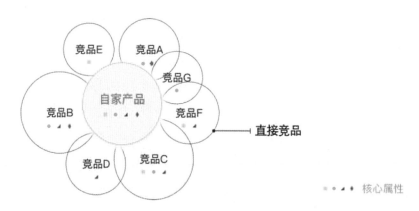

自家产品在某些核心属性上可以和其他竞品形成竞争态势

当然，前文中列举的 Facebook、TikTok 和 Google 的例子，也是可以作为直接竞品进行分析的，只不过 Facebook 和 TikTok 是业务层面的直接竞品，而 Facebook 和 Google 是商业逻辑层面的直接竞品。

此外，还有一类直接竞争者极为特殊，它会根据实效性进行演变，最直观的例子就是马车和汽车的竞争。

> 当下我们会认为马车和汽车根本就无法形成竞争关系，更别提直接竞争了，二者无论是从性能还是从速度方面完全缺乏可比性。不过仔细想想，这个观点是站在"现在"这个时间点上来说的。
>
> 如果把时间往前推，在 19 世纪前半叶，这一时期是"马车最后的辉煌"。此时，人们的主要交通工具依然是马车，但是随着蒸汽时代的来临，汽车被发明出来，这一时期马车和汽车并行。

19 世纪 70 年代英国的道路上马车和汽车"并驾齐驱"

所以，在那时马车和汽车就是直接竞品。虽然马车和汽车在性能、速度等各方面的差距极大，但不可否认的是两者确实具有了直接竞争关系。

间接竞品可以通过直接竞品衍生而来，一般作为直接竞品的同类竞争者而存在。

由于间接竞品的主要属性和自家产品的主要属性存在某种程度上的相似，同时在某些条件下也可以替代自家产品，所以此类产品和自家产品在无形中也形成了竞争关系。例如，线上的京东图书和线下书店，它们同样都属于消费品类，同样都是卖书的，但由于依托的平台不同，线下书店就暂居次要竞争位置。这就是一种替代——为了购书，我们既可以选择线上平台也可以选择线下实体书店。但与直接竞品相比，这种替代性较弱。

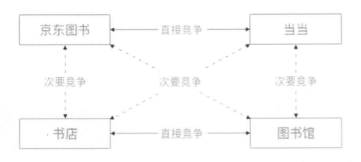

线上与线下渠道之间的竞争

汽车和马车在现在看来，就是一种间接竞品，两者虽然不构成必要威胁，但二者在一定程度上挤占了对方的市场份额。因此，在某些场景中，间接竞品可以单纯地理解为和自家产品共同瓜分市场份额的小型或微型的竞争对手。

当然，间接竞品在特定条件下也是可以变为直接竞品的。此外，间接竞品的选择范围比直接竞品的选择范围更广泛，因此相关人员在选择间接竞品时需要进行科学合理的筛选，尽量挑选那些和自家产品在某些属性上相似度极高的产品。

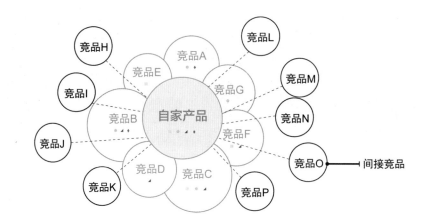

距离核心属性越远的竞品，其竞争力越弱；反之，其竞争力越强

接下来，笔者再简单介绍一下竞品类目的筛选方式和寻找渠道。

最快捷的竞品类目筛选方法就是凭借经验和团队合作进行产品罗列，同时还可以借助第三方网站或其他渠道进行精准查找。还有一种方法是通过论坛或平台中的评论进行竞品类目的筛选，这种方法相对费时费力，但能够轻松地获得和该竞品呈正相关的、有价值的信息，说不定还有意外之喜。

第二层：确定对比维度

在区分了直接竞品和间接竞品之后，我们需要确定对比维度，然后对两款或多款产品进行横向或纵向的对比。

在竞品分析中，同样需要确定对比维度，不过竞争性研究中的确定对比维度和竞品分析中的确定对比维度有些许差别，前者更注重用户在与产品交互过程中同某些要素的联系，而后者更注重环境在与产品交互过程中同某些要素的联系。竞争性研究中的对比维度会更偏向用户视角，从用户体验的角度去判断功能或属性是否适合用户。

在确定对比维度时，相关人员首先要确定两个问题：在用户的眼中哪些是有价值的维度？所确定的对比维度和目前需要解决的问题是否相关？

我们在梳理竞品的功能、属性、特征的时候，会发现有太多的信息可以进行比较，如果将这些信息逐一进行比较，虽然可以获得一些有价值的信息，但所付出的很多成本是冗余的。因此，事先确定对比维度有助于相关人员提高工作效率和工作质量，避免不必要的资源浪费。

下面给出了几种常用的对比维度。

- 产品维度：优势、劣势、主要功能、特色功能、用户界面、体验点。
- 受众维度：目标群体、人口统计学特征、用户画像。
- 定位：产品定位、价格定位、品牌定位、市场定位。
- 品牌口碑：用户评价、品牌效应、品牌价值。
- 商业策略：营销策略、盈利模式、商业模式。

以上对比维度仅供参考。对比维度需要根据产品当前所需要解决的问题进行确定。

竞争性研究框架（第二层）

至于如何从 0 ~ 1 定义维度，下面给出两种方式，仅供参考。

第一种是**自行体验**。这是最直观、最直接的方式。通过转换身份，假设自己就是用户，体验两款或多款产品的使用差异，并做好相关的记录——判断产品能做什么，能为我提供什么价值，产品的亮点在哪里，我为什么选择产品 A 而不选择产品 B。

不过，自行体验也有弊端，容易忽视自家产品的劣势，盲目自信，甚至出现偏见性评价。

在进行自行体验时，设计师最好从用户视角看待产品，不能单纯地以产品设计者的视角考量竞品。举个简单的例子：身为产品设计者，我们往往知道自家产品的配置属性，然后就会陷入对自家产品的盲目自信的状态。然而实际情况是用户根本不关心产品的属性配置，用户关心的只是产品与自身需求的贴合度所带来的舒适感、产品是否好用、能否为自身解决问题等。

设计师在进行自我体验时一定要做到清空自己，只有这样，才能更好地感知多款产品之间的差异，才能更好地提升自家产品的价值。

第二种是**用户研究**。用户研究可以是小规模的，如邀请同事、亲友体验竞品，当然也可以通过相关活动进行用户研究，如问卷调研、用户访谈、焦点小组等。

第三层：调研分析

为方便理解，笔者将第三层拆分为两部分进行讲解。

首先，是**调研**。竞争性研究中的调研活动的产出物可以是一份报告，也可以是一份方案，属于策略型文档。和用户访谈、焦点小组产出的分析型文档及问卷调研产出的数据型文档不同，这种策略型文档赋予了竞争性研究某种指导意义。它可以辅助设计师确立设计方向，进而促使设计师做出设计决策，提升设计价值。

其次，是**分析**。有了调研，接下来要做的就是分析，分析一般是基于调研活动获得的数据而进行的。同时，它还可以配合可用性测试，帮助相关人员对产品进行测试工作。

竞争性研究框架（第三层）

下面将详细讲解竞争性研究和部分用户研究活动的组合使用（在阅读以下内容时，建议配合阅读本书第三

章中的相关内容，以便加深理解）。

正如前文提到的，竞争性研究的核心是为了了解用户体验的问题，因此在调研过程中配合多种用户调研活动可以提高竞争性研究的效率。在招募调研活动的参与者时，由于调研活动的侧重点不同，因此需要额外考虑用户对竞品的认知和态度，这些因素的重要程度取决于本次竞争性研究的问题指向。

原则上，为了使调研数据真实可靠，建议不告知调研活动的参与者本次活动的数据将用于竞争性研究。

第一种，我们可以开展竞争性研究和**焦点小组**相结合的调研活动。

如果需要对某些高级或中级功能进行可用性测试，可以招募专业级用户参与调研活动，此时通过焦点小组进行调研是一个不错的选择。不过专业级用户对产品与产品之间的差异的重视程度会有所不同。

第二种，我们可以开展竞争性研究与**问卷调研**相结合的调研活动。

竞争性研究中的问卷调研和常规问卷调研的流程相同，不同之处在于业务和问卷内容。常规问卷调研中的问题比较全面和系统化，而竞争性研究问卷调研中的问题更关注用户对产品的想法、态度、满意度等，同时还会收集用户对某些功能的个人看法或建议等。

01 您使用爱旅行 App 的频率是？
- ● 几乎每天都会使用
- ○ 每个星期都会使用
- ○ 每个月会使用
- ○ 极少使用或一年一次

02 您是从哪些渠道了解到爱旅行 App 的？
- ● 自行搜索
- ○ 第三方App
- ○ 亲友推荐
- ○ 广告推送
- ○ 其他 ＿＿＿＿

03 请您对爱旅行的综合使用体验打分。

非常不满意　　　　　非常满意
0 1 2 3 4 5 6 7 8 9 10

04 请填写您对爱旅行App的个人看法和宝贵意见。

请输入

问卷调研的问题展示

竞争性研究结果分析

常规的竞品分析都是在两个（及以上）产品之间就某一维度进行比较分析，相关人员应从客观角度评判产品的优势和劣势，将自家产品的各项突出优势整合成核心竞争力，这才是一场好的竞争性研究。

竞争性研究分析，最常见的就是对多个产品各个维度的实用性或可用性进行对比。建议创建一份表格，既方便相关人员进行纵向的深入挖掘，也方便相关人员对各个产品进行横向对比。表格所覆盖的维度越全面越好，这样得到的数据才更有价值。爱旅行 App 与竞品的多维度比较表，仅供参考。

爱旅行 App 与竞品的多维度比较表

维 度		产品		
		爱旅行 App	去旅行 App	要旅行 App
产品维度	优势	青年游	奢华，纯享	廉价
	劣势	老用户黏性低	价格昂贵	产品参差不齐，商家评价不一
	主要功能	出行全流程预定	定制化一条龙服务	砍价、拼团

续表

维　度		产　品		
		爱旅行 App	去旅行 App	要旅行 App
受众维度	独特功能	即时聊天、疫情预防推送	定制服务	拼团政策
	目标群体	年轻人	高端、商务、国际游人士	三四线城市、周边游人士
	群体基数 / 人	298340	10000+	1000000+
	用户画像	附件一		附件六
核心功能				
	出行 / 酒店预订	⊘	✕ 人工咨询	ⓘ 入口较深
	信息推送	⊘	ⓘ 推送不及时	⊘
	智能推荐	ⓘ 算法不准确	✕	⊘
设计 / 体验不足				
	界面问题		罗列 1、2、3	罗列 1、2、3
	体验问题	罗列 1、2、3		
	规范问题	罗列 1、2、3	罗列 1、2、3	罗列 1、2、3

基于上述表格，相关人员不仅可以总结出产品可持续强化的优势，还可以弱化产品的劣势，这为产品下一步的迭代优化提供了有价值的方向。

在竞争性研究的调研和分析中，可供搭配使用的调研活动和分析方法众多，相关人员应根据实际情况合理运用。再次提醒，切忌将自家产品的劣势同竞品的优势进行对比，这样只会让自家产品陷入同质化的境地。相关人员应科学地分析自家产品的优势和劣势，扬长避短，这样才能让产品在用户心中留下深刻的印象。

最后再补充一点，有些读者对于竞争的理解，可能以为就是单纯地打价格战。其实在良性竞争的生态圈中，价格竞争只是竞争的手段之一，价格对于竞争性研究而言，或许只是其中的一个维度。

通读前文不难发现，我们对竞争性研究得出的结论善加利用，其实是可以有效避免价格战的，如利用营销手段提升产品的销量、重新进行定位以寻找新的优势等。

03

用户研究

在进行设计之前，我们首先要明白用户需要什么，用户心里想的是什么。了解了这两个问题，用户体验设计师才能更有针对性地进行用户体验设计。

同时，读者也可用本章所介绍的各种研究方法理解不同场景和技术环境下的用户态度、用户行为等。简单来说，只要在和人打交道的地方，用户体验研究方法都可以派上用场。

本章主要介绍了用户画像、用户访谈、焦点小组、问卷调研和实地调研等常用的用户调研活动，同时还介绍了卡片分类和用户体验地图这两种常用的用户研究总结方法。

3.1　研究准备

3.1.1　用户调研

"以人为本"的设计是一种哲学，不是一套精确的方法，而是假设创新应该从接近用户和观察他们的活动开始。

——唐纳德·A. 诺曼

用户调研是什么

在了解用户调研是什么之前，我们先来了解一下什么是设计思维。从字面上理解也许过于抽象，我们不妨借鉴一下商业思维。

我们可以把产品放在市场中验证其有效性。团队在某个行业中借助趋势效应，在某一时间段内为目标用户提供相应功能，并解决了用户痛点，因此获得了用户积极的价值反馈，这样产品才能在市场中占据一定的市场份额，实现盈利。商业思维的核心是对利润和价值进行分配。

有了商业思维的映射，就方便我们更好地理解设计思维了。

设计思维的核心在于深入挖掘用户需求，进而探索产品在市场中的发展机会，它以用户的行为和习惯为导向、以用户为中心，并指导一系列可持续性的设计方案的制定。

说到设计思维，就不得不提关于设计思维的诸多著作了。其中，具有代表性的作品：艾伦·库珀的《交互设计精髓》，这本书首次提出了"目标导向设计"；凯西·巴克斯特等人的《用户至上》，这本书提出了"以用户为中心"的设计理念；唐纳德·A. 诺曼的《设计心理学》，这本书提出了"以人为本"的设计哲学。

简单理解，设计思维就是尝试深入理解用户的一种思维，是产品设计和研发工作的出发点。在设计思维落实的过程中，相关人员可以挖掘用户需求，重新定义问题，寻找解决问题最佳的策略和方案。就像大卫·凯利（IDEO 的创始人之一）所说的那样："设计思维的主要原则是让你的设计和用户产生共鸣。"

对标大厂，它们正是因为重视设计、尊重设计，才能够让设计服务于用户、服务于产品、服务于商业。通过前文对设计思维的阐述不难发现，用户体验设计正是基于用户调研活动，才得以让设计赋能企业的商业运营，即用户调研是衔接设计与商业的一座桥梁。

身为用户体验设计师，需要清楚地了解团队的设计目标是什么，利用好"调研"这个抓手，结合科学的方法，将调研结论植入产品。

用户研究、设计目标和商业目标的关系

那么，我们该如何进行调研呢？常规的用户调研主要包含六大环节。

　　环节一：确定调研目标和限制性因素。

　　环节二：确定目标用户群体。

环节三：选择调研方法，确定调研基数。

环节四：制定调研方案。

环节五：进行用户调研。

环节六：整理数据，得出结论。

常规的用户调研包含六大环节

环节一：确定调研目标和限制性因素

相关人员在进行调研前，必须先确定本次调研活动的目标。

就像读书，只有带着问题去读书，才能在书中找到自己想要的答案，用户调研也是如此——只有先确定调研活动的目标，才能有目的地进行调研，否则一开始就盲目地进行调研，只会白白地浪费资源。

要注意的是，用户调研并不能解决商业问题，相关人员只能借助商业调查或者市场调研收集相关信息，制定解决方案；用户调研仅适用于指导和帮助产品和设计团队设计优质的体验方案（当然某些调研活动可以起到间接解决商业问题的作用，如竞争性研究）。

在明确调研目标后，相关人员还需要知道在调研活动中的各种限制性因素，如项目目标、时间因素、需求优先级、经济因素、社会道德等，这些因素会直接或间接地影响调研活动。

限制用户调研活动的因素有很多

项目目标

项目目标会随着产品和服务的变化而进行相应调整。例如，在产品成长期，项目目标是快速积累用户量；在产品成熟期，项目目标就会变为提高用户黏性。为了适应不同的项目目标，调研的方向需要做出相应调整。

时间因素

时间可以说是调研活动中最重要的影响因素之一。少部分设计师对调研活动的第一反应就是"需要很多时间进行调研"，实则不然，受各种限制因素叠加的影响，调研时间会相对地延长或缩短。例如，需要长时间调研的有实地调研、民族志调研等，这类调研活动所需要花费的时间短则几周，长则几年；需要短时间调研的有用户访谈、问卷调研，这类调研活动往往只需要花费几天甚至更短的时间。

在如今"高效率、高强度和高频率"的互联网时代，为了快速抢占市场份额，没有多余的时间供用户体验团队进行调研。因此，在调研活动开始前，相关人员应对调研活动的每个环节所用的时间进行明确，提高调研活动的效率。

既然时间紧、任务重，相关人员是否可以采用"在进行设计时同步收集用户数据"的方式进行调研呢？答案是否定的。

> 首先，这背离了用户体验设计的初衷。既然是"以用户为中心"的设计，那么在设计工作开始之前设计师必须先了解用户的需求。因为设计的过程就是落实用户需求的过程，而用户的需求需要通过调研活动来获取。

> 其次，设计师在不了解用户需求的情况下很容易被业务方"牵着鼻子走"，丧失设计的主导权。

> 最后，在未明确用户的需求之前妄自揣摩用户的想法很容易陷入"以自我为中心"的设计陷阱。

针对调研活动中的限制性因素——时间因素，笔者罗列了一些可行的应对办法，仅供参考。

> 在接触新项目时，相关人员可以通过各种途径了解与产品相关的知识，也可以通过认知走查发现一些问题，以便更快地确定调研目标。

> 如果不了解用户的想法和需求，设计就是一项毫无意义的任务。因此，设计师要从用户的视角去看问题，有同理心，这样也能节约大量的调研时间。

需求优先级

在时间有限的前提下，我们应针对多个需求进行优先级排序，调研活动也要根据需求的优先级展开。

经济因素

资金是调研活动中重要的影响因素。

- 某些企业会雇佣第三方调研公司做调研工作，以节约团队成员的时间。所以，第三方调研公司的雇佣费是一笔不小的开销。
- 调研完成后需要给予参与调研的人一些奖励，这同样也是一笔开销。
- 调研资料的准备和整理也需要一定的成本。

社会道德

在调研正式开始前，项目组都会要求调研活动的参与者签署隐私合同，这是为了确保敏感信息不被泄露。此外在活动过程中，要尽量避免涉及参与者的个人隐私。调研活动的参与者受不同文化、习俗、宗教、教育水平和生活方式的影响，某些问题会引起其情绪的波动，甚至一些参与者在看到或听到某些问题时还会产生抵触情绪，所以调研人员一定要在事前了解清楚，做好准备工作。

提前了解调研活动中的限制性因素，一方面是为了增强团队对项目或产品的掌控力，另一方面是为了确保各项资源的合理利用，灵活调度，避免资源浪费。

环节二: 确定目标用户群体

相关人员可根据实际的业务内容确定目标用户群体。确定目标用户群体的方法有很多, 感兴趣的读者可自行扩展学习。

环节三: 选择调研方法, 确定调研基数

不同调研方法有各自的侧重点, 因此可以提供不同的信息。相关人员在选择调研方法时, 一定要结合产品目标、具体问题、用户特征等要素进行综合考虑。本书将会对以下调研方法进行详述。

- 用户画像。
- 问卷调研。
- 用户访谈。
- 焦点小组。
- 用户体验地图。
- 实地调研。
- 卡片分类。
- 可用性评估。

以上八种调研方法是目前市场上较为普遍的调研方法, 涉及定性调研和定量调研, 如问卷调研以定量为主、用户访谈以定性为主、实地调研是定性与定量相结合等。关于调研活动, 有两点需要注意。

第一, 调研活动是一个过程, 而不是一个阶段, 它可以运用在产品设计中的任何环节。例如, 在产品发布前夕借助可用性评估, 相关人员可以发现并解决产品存在的可用性问题; 在产品更新迭代的过程中, 运用用户体验地图可以帮助团队继续深挖机会点, 完善产品设计方案。

第二, 就单个调研活动而言, 走完完整的调研流程并不意味着就是"完美"调研。就拿用户画像来说, 它可以在产品生命周期的不同时期, 配合不同的调研活动实现不同的目标, 如在产品的成长期, 用户画像可以帮助相关人员确定目标用户; 到了产品的成熟期, 用户画像还可以帮助相关人员完善用户体验地图等。

有了调研方法, 接下来就要筛选合适的用户并进行调研活动的参与人员的招募工作了。

下表是笔者根据经验和文献罗列的一些不同的调研方法在理想情况下所需要的调研活动参与者的数量[1], 仅供参考。

不同的调研方法在理想情况下所需要的参与者的数量

调研方法	范围值
用户画像	迭代性质, 数量不限, 如数量大建议进行高度抽象概括
问卷调研	100 人以上(数量越大, 则调研结论越接近实际情况)
用户访谈	15 人(定性)~ 30 人(定量)

---

[1] 调研活动参与者的数量源于多方文献资料, 仅供参考。

续表

调研方法	范围值
焦点小组	6～8人/组，建议每种类型3～4组
用户体验地图	总结性方法，建议配合其他调研方法使用
实地调研	30～50人，受环境因素影响较大
卡片分类	15人
可用性评估	15人（定性）～30人（定量）

从统计学角度看，样本容量越大，所得出的调研结论就越接近实际情况。不过由于各种限制因素的影响，调研基数的确定最好取决于团队或产品需求。

环节四：制定调研方案

产品的目标、需要解决的问题、限制因素、合适的调研方法皆已明确，接下来就可以开始制定详细的调研方案了。

在实际工作中，针对小型调研活动，允许适当地删减调研活动的环节或者不制定调研方案。但如果是大型调研活动，为了确保活动的完整性和避免意外的产生，相关人员就必须编写一份详细的调研方案。具体的调研方案包括但不限于以下内容。

调研背景概述。调研背景主要描述产品的历史信息、产品特点、本次调研内容的大致描述及开展本次调研活动的理由。

解决的问题及调研目标。明确说明本次用户调研活动需要获取哪些具体数据，这些数据的获得可以解决哪些问题。

用户特征描述。进行用户特征分析，帮助团队锁定调研的用户群体。

调研方法的实施。结合市场情况、限制性因素等进行综合分析，选择合适的调研方法。这里需要对调研方法进行一个大致的流程描述，也许会涉及多个调研方法交叉配合，这里也需要罗列出来。

调研基数和招募计划。根据调研方法确定调研基数，并进行调研活动参与者招募的渠道描述，如互联网招募、社会渠道的投放、内部的邀请计划等。

费用预算和激励措施。无论是进行虚拟的调研活动（如网络问卷调查），还是实地的调研活动（如焦点小组），相关人员需要给予调研活动的参与者一定的激励，可以是积分、礼品、金钱或超市购物卡等。

明确调研活动中相关人员的职责。一些较为大型的调研活动往往会涉及多人、多任务线的协同模式。在进行调研之前，首先必须明确各个角色及其工作职责，尤其是在实地调研这样复杂且庞大的调研活动中，更加需要明确每个人的职责，这样才能确保调研活动顺利进行。

拟定时间计划表。正如团队对产品开发周期进行排期一样，针对调研活动也需要拟定时间计划表。

整理和分析调研数据。相关人员应将所收集到的数据进行合理的拆解、分析、归纳、整理，制作成便于团队成员理解的数据汇总表或结论报告。

本书附赠的数字资源附录 B 是笔者整理的一份相对比较完善的调研方案，仅供参考。同时，笔者也欢迎各位读者关注公众号"叨叨的设计足迹"，后台回复"调研方案"即可获取电子版文件。

环节五：进行用户调研

有了前期的准备，接下来我们就可以进行用户调研了。

在这个阶段，我们需要根据不同的调研方法执行不同的活动内容，如进行用户访谈时需要先欢迎调研活动的参与者，然后进行氛围的烘托，再针对核心问题进行提问。在用户访谈期间，用户访谈的主持人要把控好时间，对所沟通问题的内容进行及时调整。如有必要，团队可以提前预演在访谈过程中可能遇到的棘手的问题，并制定相关预案。

环节六：整理数据，得出结论

通过不同的调研活动，相关人员获取的数据也会不同。例如，通过可用性测试获取的是偏向定量的数据，通过用户访谈获取的是偏向定性的数据等。所获取的数据需要结合不同的数据分析模型进行统计和分析。只有将获取到的数据进行统计和分析，才能针对产品目标或所发现的问题给出合理的优化意见。

为了方便非专业人员对调研内容和数据有更为直观的了解，调研人员需要运用多种展现方式进行数据展现——需要人为地筛选合适的数据信息进行重点展示，建议借助 PPT、Keynote 等软件进行数据展示，通过可视化的结论为团队提供建设性的意见。

补充：出声思维法 [①]

出声思维法是在用户调研活动中经常运用的辅助方法之一，主要是辅助调研活动参与者在调研过程中说出他们的所思所想。不过这种方法对人数有极高的要求，一般来说只有在一对一的调研场景中才会使用。

由于大部分的调研活动参与者并不知道出声思维是什么，因此在调研活动中建议相关人员先做一次示范。

在示范过程中，相关人员要把自己当成调研活动的参与者，边完成任务边描述所思所想。下面是以"预订机票"为例的出声思维展示。

我这次使用爱旅行 App 的目的是预订一张从北京飞往旧金山的机票。我点开爱旅行 App，希望在首页中找到"飞机的图标"或者和飞机票相关的描述。

我在页面中部的方块中找到了"机票预订"的入口。

---

① 该部分补充内容会在后续有关调研活动的详细介绍中涉及，为方便后续内容聚焦在活动本身，故此将"出声思维法"前置介绍。

点击"机票预订"按钮，跳转的页面我很熟悉，选择相应的出发地，再选择目的地。咦？！为什么只有国内的目的地，没有国际的目的地？

我尝试上滑页面，在页面底部找到了"国际"二字。你们设计的国际航班入口太靠下了！（运用出声思维的时候，可以允许参与者提出自己的意见）

现在您明白出声思维的具体用法了吗？

以上是一段简单的示例，相关人员也可以在示范结束后邀请参与者进行一段简单的练习，为后续的正式操作做准备。

要注意，当参与者在实际操作的过程中提出自己的建议时，我们要予以肯定，并及时地记录下来。至于是否采纳其建议，则需要结合后续的调研数据和分析进行考量。

出声思维看着很好用，可以尽最大可能地帮助调研人员获取纵向的信息，但其同样具有局限性。

- 首先，它所使用的调研场景有限，一般来说只能用于一对一的调研场景。
- 其次，参与者有认知局限，在调研活动过程中只能表达自己理解的信息（如动机和思考），更深层次的信息需要调研人员自行挖掘。

尽管出声思维的弊端明显，但这也无法掩盖其在调研活动过程中的贡献，所以依然有许多调研工作者愿意在合适的场景中利用出声思维帮助他们获取有价值的信息。

3.1.2 用户画像

当我们开始尝试理解用户时，不应只关注忠实用户和专业级用户，这会让设计师的设计思路有局限性。

用户画像的起源

早在 1983 年，艾伦·库珀就提出利用非正式访谈的方法收集用户数据，尝试构建一份简略的用户画像。随后，他在 1995 年出版的《交互设计精髓（第一版）》一书中提出了"目标导向设计"的概念。

随着时代发展，艾伦继续在 1999 年出版的《软件创新之路》一书中将这个概念具体化，进阶为"以用户为中心"的设计理念，并建议设计工作者将用户画像运用到产品设计中。

"以用户为中心"这个与时俱进的设计理念为后续的产品研发理论奠定了坚实的基础，并对后世产生了深远影响。

用户画像的构成

用户画像的主要设计流程大致可分成三个环节：用户特征描述、构建人物画像、故事场景代入。其中，构建人物画像是整场调研活动个设计流程的核心环节。

① 用户特征描述　　② 构建人物画像　　③ 故事场景代入

用户画像的设计流程包含三个环节

在开始正式介绍用户画像的设计流程前，我们先大致了解一下用户画像的概念。

从严格意义上来说，用户画像不能算是一场调研活动，而是一种基于实际用户的目标、需求而建立的调研模型，进而辅助后续的调研活动。同时也是一种将目标用户进行可视化的展现形式。

市场上常见的用户画像主要有两种：虚拟用户画像和标签用户画像。

虚拟用户画像和标签用户画像

虚拟用户画像是指利用信息可视化的方式呈现用户思维、心理、行为等数据内容。顾名思义，虚拟用户画像就是一种非现实的用户画像，是调研人员根据实际用户数据高度概括出来的一种虚拟用户。

虚拟用户画像包含显性和隐性两个部分。

显性内容，即用户特征部分，主要描述了用户的基础信息，如年龄、职业等个人信息，这些信息是可以通过相关渠道获得的。

隐性内容，即画像设计部分，这部分内容更多的是聚焦于用户的行为和态度，这些信息的获得需要相关人员进行更深入的用户调研。

标签用户画像就是将用户"标签化"，具体是指先利用大数据的优势将每个用户的各项特征进行高度概括，然后根据相关属性的关联程度的强弱对用户进行分类。目前，市场上运用标签用户画像比较出名的产品莫过于天猫的"八大人群标签"。天猫将全球用户进行了标签化处理，分为小镇青年、Gen Z、精致妈妈、新锐白领、资深中产、都市蓝领、都市银发、小镇中老年八大类。下图中单独列举了"新锐白领"的标签关键词。

生活节奏快　　追求健康天然

小仙女　　品质生活实践者

高收入高消费

事业奋斗期　都市潮男　隐形贫困人群

知识付费　　　　　热衷于种草拔草

"撸猫吸狗"　追求便捷即时

线上线下融合主力用户　自我提升需求突出

颜值至上　健身健美舞蹈瑜伽

"新锐白领"的标签关键词

更多关于"八大人群"的内容，可在公众号"叨叨的设计足迹"后台回复"八大人群策略"获取高清资料。本节仅重点介绍虚拟用户画像，对标签用户画像感兴趣的读者可自行扩展阅读。

用户画像的价值

了解了用户画像的构成，接下来我们再探讨一下用户画像对于调研活动的价值。

- **定义用户**。用户画像可以被动地促进团队围绕"以用户为中心"的理念展开设计，帮助团队快速锁定目标用户、关注点和动机，提升后续需求挖掘的效益。
- **促进团队沟通**。被动地将团队目光聚焦在目标用户上，有效地避免了售前、市场、产品、设计师、开发、运营等不同职能部门出于对需求理解的偏差而导致的冲突的发生。

- **确保目标一致**。当团队测试或讨论产品是否具备可用性或易用性时，用户画像可以确保研发工作始终围绕"以用户为中心"这一理念进行。
- **可视化效果更直观**。用户画像不仅可以增强非专业人士对目标用户的理解，还可以增强团队对用户的感知力，引导团队始终从用户的角度思考"产品应该满足用户的哪些需求"，而不是从自身的角度思考"产品应该具备哪些功能"。
- **调研活动的基础性支撑**。无论是锁定目标用户还是明确调研方向，用户画像总能给出万能的答案。例如，在进行问卷调研前，用户画像可以帮助团队锁定问卷投放对象；在进行用户访谈前，用户画像可以帮助主持人了解用户特征，进而使主持人有针对性地进行提问……

用户画像既可以作为独立的调研活动，又可以作为其他调研活动的基础性支撑。

定义用户 [①]

我们先定义一下用户——如果连调研对象都没搞明白，又如何进行深入挖掘呢？

有些读者此时可能有疑惑："定义用户？用户不就是那些产品的预期用户和潜在用户吗？"不！在这里，你需要考虑更广泛的用户！

C端产品（如淘宝）的用户比较好理解，就是消费者本身。但是其背后还有商家、客服等多名产业链上的用户，他们都会直接或间接地使用淘宝的产品。例如，消费者是最直接的购物者，商家是提供消费内容的一方，客服是衔接商家和消费者的一座桥梁。

> 假如，你现在开发出了一款人工智能客服系统，它的核心功能会替代目前传统的人工客服的大部分工作。现在你要开始对外推广这款产品。例如，你要给淘宝的五钻店铺进行产品推广，你认为在这场交易中，哪些人会是相关的利益者呢？
>
> 首先，肯定是淘宝五钻店铺的老板。在这场交易中，淘宝五钻店铺的老板肯定是获利最大的人，毕竟这款产品能够为他节省大量的人工成本。
>
> 其次，就是具有替代关系的人工客服。虽然有了人工智能客服系统，人工客服的工作变得简单、高效，但是其利益却受到了严重的侵犯。
>
> 正常来说，一般我们能想到的只有上述两个利益相关者，其实背后还有隐藏的利益相关者。淘宝五钻店铺属于大店铺，一般来说，这样的大店铺拥有客服团队，在客服团队中肯定有负责人，我们暂且称其为客服总监。在这场交易中，客服总监是仅次于淘宝五钻店铺老板的影响因素。

B端产品（如ERP系统）的主要用户是员工（即使用者），但是背后所牵扯的利益方却远不止我们看到的这些。拆解一下产品的相关业务线可以发现，从签订合同到购买产品、使用产品，这期间涉及客户经理、采购人员、销售人员、企业决策者等。这些人虽然不是最终使用者，但都是可以直接或间接影响是否采购产品或使用产品的重要因素。

用户大致可分为主要用户、次要用户、三级用户和非目标用户。

---

① 这里要澄清一下：用户是指产品的实际使用者，而客户是指不直接使用产品，却能够对产品进行处置的人。为了方便理解和阅读，本节采用"用户"这个概念。

为什么会有非目标用户呢？其实它在用户画像中是一种反向例证，可以帮助团队及时矫正画像思路，避免在设计的过程中产生偏差。

定义用户的四个维度

如果想全面地挖掘目标用户，我们可以借助产品流程图中的泳道图进行拆解，它可以直观地展现一款产品所涉及的相关人员。

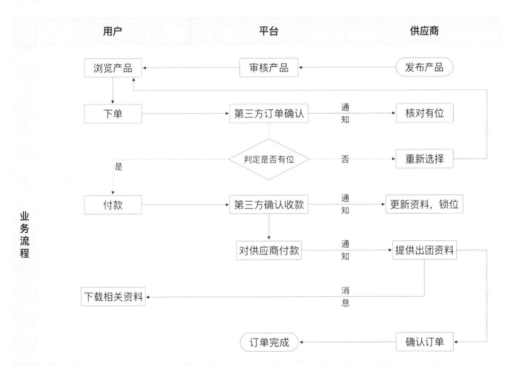

泳道图不仅可以用来表现业务流转关系，还可以直观地展现流转过程中所涉及的相关人员

如果认为从泳道图中获得的信息有限，那么不妨去找销售部门、市场部门的同事聊聊，他们或许知道主要用户、次要用户、三级用户都是哪些人。

借着挖掘用户的机会，我们还可以更深入地了解产品所处领域、竞争对手和客户群体等方面的内容。这些信息对于后续调研方案的制定有帮助。不仅如此，对所处领域的了解也有助于我们在合适的时机选择合适的调研活动以解决问题，可谓一举多得。

环节一：用户特征描述

对用户有了清晰的定义，接下来我们就可以进行用户特征描述了。

描述用户特征最好的媒介就是创建文档，也就是将信息可视化。创建的文档可以是纸质的，也可以是电子版的，这取决于团队的工作习惯——具象的用户特征描述不仅可以提升团队成员间的沟通效率，还可以帮助团队从全局的角度审视相关细节。

如下图所示，用户特征主要集中在显性信息上，如姓名、年龄、职业、教育经历等，这些信息可以帮助调研人员构建一份虚拟画像最基础的外部轮廓。虽然这些信息可能过于基础，但可以让我们更清楚地了解一个"人"，再附上与用户特征描述相关的人物图片，让画像更加饱满。

用户特征记录的显性信息

不过需要注意，对一些涉及核心内容或影响核心内容的信息，相关人员应该考虑是否将其加入用户特性的描述中，如薪酬等。在实际调研活动中，建议相关人员根据产品的实际情况罗列正相关的基础信息，对一些非正相关的信息则不予考虑，避免形成误导或干扰，毕竟用户画像所包含的信息不是越全面越好。

下表罗列了一些用户特征，仅供参考。

用户特征枚举

包含的信息	信息描述
人口统计学特征	性别、年龄 / 生日、出生地、目前所在地
职业信息	当前职业、工作年限、所承担的职责、岗位级别、薪资待遇、过往职业经历
公司信息	当前公司信息、公司规模、所处领域，过往公司情况
教育经历	当前学历、过往的教育经历、专业技能、所属领域
定向经验 / 特长	个人特点、竞争优势、亮点、个人价值
调研领域的知识储备	对本次调研领域的理解深度
对产品的基础认知	产品认知程度的高低、产品使用偏好

续表

包含的信息	信息描述
对产品的喜好	文字编辑、视频剪辑、音乐、社交分享、工具学习

环节二：构建人物画像

如果用户特征记录的是显性信息，那么人物画像记录的就是隐性信息。具体的隐性信息包含用户身份、用户定级、用户需求等。

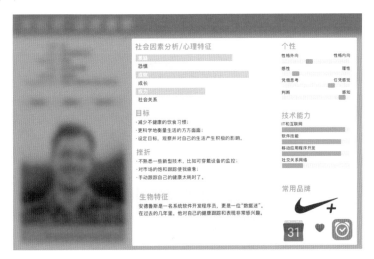

人物画像记录的隐性信息

为了让虚拟用户栩栩如生，我们可以在细节方面加入一些虚构成分，借此丰富人物性格。不过需要注意，虚构的成分不宜过多，避免影响团队的判断。

下表罗列了一些人物画像的细节，仅供参考。

人物画像枚举

包含的信息	信息描述
用户身份	人口统计学信息
用户分类	主要用户、次要用户、三级用户或非目标用户
情况 / 问题	基本情况描述、当前遇到的问题
用户需求	显性需求、本质需求
目的 / 任务流	用户的主要目的和次要目的、主要任务和次要任务、 任务强度和频率、完成任务的流程
期望	用户的期望
社会关系	在产品使用者中，多个用户之间的不同关系链

环节三：故事场景代入

故事场景代入是指将虚构出来的用户，基于其行为和态度方面的数据代入实际场景（或以故事叙述的形式）进行检验和评估的一种测试方法。这种方法可以用来评估产品的可用性或易用性等。

通常情况下，初始阶段的场景搭建的规模会很小。毕竟一开始人物画像的资料完整度偏低，难以满足大场景的需要。但是随着时间和进度的推移，后期调研资料会逐渐趋于完善和体系化，因此场景的搭建同用户特征、人物画像一样，都需要随着后续调研活动的不断深入而不断完善。

故事场景代入的具体内容：通过用户关系的设定，将多个用户置于同一个场景中，让他们共同执行某项任务或共同实现某个目标，当然也可以考虑衍生支线任务。为了让场景更加饱满，我们还可以加入用户在极端场景中才会发生的极端情况，如无信号、迷路等状况。

故事中也可以适当地加入建设性意见，如人物行为或痛点的发现，为后续的产品设计扩展思路。

需要注意的是，场景描述最好从大格局视角出发，一些细节如无必要则可以忽略，毕竟将目光聚焦在核心任务流程上才是故事场景代入的关键。绘画基础技巧中的"打形"就可以很好地阐释这段话——在初稿阶段需要先打形，此阶段没必要纠结细节的刻画，目的是确保整体的造型和实际形象一致。这有助于产品设计师从全局的角度审视产品（整体画面）。

场景的搭建切忌凭空想象，相关人员需要根据在各个调研活动中获得的真实信息搭建趋于真实的"模拟场景"。

通常，故事场景代入的描述主要依赖于文字，如果有相应的资源，相关人员可以考虑采用视频记录。描述内容包含但不限于标题、背景描述、情境表达、问题阐述、解决方案、执行路径、多任务协同和多人物协同等组成部分。在时间充裕的前提下，建议在场景描述中对一些可优化的功能点和交互点进行批注，直观地展现用户在完成任务期间所遇到的难题。

下面是一段较为常规的故事场景代入的描述，仅供参考。

> 李明是一位全职妈妈，最近和家人商量准备在"十一"黄金周的时候出去旅游。最终，李明将出游地点定在了浙江杭州。李明在爱旅行 App 上查找攻略，完善出游计划。
>
> 在爱旅行 App 上，李明比较了从北京出发前往杭州的经济成本和时间成本，对不同的因素做出了权重平衡，最终决定乘高铁前往杭州，不仅便捷高效，还可以欣赏沿途风景；选择华住漫心酒店作为入住酒店，主要是因为李明享有"华住会"铂金会员权益，而且酒店离西湖近，花费也在预算范围之内。
>
> 由于出游的日子在"十一"黄金周期间，李明决定提早一个月预订酒店，避免无房的情况发生，预订时间为 10 月 2 日至 10 月 7 日；李明将这次出游的娱乐活动主要集中在西湖周边，如果时间允许，她还想去一趟良渚遗址公园。
>
> 最后，李明选择了"支付宝＋信用卡"的支付方式完成了支付行为。

总之，故事场景代入必须结合用户特征和用户画像进行，一切都围绕用户特征而设计，这样才是一个完整的用户画像调研活动。

以上便是对用户画像的绘制流程和绘制方法的描述。

然而在实际工作中，很多企业或设计师已经开始摆脱这种精确到某一单人的画像，更多的是总结用户特征、行为特点等，根据这些大方向，有针对性地绘制一份全局性的用户画像。

假设一款产品的用户为 1 亿人，那么对于调研团队来说又怎么可能做到精确绘制有代表性的某一个人的画像呢？所以，最有效的方法就是先勾勒出方向型用户画像，再对这些方向型用户进行有针对性的优化。

用户画像的注意事项和相应措施

需要为多个用户创建人物画像。 我们不仅要为主要用户创建用户画像，还要为次要用户、三级用户创建用户画像。这是为了确保画像覆盖的全面性。

针对当前产品所处时期设计人物画像。 产品在其生命周期的不同时期，侧重点有所不同，如网易云音乐在初创时期需要面对广大用户，必须要有一个大而全的方向；当产品进入成熟期，就要开始进行精益化设计，即进行人群细分——针对高端领域、自媒体歌手等细分用户群体设计独特的新功能，进而提升用户黏性。

适时更新画像信息，让画像不论在任何阶段都可以指导团队优化产品。 团队为了适应市场和用户的需求，应及时地根据调研活动反馈更新人物画像。尤其是在对产品或设计方案做出重大决策时，最新版的人物画像往往可以起到指导作用。

人物画像无法替代与目标用户进行的相关研究活动。也就是说，人物画像无法替代真实用户。 人物画像是一盏可以指引团队调研方向的明灯，但是它无法替代真实用户。

人物画像的数据必须源于真实用户，而非团队希望或臆想的理想用户。 人物画像是基于实际用户的特征创建的虚拟形象，切忌凭空想象。臆想出来的人物画像对于团队和产品来说没有任何意义——人物画像并不是完全虚构的，而是基于真实信息创建的虚拟形象，是一个符合用户群体特点但却不存在的"真实人物"。

用户画像的三大环节有一个很明显的共性——迭代性。 用户特征的迭代、人物画像的迭代，还有与故事场景代入的适时结合，都需要跟随市场环境的变化进行相应的优化和调整，这样有助于团队及时地调整产品目标。这个特性和 MVP（最小化可行性）、敏捷开发有点类似，都是在一个快速迭代的市场背景下，及时地完善产品，以求产品更贴合用户需求的一种快速响应手段。

需要注意的是，用户画像虽然具有成长性，但它始终是一个过程，而不是一个阶段，需要调研人员不断迭代优化才能配合后续更多、更复杂的调研活动进行用户信息的挖掘。

数据分析

在完成了用户画像之后，接下来就是进行数据分析。由于用户画像中的信息涉及范围广，因此需要结合诸多方法进行数据分析。更多关于数据分析方法的描述，笔者会在本书后续的用户调研活动中进行适当补充，此处不再赘述。

3.2　用户调研活动

3.2.1　用户访谈

电影《寒战 2》中有这样一句台词："我要的是建议，不是意见。"在调研场景中，用户的意见多少会带有主观偏见，所以是否采纳用户的意见需要好好斟酌。

访谈概述

访谈场景有很多，上至正式会议，下至日常交流，这些其实都属于访谈的范畴。围绕产品的目标用户所展开的访谈，需要调研人员在进行用户访谈之前就明确访谈的目的。

在产品研发阶段，科学的用户访谈可以帮助相关人员发现新的机会点；在产品迭代期，利用通过用户访谈得到的数据可以不断优化产品功能和用户体验等。用户访谈可以说是一种偏定性调研的"万金油式"的调研活动。

例如，在数据分析场景中，相关人员通过后台发现在某个时间段 UV 提升异常迅猛，或者出现了跳出率过高等现象。

为了探究这些现象出现的原因，调研人员需要先利用定量数据发现问题，然后制订计划，有针对性地通过用户访谈了解用户行为及其动机。

在用户访谈过程中，调研人员可以适当借用《非暴力沟通》一书中介绍的沟通技巧，挖掘用户需求并将这些需求落实到产品中，进而满足用户需求。

建议用户访谈的主持人运用同理心或提升共情能力，增强自身对用户需求的感知力。

我们可以简单地把用户访谈理解为"为了通过受访者获取有价值的信息而采取的一种引导性谈话"。它既可以作为独立的调研活动，也可以结合其他调研活动使用，如通过用户画像锁定目标用户，再运用用户访谈深入挖掘用户需求。

本节所介绍的用户访谈大致可分为五个环节：方法描述、设计问题、人员配置、进行访谈和数据分析。

用户访谈的五个环节

环节一：方法描述

一般来说，相关人员在进行用户访谈时都会提前编写相应的访谈脚本，通过访谈脚本中的内容可以由浅及深地探究用户行为及原动机，以挖掘用户需求。因此，访谈脚本的编写是用户访谈的重中之重。为方便诸位读者理解，笔者将这一环节的内容拆分为三个部分：第一部分主要介绍用户访谈常用的三种类型；第二部分是访谈媒介的选择，通过不同的访谈媒介，相关人员能够获得不同的数据；第三部分是为访谈脚本提供指导方向的目标定义，也就是明确用户访谈的最终目标。

方法描述的三个部分

根据受访者的类型和访谈的深入程度不同，用户访谈大致可以分为以下三种类型：开放式访谈、结构式访谈和半开放式访谈。

开放式访谈。类似于日常交流，一般只有一个模糊的目标，主持人和参与者围绕这个模糊的目标展开交谈。在开放式访谈中，双方可以畅所欲言，但主持人需要把控访谈节奏和方向，避免话题过于发散和跳跃。如有必要，主持人可以适当地打断受访者，把话题拉回本次访谈的主题上来。

当然，主持人可以根据受访者主动扩展讨论的内容进行话题扩展，这样或许可以获取更多意料之外的、有价值的信息。

结构式访谈。其实就是"口头化"问卷调研——相关人员在访谈开始前需要先拟好问题，方便在访谈过程中对参与者进行提问。相比于开放式访谈，结构式访谈是一种需要相关人员对流程和访谈内容进行高度控制的访谈类型，主持人会通过一系列有针对性的问题获取相关信息。

结构式访谈方便了数据的收集和整理，而且产生冗余数据的概率也会降低，同时可以有针对性地采用相关统计分析方法保证结果的准确性和数据的有效性。

半开放式访谈是开放式访谈和结构式访谈的结合体。在半开放式访谈中可以同时出现开放问题和封闭问题，主持人可以打乱问题的顺序，配合衍生话题，随时进行切换提问，这样才能获取更多有价值的信息。

综合来看，半开放式访谈是三种类型中效果最好的一种，既灵活又有效。为了让半开放式访谈的效益最大化，笔者建议将访谈分两轮进行。第一轮是小型访谈，先用开放式提问，目的是了解访谈内容的目的性和问题的适用性，同时可以为第二轮的大型访谈奠定有利基础。

不过，进行半开放式访谈对主持人的控场能力有一定要求：既要懂得适时打断参与者的"侃侃而谈"，使访谈不偏离既定主题，也要善于利用受访者的扩展内容进行更深入的讨论。

下表对三种访谈类型的细节进行了对比。

三种访谈类型的细节对比

访谈类型	特性	优势	劣势
开放式访谈	定性为主	• 话题延展性强 • 数据获取范围广 • 对问题可进行深入挖掘 • 可随时对访谈内容进行调整	• 数据杂乱，后续难以进行统计分析 • 访谈方向不易控制
半开放式访谈	定性和定量相结合	• 收放自如 • 数据获取相对比较全面 • 兼顾开放式访谈和结构式访谈的部分特点	• 随意自如，难以确保数据前后一致 • 需要运用多种方法进行数据分析 • 结构式一致，开放式混乱，数据不稳定
结构式访谈	定量为主	• 数据统一明确 • 问题一致，统计方便 • 对时间的把控精准	• 答案明确，但受访者无法给出更多的解释 • 无法获取受访者修改数据的原因 • 内容有局限性，受访者容易产生抵触情绪

第二部分是访谈媒介的选择。不同的媒介能够不同程度地影响访谈质量，调研人员需要根据访谈内容和访谈目标选择合适的访谈媒介。常规的访谈媒介有面对面访谈、视频访谈、电话访谈和文字访谈四类。

最高效的是**面对面访谈**，只不过在数据记录和整理方面会费点时间，建议在面对面访谈活动中指派一名记录员负责记录相关信息。

相对来说，**视频访谈**没有面对面访谈直观和高效，在定性内容的获取方面有局限性。它的优势在于可以打破时空束缚，双方可以结合自身情况，合理地安排访谈的时间和地点。

如果受访者不方便进行视频访谈，那么调研人员可以选择**电话访谈**。

电话访谈的好处是可以通过远程沟通的方式快速获取信息。但是，相比于其他媒介，电话访谈中的环境因素不可控，参与者可以随时挂断电话，终止访谈。

值得一提的是，电话访谈是所有访谈媒介中最适合运用于结构式访谈的媒介。回想一下我们经常接到的电信客服电话，是不是会经常将1、2、3、4、5、6等数字作为选项。

如果以上三种媒介均不可行，就只能选择**文字访谈**了。虽然通过**文字访谈**同样可以获取有价值的信息，但是文字访谈过于依赖沟通软件，而且双方对时间和访谈过程的把控性都比较差。通过文字访谈，相关人员只能获取用户告知的信息，无法挖掘用户行为数据。文字访谈的优势在于便于相关人员整理相关信息。

上述四种媒介的优势和劣势，笔者已整理在下表中，仅供参考。

四种访谈媒介对比

访谈类型	优势	劣势
面对面访谈	• 性价比最高 • 最常见的访谈媒介 • 可获得定量信息和定性信息 • 对受访者的情绪观察最直观	• 记录麻烦，需要多人协同 • 受访者众多，耗时 • 受访者会有一定的心理压力 • 注意事项多 • 对主持人能力要求高
视频访谈	• 性价比中等 • 时间灵活，不受空间限制 • 是所有远程访谈媒介中的最佳选择 • 受访者可在熟悉环境中接受访谈 • 效率高，可对访谈内容进行高保真录制	• 获取数据有局限性 • 不利于观察受访者的各项定性、定量数据 • 访谈容易被打断
电话访谈	• 性价比中等 • 时间灵活，不受空间限制 • 易操作，学习成本低 • 最适合运用于结构式访谈的媒介	• 访谈容易被中断 • 结构化形式过于严重，没有直接采用问卷来得高效 • 无法完整地获取受访者的行为和态度数据
文字访谈	• 结构式访谈的次要选择媒介 • 转译方便 • 调研人员可随时对访谈内容进行调整	• 性价比最低 • 完全无法获取定性数据 • 限制因素很多，沟通不便 • 访谈极易被中断，严重的会被终止访谈

第三部分是明确访谈目标。和其他调研活动一样，在开始着手调研前调研人员要先明确本次调研活动应解决的问题、访谈目标等，这样才能有针对性地设计问题，编写访谈脚本。

环节二：设计问题

用户访谈的脚本设计其实就是在设计问题，相关人员在设计问题时需要格外注意问题的先后顺序。正常来说，开放式访谈只需要罗列几个大的方向，细节可以在访谈中逐渐衍生和扩展，至于扩展的深度则需要主持人发挥主观能动性，结合访谈目标自行把控。

以下是笔者列举的一些在进行问题设计时的注意事项。

问题设计需要由浅及深、由易到难

建议设计的问题先发散后聚焦，先抛出一个开放性问题，再就某些关键点进行深度访谈。不建议相关人员在用户访谈刚开始的时候就采用结构式问答，虽然便于聚焦，但这样容易禁锢受访者的思维，并且容易使访谈失去灵活性。

在访谈开始时利用开放式问题，可以拉近主持人与受访者之间的距离，营造轻松愉悦的访谈氛围，继而采用结构式问答可以深入挖掘用户需求，获取有价值的信息。

问题要简单易懂，不能让用户思考太多

正如《点石成金》一书中说的那样"别让我思考（Don't make me think）"。访谈中的问题一定要简单易懂，这样才能方便调研人员引导受访者将思绪聚焦在问题本身。不仅如此，在问题的阐述方面，双方也要尽量采用口语化的表达方式，避免使用术语。如果一个题干中有多个论点，建议设计多个问题进行分点提问。

避免强制性回答

大多数受访者在接受访谈时，都会下意识地武装自己，认为每个问题都有标准答案，如果答不出来或回答错误会显得很丢人。为了避免受访者自我防备心理的产生，建议在访谈开始之前告知受访者："在访谈过程中，所有问题都没有所谓正确或错误的回答，如果实在不方便回答，您是有权选择拒绝回答的，这对访谈完全没有影响。"这样就可以打消受访者的顾虑。

主持人在提问时，一定要保持中立的态度

问题设计完成后，相关人员还应检查题干中是否存在引导性词汇。主持人在提问的时候也要避免加入个人的想法，否则会对受访者产生错误引导。

> "很多受访者都说对比新版的节假日模块，他们更喜欢爱旅行 App 旧版的视觉风格，对此您怎么看？"

上述题干就存在明显的引导性语句。在不改变题意的前提下，相关人员可以对问题进行如下修改。

> "您认为新版的节假日模块的体验如何？"

尽量避免提问回忆性的问题

随着时间的流逝，越久远的事情受访者的回忆成本就会越高，数据有误的概率也会随之增大。但是在有些场景中，需要受访者进行回忆才能获取有价值的信息，如医生就是通过患者对发病过程的回忆做出相应的诊断。

问题设计完成后，还要对问题进行"三连问"

- 提出这个问题的目的是什么？（校验问题的可行性。）
- 受访者对这个问题的回答会怎样？（提前预判受访者的回答方向，预估访谈中将出现的问题，以掌握访谈节奏。）
- 如果去掉这个问题会对访谈产生影响吗？（如果这个问题可有可无，那么去掉反而可能提高访谈效率。）

以上六点就是在编撰用户访谈问题时需要注意的事项和相应措施。

其实，用户访谈和问卷调研的内容在某些程度上是可以共用的。二者的不同之处在于：问卷调研关注的是用户的选择，而用户访谈更多关注的是受访者对产品的想法和行为。

环节三：人员配置

一般来说，用户访谈采用多对一的形式进行调研，如主持人、记录员、观察员三人面对一名受访者。

主持人是用户访谈活动中的核心人物，其主要职责是和受访者进行互动，然后参照访谈脚本提出相应的问题，并且要抓取对话中有价值的信息。从表面上看主持人的工作好像很轻松，实则对主持人的控场能力要求极高——主持人不仅要和受访者保持互动，还要维持轻松、和谐的访谈氛围，同时还要在与受访者进行互动的同时对问题进行梳理。

此外在用户访谈过程中，主持人需要及时分辨哪些是有价值的讨论、哪些是无意义的讨论，这些都需要主持人具备极高的甄别能力，及时地发现问题并引导内容走向。

记录员的主要工作职责是负责整理访谈纪要。不过记录员记录的并不是受访者表达的信息，而是主持人重复向受访者确认的信息和访谈中的重点摘要。如果条件允许，还可以采用投屏的方式对记录员记录的内容进行随记随看，既方便主持人进行校验，也方便受访者查看信息是否准确，如果记录员的记录有误可以随时进行指正。

如果具备硬件条件，并且在受访者允许的情况下，也可以在用户访谈过程中使用录制设备，如录音笔、摄像机等，方便后期的统计和校验工作。

观察员的工作职责是在访谈过程中根据受访者的回答及时地提出新的问题。一般情况下，观察员会由项目经理或利益相关者担任。当主持人和受访者进行互动时，观察员一定要"安分守己"，切忌只要出现新的问题就当场提问，因为一旦中断主持人与受访者的互动，就需要花费更多时间修复访谈氛围，而且临时插入的问题无形中也会增加主持人控场的难度。

访谈人数一般会控制在 5～10 人，不过有些文献指出，为了保证数据的准确度，仍建议招募 30 人乃至更多的受访者。对于受访者的数量，笔者建议还是根据项目的实际情况进行确定，这里所给出的基数仅供参考。至于专业能力的要求，用户访谈不会像卡片分类那样需要受访者具备一定的专业水准，所以用户访谈的受访者既可以是"小白"，也可以是具备一定产品认知的用户。

需要注意的是，在进行用户访谈前，调研人员都会要求受访者签署保密协议。所以在招募受访者时，一定要向受访者明确表明需要签署保密协议，如果受访者拒绝签署，调研人员有权终止其参与用户访谈。

有条件的团队可以提前组织一场小规模的访谈预演，只有在实际进行访谈过程中才能发现细节方面的问题。

环节四：进行访谈

在正式进行用户访谈前，调研人员需要预估访谈活动所需要的时间，对每个环节进行排期——哪个问题什么时候问、交流需要多久等都需要事先计划好。笔者建议单场调研活动控制在 1 小时左右，如超过 1 小时，需要进行中场休息。下面是笔者总结出来的一份用户访谈活动流程（以 80 分钟为例），仅供参考。

"用户访谈"活动流程（以 80 分钟为例）

参考时间	阶段描述
8～10 分钟	**欢迎阶段**：主持人活跃气氛，简单介绍本次访谈的背景和目的
5～10 分钟	**暖场，简单提问**：可以问一些无压力、易回答的问题
30～50 分钟	**核心问题**：随着问题的逐渐深入，可以开始针对关键问题进行深入探讨
10 分钟	**总结访谈**：主持人对本次访谈进行高度总结

续表

参考时间	阶段描述
5 分钟	结束阶段：对受访者致以谢意，给予奖励

有了时间排期，相关的准备工作就差不多了。准备好纸笔，等待受访者到达现场，相关人员一定要让受访者签署保密协议（签署保密协议建议放在访谈活动的欢迎阶段）。

欢迎阶段

欢迎阶段比较常规，主持人进行开场白，简单介绍本次访谈的背景和目的。在这个阶段，同环节二设计问题时一样，主持人要事先说明："在访谈过程中，所有问题都没有所谓正确的或错误的回答。如果实在不方便回答，您有权选择拒绝回答的，这对访谈完全没有影响。"然后，让受访者进行简单的自我介绍以加深彼此的了解。在欢迎阶段，需要注意控制时间，5 ～ 10 分钟即可。

暖场，简单提问

主持人可以向受访者提一些简单的问题，如询问受访者是通过什么渠道知道的本次招募活动，第一次使用产品的体验如何等。

主持人可以通过一些简单的问题把受访者的关注点逐渐聚焦到产品本身。

核心问题

有了前期的暖场，相信此时已经有足够多的契机使主持人与受访者探讨深层次的问题了。如果是结构式访谈，则可以按顺序向受访者进行提问；如果是开放式访谈，则可以根据访谈脚本同受访者进行讨论。

主持人在访谈过程中尤其要注意观察受访者的情绪或面部表情的变化，如对问题感到为难，此时主持人可以提醒受访者"有权拒绝回答并跳过"……记录员也要配合主持人做好相应的记录工作。

主持人与受访者在进行深层次探讨的过程中要注意以下几点。

主持人必须区分清楚受访者所提的是建议还是意见。

很多时候受访者都会在访谈过程中"教调研人员做产品"，给出他们自认为合理的解决方案。此时，主持人需要对这些回答持保留意见。

　　亨利·福特曾说过："如果我最初问消费者他们想要什么，他们会告诉我，要一匹更快的马！"

在上述例子中，消费者给出的就是建议，包含了明确的解决方案。身为调研人员，应深入挖掘消费者的需求。

必要的时候，主持人可以建议受访者回忆以往的"标志性"事件，并进行描述。

结合受访者的经历，主持人可以快速了解事件的经过，尝试挖掘事件经过中对产品有价值的机会点。

找到合适的切入点，主持人可以针对某个点对受访者进行追问，以进行深层次的探讨。

这是一种"先扩散后聚焦"的方法。随着问题的不断深入，很多想法都会相互碰撞，甚至产生摩擦。此时，主持人一定要保持中立的态度。

当用户对某些问题不理解时，主持人可以适当举例说明。

主持人在进行举例说明的时候要注意措辞，避免误导受访者。

在访谈时一定要运用同理心或提升共情能力。

受访者或许就是产品未来的直接用户。在访谈过程中运用同理心可以拉近调研人员与受访者之间的距离，为受访者营造一种舒适的氛围，从而促进访谈有序进行。

总结访谈

核心问题问完之后，本次访谈也就进入尾声了，此时主持人需要对本次访谈进行总结。

结束阶段

访谈活动结束后，相关人员送受访者离开访谈地点，并给予受访者相应的奖励。

环节五：数据分析

通过不同的访谈类型和媒介所获取的数据有所不同，进而会直接影响后续的数据分析和统计方法。

访谈结束后，相关人员需要将访谈记录中的内容整理成文档，然后提炼出本次访谈的用户分析报告。用户分析报告可以是纯文本形式的，也可以是电子版的，目的是向团队展示本次访谈的结果，并提供有效的设计方向。

用户分析报告包括但不限于以下内容：项目背景和目的、参与访谈人员、访谈提纲、访谈脚本的执行进度，如果条件允许可以附上访谈脚本和受访者重点描述的一些内容、相关建议等。尤其是访谈中的标志性事件需要重点展示，最后进行一个总结——可以从产品需求层面、体验优化层面、逻辑业务层面、技术优化层面等进行总结。

笔者给出了用户分析报告的模板，读者可扫本书封底的二维码，关注"有艺"公众号后获取下载资源。

将访谈内容整理成文档后，相关人员需要根据不同的访谈类型选择合适的分析方法。

通过结构式访谈获取的数据，其分析相对比较轻松，借助固定的分析模型就可以得出相应的结论。

而通过开放式访谈获得的数据通常是定性数据，所以分析的时候往往比较费时间。笔者推荐几种定性分析方法：KJ 法[①]、频率分析、主题分析、可信度分析、传记研究、扎根理论研究等。数据统计分析软件推荐使用 NVivo、MAXQDA 和 Atlas.ti。

这里简要介绍一下 QC 七大手法，它可以系统地梳理定量数据和定性数据之间的因果联系。

如下表所示，QC 七大手法主要分为旧 QC 七大手法和新 QC 七大手法。

QC 七大手法（概述）

旧 QC 七大手法	阶段描述	新 QC 七大手法	价值
检查表	对事实的粗略整理和分析	关联图	可以同时分析多个问题的原因
分层法	进行数据的归类和整理	关系图	对问题－原因、目的－手段进行多级展开
柏拉图	从众多问题中找出核心问题	亲和图	对模糊的原始信息进行综合梳理
鱼骨图	分析产生波动的主要因素	矩阵图	找出成对因素间的相互关系

---

① KJ 法也被称为亲和图，是新 QC 七大手法之一。在本书 3.2.2 节中有 KJ 法的详细介绍。

续表

旧 QC 七大手法	阶段描述	新 QC 七大手法	价值
散布图	分析原因与结果之间的关系	矢量图	明确计划和项目的结果和关联，并进行优化
直方图	分析过程分布状况	PDPC 法（过程决策程序图法）	针对事态进展，预测其结果
控制图	监控过程的移动波动	矩阵数据解析法	将多个变量转化为少数综合变量

3.2.2 焦点小组

小环境的亲近感能够让人们以更真实的方式向对方敞开心扉。小环境越小，受访者之间就越容易建立心理安全。心理安全是让人们相互信任、团结一致的最重要的因素

——*Bay Area Black Designers 的创始人，凯特·韦洛斯*

焦点小组概述

焦点小组和用户访谈有诸多共性，在阅读本节的过程中请诸位读者适当结合 3.2.1 节中的相关内容。

焦点小组有点类似座谈会，将多位用户聚在一起，主持人采用开放式访谈、半开放式访谈或结构式访谈的形式与用户进行交流，并负责解决访谈过程中的各种问题。

从人数方面可以看出，焦点小组的成员数量是用户访谈人数的数倍，这是二者最直观的差别。因此，两种调研活动的侧重点也有所不同——焦点小组主要聚焦在对问题方向的把控上，而用户访谈则是对需求细节的精细刻画。

此外，通过焦点小组获取数据的效率较高，相关人员能够快速获得与某个方向或问题相关的信息，从而完善产品。同时，焦点小组的活动氛围也可以促使受访者积极参与讨论并充分表达自身需求。

焦点小组也有弊端。和一对一的用户访谈相比，受访者在焦点小组中容易受到其他受访者的影响，产生从众心理，这难免会对数据造成一定的影响。

除了在优势和劣势方面同用户访谈有所区别，在产品生命周期的适应性方面，焦点小组与用户访谈也有所不同。在产品研发阶段，通过焦点小组，团队可以发现并明确产品发力的方向；在产品迭代阶段，通过焦点小组，团队可以获取针对产品的优化提出的意见；在产品成熟阶段，团队可以通过焦点小组对产品迭代进行规划。

焦点小组的活动流程包含五个环节：方法描述、问题设计、人员配置、小组讨论和数据分析。

焦点小组的活动流程包含五个环节

环节一：方法描述

头脑风暴是由美国广告公司 BBDO 的创始人奥斯本创立的，其价值在于让所有的成员不受任何限制地畅所欲言，充分表达自己的想法或观点。头脑风暴属于一种群体决策的方法，因此适用于多人探讨的场景，尤其是焦点小组。

一般情况下，主持人先抛出一个话题，然后受访者们展开讨论。讨论的相关内容由记录员负责记录，也可以由受访者本人记录在本次头脑风暴中提出的想法。

一般来说，一场头脑风暴的最长时间为 45 分钟。如果需要连续进行多场头脑风暴，建议加入中场休息，避免参与头脑风暴的成员过度劳累而导致效率下降。如果讨论结束了，主持人可以引领受访者们进入信息梳理阶段，结合需求分析对本次讨论的信息进行筛选、重组。在时间允许的情况下，建议对需求进行优先级排序，为后续的产品设计提供便利。

What&Need 需求分析法是一种针对产品定位和用户的实际需求提出的统计分析法，尤其是在快速迭代的环境下尤为适用。大多数团队是从"What"的角度——从"产品该做什么"的角度思考用户想要什么，而不是从"Need"的角度——从"用户需要什么"的角度考虑用户的实际需求。

和单纯的头脑风暴相比，What&Need 需求分析法具备更多的优点，其最突出的优势就是对所得数据的分类更为清晰和明确。运用 What&Need 需求分析法进行提问，主要聚焦内容和流程。内容是关于产品功能、架构等内容的调研，如经过小组讨论，发现爱旅行 App 的用户最希望看到的内容包含机票的预订、航班查询等功能。流程是指任务流程，调研人员会通过解析受访者的操作流程和其希望得到的操作流程，挖掘用户更深层次的需求，这样才能做出让用户惊喜的产品。

比起头脑风暴，What&Need 需求分析法虽然更偏向对访谈信息的处理工作，仿佛并不适合作为调研方法之用，但是我们利用逆向思维倒推一下会发现，多了解一些分析和统计方法，可以方便调研人员在前期更有针对性地获取所需的数据。

单点访谈法又称焦点访谈，是针对某一个问题进行深入讨论的一种寻根问底的方法。这种方法不仅可以运用在焦点小组中，同样也适用于任意调研活动。

以焦点小组为例，当受访者在讨论某一问题时，如果主持人发现这个问题值得深入挖掘，那么此时就可以介入，引导话题讨论的深度。记录员做好相应的记录工作。

不过有时候讨论的点会被受访者带偏，甚至会出现时间不够用的情况，所以笔者认为最好的焦点访谈的方式是主持人预先准备好封闭式问卷（为了后期方便收集统计，建议先采用网络问卷进行预调研，获取需要的问题），这样就可以帮助调研人员在有限的时间内合理地利用现有资源对问题进行深入讨论。

流程访谈法又称任务访谈，该方法是可用性评估中的一种方法。给定一个任务，受访者需要通过一系列的操作完成任务。在此期间，调研人员可以记录受访者在操作过程中的情绪、态度、行为等。相关人员可以采用纸质原型或视频等方式，向受访者展示本次访谈的概念模型。

待全体受访者完成访谈后，相关人员召集所有受访者一起集中讨论本次操作中遇到的一些情况和问题，及时地获取最新的数据。

循环访谈也被称作迭代式访谈，是一种重复召回受访者的调研方法。

假定本次产品内测可以分成四轮。首先，在第一轮对焦点小组 A 进行调研，确定用户的痛点、产品的方向，之后进入第二轮访谈，启用焦点小组 B 或重复利用小组 A，再进行讨论并发现存在的问题……不断重复上述流程，直至完成四轮循环访谈。

循环访谈的好处是可以通过不断地循环，方便相关人员及时调整产品的方向并把控用户需求（类似于MVP），但是循环访谈对人员、时间和金钱等资源有较高的要求。

环节二: 设计问题

焦点小组和用户访谈在设计问题环节大体类似，都需要先拟好脚本，再进行小组讨论。

二者最大的区别在于执行的方式不同。用户访谈需要确保问题的完整性，所以会按照脚本进行提问。焦点小组的操作方式却有所不同，只需要提供指导性问题，其余的通过小组讨论来解决。主持人在进行焦点小组活动时，既可以参照预先设计好的脚本进行提问，也可以随时根据小组讨论的内容对问题进行灵活调整，目的是获取方向，而非细节。因此在调研活动过程中，焦点小组的讨论可以偏离脚本，并就小组成员的兴趣点进行某一话题的深入探讨。不过需要注意的是，开放式讨论也不能过于肆无忌惮，尤其是受时间和成本的限制，建议主持人提前设定好必须要解决的问题，先把必须要解决的问题解决了，再考虑额外的补充讨论。

具体的活动脚本设计详见下表，仅供参考。

焦点小组活动脚本设计（以爱旅行 App 为例）

访谈类型	优势
介绍，描述背景	对整场调研活动进行简要开场白
方法描述	对本场调研活动运用的方法进行介绍和实践练习
话题一 / 内容方面	爱旅行 App 的哪些模块 / 功能是大家经常使用的，原因是什么
话题二 / 流程方面	根据刚才讨论的内容和用户喜爱的功能点，可以实际演示一遍吗 （这个话题抛出后，主持人和记录员要时刻留意受访者的行为态度变化）
话题三 / 内容方面	关于本次讨论的模块 / 功能，你认为哪些内容可进一步优化 这样优化是出于什么目的，理由是什么
总结	根据大家本次讨论的内容，我分点进行了罗列，请看大屏幕 对于以上内容大家是否还有补充的地方呢 （然后主持人可以对本场讨论进行简要的总结）

环节三: 人员配置

在焦点小组活动过程中，主持人的职责如下所述。

- 在旁观察并记录。在焦点小组成员的讨论过程中，主持人负责记录讨论内容和话题的衍生信息，以便寻找新的产品设计思路。

- 提问的方式。例如，在探究消费者对奢侈品的消费倾向时，如果直接问"请问您会花费 100 万元购买一款名牌腕表吗"，此时部分受访者会受群体因素影响而选择虚假回答，那么就可以换一种方式提问，如"您认为您的朋友会花费 100 万元购买一款名牌腕表吗？如果不会，原因是什么"。这时，受访者的心理防线就会降低进而选择合适的方式进行讨论。在很多时候，换一种表达方式，往往能达到意想不到的效果。

- 当话题出现卡顿或偏离脚本时，主持人可以引导话题转向。充分且合理地利用时间，不在无意义的话题上进行过多探讨。

- 控场，尤其是把握受访者的参与度，这是主持人在焦点小组中最核心的职能。毕竟群体互动是焦点小组成功运行的核心，所有受访者都应该积极参与本次讨论，这样焦点小组才能最大限度地发挥其价值。

- 在面对面访谈中，主持人可以充分观察哪些受访者开口交流了，哪些受访者闭口不言。对频繁发言的受访者要给予适当的打断，将更多的时间留给未发言的人；而针对比较内向的受访者，主持人需要鼓励他们参与到讨论中来。

- 当然，有些时候并不能实现面对面访谈，或许是视频访谈，或许是电话访谈，甚至是文字访谈。由于媒介的限制，主持人无法掌握受访者的参与度，建议主持人可以通过观察会议平台上的麦克风"小绿点"（如腾讯会议就有这样的交互细节）判断哪些人发了言，哪些人未发言。

除了主持人，在焦点小组活动中还有记录员和观察员两类角色。这两类角色的职能和用户访谈活动中相关人员的职能类似，诸位读者可回顾前文的相关内容。

再来说说参与焦点小组活动的受访者的数量。

为了保证数据的准确性及满足普适性的要求，笔者建议单个焦点小组由 6 ～ 10 人组成——少于 6 人无法保证数据的准确性，而多于 10 人则不方便管理。而且，如果人均发言时间控制在 10 分钟左右，那么一轮常规讨论至少也需要 100 分钟（以 10 人计），再算上其他环节，整个焦点小组活动至少需要两个小时。

如果受访人数实在太多，无法做出删减，建议可以将全部受访者分成多组进行访谈。当实行多组访谈时，有两种运行模式可供参考。

- 多个小组同时进行访谈，提供的脚本需保持一致。

- 对第一组访谈完毕后，相关人员立马进行数据统计分析，提出新的问题，并将新的问题加入第二组的活动脚本中，以此类推（与循环访谈相类似）。

需要注意的是，实行多组访谈时一定要将同一身份的受访者分配在同一组，切忌将不同身份的受访者混合搭配，以免产生从众效应。

环节四：进行讨论

完成了前期的各项准备，接下来正式进入讨论阶段。和用户访谈一样，在讨论开始之前先制定好本次访谈的流程表单。由于焦点小组人数较多，因此在预估时间方面，建议预留出两个小时的时间供受访者讨论，具体流程见下表，该表仅供参考。

"焦点小组"活动流程（以 120 分钟为例）

参考时长	阶段描述
10 ～ 15 分钟	**欢迎阶段**。主持人活跃气氛，简单介绍本次访谈的背景和目的，并邀请受访者进行简短的自我介绍
15 分钟	**介绍本次讨论所采用的方法**，并带领受访者进行一场简单的实践
60 ～ 70 分钟	**进入正式讨论，抛出活动脚本**。待受访者掌握了相关方法，接下来就可以根据活动脚本展开讨论了。活动期间主持人和记录员要做好记录
15 分钟	**总结**。对本次讨论中存在的疑问进行简要复问，进行总结
5 分钟	**结束阶段**。对受访者致以谢意，支付适当的奖励，并护送参与者离开

欢迎阶段。欢迎阶段是常规阶段，主持人先进行一段开场白，简单介绍一下本次访谈的背景和目的。在该阶段，主持人需要先表态："大家可以根据我所给出的话题方向畅所欲言。"然后，受访者可以进行简单的自我介绍，以加深组员之间的彼此了解，但是需要注意控制时间，每人 1 ～ 2 分钟即可。

介绍本次访谈要采用的方法。主持人介绍本次访谈采用的方法，并带领受访者进行一场简单的实践练习。

进入正式讨论，抛出活动脚本。受访者根据主持人给出的话题方向进行自由讨论。一开始主持人的控场需要强势一些，毕竟在陌生环境中，愿意接话的受访者并不多。主持人可以先采用点名的方式抽取几位受访者回答问题，循序渐进地将整场讨论的氛围活跃起来。其间，要留心没有参与讨论的受访者，鼓励他们参与讨论。

总结。配合记录员做好本次访谈的记录工作，当所有预设好的话题全部讨论完毕之后，主持人进行本次访谈的总结。

结束。活动结束，相关人员护送受访者离开访谈地点，给予受访者相应的奖励并答谢。

环节五：数据分析

这个环节着重介绍定性分析工具——亲和图，它属于新 QC 七大手法之一，是由日本东京工业大学教授、人文学家川喜田二郎首创的，由于创始人的英文名是 Jiro Kawakita，因此亲和图也被称作 KJ 法。

该方法是在质量管理中经常提到的方法，通常和 SQC 法（统计质量控制法）一起出现，二者都是质量管理中热门的统计方法。

亲和图的运用是指把原始数据收集起来，通过对原始数据进行归纳和总结，进而发现新的问题。亲和图的一大特性就是原始数据必须以语言或文字表述为媒介载体，因此定性活动（如焦点小组、用户访谈）就是比较理想的获取原始数据的渠道。需要注意的是，在运用亲和图时，相关人员需要持开放的心态（切忌在脑海中预先设定好类别），这可以帮助调研人员在杂乱无章的原始数据中发现新的事实，甚至可以通过反推构建新的逻辑架构，这一点和卡片分类很像。除了结合定性活动使用，亲和图还可以与可用性评估相结合。

亲和图的执行流程如下图所示。

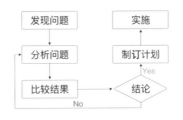

亲和图的执行流程

那么，亲和图对于项目或产品本身来说有哪些具体的帮助呢？

第一，调研人员可以通过物理区分查看各个卡片之间的联系，以及个别数据的特性。这是一种对数据信息进行快速查看和彼此建立联系的方法。

第二，亲和图可以把复杂的问题结构化、组织化和逻辑化，让庞大且复杂的数据变得简洁、易理解。

第三，亲和图可以简单直接地帮助设计师或产品经理确定功能分区。

第四，亲和图可以帮助团队从全局的角度看待问题，利用全局思维思考产品的逻辑结构和框架设计。

第五，亲和图强调要抛弃既定思维，这样才可以在数据信息中发现新的亮点，有效地避免产品同质化现象的发生。而且，可视化的形式也便于团队聚焦目标，在某些意见上达成一致。

亲和图只是借用了卡片分类的方法，其根本目的是梳理各项数据之间的关系，发现数据背后的组织原理和隐藏的逻辑，这才是亲和图的核心价值。

3.2.3   问卷调研

问卷的最终目的是验证并阐述问题之间的因果关系，也就是解决问题。

问卷概述

问卷调研算得上是目前市场上所有调研方法中比较高效、便捷的一种收集定量数据的方法，其特点是能在短时间内完成大量样本的数据收集工作。由于问卷具有较强的针对性，因此特别适合抓取产品中那些需要特别关注的问题点。问卷结果一般以图表的形式展现。

随着网络通信技术的发展，传统的纸质问卷和电话询问开始逐渐被新型的网络问卷所替代。虽然还是会有少部分活动依然采用纸质等传统媒介，但占比较小。纸质问卷一般是面对面投放的，其优势在于相关人员可以直观地观察到受访者在填写问卷时的行为和态度的变化；而电话询问由于受到媒介的限制，一般还是通过传统的拨号形式进行交互，机动性较弱，如"充值服务请按 1，人工服务请按 0⋯⋯"。电话询问的最大好处在于沟通方便，可以批量获取定量数据，但是综合比较其他问卷媒介，笔者个人认为电话询问弊大于利——这不仅是受限于设备的原因，更多的是信息在传输过程中容易产生误差。而且通信的主导权在受访者手中，一旦受到外界干扰或内部刺激，受访者可以马上中断电话询问，这对于调研人员来说不可控性太大。不仅如此，通过电话询问，无法直观地观察到受访者的行为和态度的变化，在信息获取的全面性方面有所局限。

至于问卷调研的核心环节，即设计问题，主要围绕当前需要解决的问题而展开，这需要调研人员在开展问卷调研前明确调研目标。也就是说，相关人员需要根据所需的信息进行问题的设计。

本节所介绍的问卷调研，笔者将其拆分为四个环节：适用场景、问卷的编写、问卷投放和回收、数据统计和分析。

问卷调研的四个环节

环节一：适用场景

从产品生命周期的视角出发，在产品研发期和迭代期进行问卷调研可以说性价比是最高的，当然在产品的成熟期也可以进行问卷调研，只不过性价比不及前两者高。下面详细介绍一下在这三个时期进行问卷调研的意义。

- 相关人员可以通过产品研发期的问卷调研获取用户的痛点和需求，为产品的功能设计提供方向。在资源充沛的前提下，相关人员还可以考虑采用场景问卷，了解当前用户在某个目标任务上的使用路径和所遇到的问题。

- 相关人员不仅可以通过迭代期的问卷调研充分了解当前用户群体的特征，找出用户喜欢或讨厌的功能和交互习惯（辅助绘制用户体验地图），还可以了解用户对产品最新的想法，从而推演出用户所期待的产品的迭代方向。

- 相关人员可以通过产品成熟期的问卷调研了解用户对产品的满意度、推荐值等关键数据，方便营销人员进行精准化营销。

除了单独使用问卷调研，相关人员还可以将问卷调研和其他调研活动相结合，如前期借助用户画像确定问卷投放的群体、利用问卷调研先筛选有价值的用户，再邀请有效用户进行用户访谈等。

了解了问卷调研的适用场景，接下来我们就详细地介绍如何进行问题设计。

环节二：问卷的编写

相信大部分读者对问卷调研的第一印象就是速度快、效率高，这些特性确实是问卷调研的闪光点。但是，如果把问卷的问题设计得过于简单，一味地追求速度，就会导致问卷结果出现严重偏差，进而对产品设计造成严重影响。

笔者为方便读者理解，特将该环节拆解成四个部分：确定目标、确定抽样方法、问卷的编写和构成要素。

① 确定目标　②　确定抽样方法　③　问卷的编写　④　构成要素

问卷的编写环节可以拆分成四个部分

第一部分：确定目标

无论做什么事情都必须先有目标，设计问题也不例外。首先需要明确当前要解决的问题，然后才能进行问题的设计。

第二部分：确定抽样方法

调研基数会对调研结果产生影响。因此，笔者建议，如果目标群体的基数较大，建议采用概率抽样的方法，这是比较稳妥的抽样方法。但是某些产品的目标群体的基数较小，或者用户偏少，很难做到概率抽样，那么退而求其次，可以选用非概率抽样，之后还要适当地对数据进行校准，控制误差。

第三部分：问卷的编写

在开始编写问卷之前，我们先来了解一下问卷调研中题目的类型。问卷中题目的类型主要有封闭式题型和开放式题型两类。

封闭式题型的优点很明显，就是所选答案具有唯一性，即选项中可选出明确且唯一（多选题除外）的答案。不过它的局限性也同样突出，封闭式题型给出的是固定选项，扩展性差，难以满足用户多样化的选择需求，因此封闭式题型对于参与问卷调研的用户来说不够友好，灵活度也较低。

如果一定要采用封闭式题型，笔者建议分两步走：先投放小范围的开放式问卷，当获取到足够的被用户广泛接受的有效选项后，再进行大批量的封闭式问卷的投放。

开放式题型最大的优点是能更好地收集参与调研的用户的想法，帮助研发人员拓宽看待产品的视角。开放式题型的劣势也比较明显：其一是开放式问卷对内容的把控力差，没有一个统一的格式，相关人员在进行数据统计时比较吃力；其二是参与者所回复的内容不可控，如对专业术语、名词的定义和理解等，调研人员和参与者在认知方面有偏差，从而影响问卷结果的统计准确度。

笔者建议，开放式题型可以放在问卷的最后，并设置为选填项，这样既可以保证数据格式的统一，还可以获得更多的信息。

简单介绍了封闭式题型和开放式题型，下面说说这两类题型的具体形式有哪些。

封闭式题型的形式有很多，如选择题、评分题和排序题都是封闭式题型常见的形式。

选择类问卷。选择题是问卷中最常见的题型，主要分为单选题和多选题两种，如下图所示。

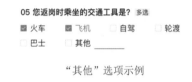

问题 01 和 02 为单选题型，问题 03 为多选题型

需要注意的是，在设计选择题时要避免"选择性偏差"的产生，尤其是涉及答案为"是或否""正确或错误"这种二选一的选项，需要参与者进行强制性判断时，参与者很可能会产生选择性偏差。

如果选项中涉及"其他"选项时，参与者会计算答题成本，很可能会选择"其他"作为答案的替补选项。因为选择该选项会比反复斟酌另外一些固有答案来得更轻松。

为什么市场上的问卷会频繁地加入"其他"选项呢？这是因为"其他"选项的最大特点就是可以避免参与者对选项纠结的情况发生。为了更好地优化"其他"选项，笔者建议在"其他"选项之后可以加入填写内容，如下图所示，这样既可以起到扩展作用，同时还能帮助相关人员收集有用的信息。

05 您返岗时乘坐的交通工具是？ 多选

☑ 火车　　☑ 飞机　　☐ 自驾　　☐ 轮渡

☐ 巴士　　☐ 其他 ＿＿＿＿＿

"其他"选项示例

像这样的结合方式就是下面要说的"开放和封闭相结合"的题型。

"开放和封闭相结合"的题型是指前几个都是固定选项，但是会在最后提供一个可供自由填写的空栏。这类题型的优点在于可以弥补固定选项的不足，为参与者提供更大的答题空间，调研人员也可以获取更多有价值的信息。

评分类问卷。市场上常见的评分类问卷以李克特量表（也叫评分量表）为主，它通常有两种结构。一种是单极结构，展现形式是 0 ～ 10 的定级，如下图所示。

帮助改进 Adobe 产品

您向朋友或同事推荐 Acrobat 的可能性有多高？

非常不可能　　　　　　　　　　　　　　　　　非常可能

○ 0　○ 1　○ 2　○ 3　○ 4　○ 5　○ 6　○ 7　○ 8　○ 9　● 10

哪些原因让您更愿意向其他人推荐 Acrobat？

> 这就是满意度的评分问卷。

注意：此信息将与您的 Adobe ID 相关联。

☐ Adobe 可以就我的反馈事宜与我联系。

☐ 不再显示　　　　　　　　　　　　　取消　　提交

Adobe Acrobat 产品的满意度调查问卷

另一种是双极结构，展现形式是"非常不满意、满意、非常满意"。目前，市场上常见的"满意度调查"就是采用了这两种结构相结合的形式，以此来量化满意度的评分结果，如下图所示。

您对预定产品的满意度?

非常不满意　　　　　　　　　　非常满意

0　1　2　3　4　5　6　7　8　9　**10**

"满意度调查"示例

不过,由于每个人对评分的定级不同,即判定的标准不同,如对健康的评定,A 认为 7 代表亚健康,B 则认为 7 代表健康,这就导致数据结果的不一致。因此在设计评分量表时,建议引入标准点。

排序类问卷。排序类问卷是一种明确选项优先级的封闭式排序量表。由于排序量表中的选项较多,参与者理解的难度会增加,因此在设计问题时,建议对内容进行组织,分点提问,这样可以降低参与者对问题的理解难度,如下图所示。

07 您日常出行的交通方式有哪些?

　　最优选 1　　 2　　 3　　 4 最次选

火车　　○　　○　　○　　◉

汽车　　○　　◉　　○　　○

地铁　　◉　　○　　○　　○

08 您日常出行时首选交通方式是哪种?　　　　**09 您日常出行时次选交通方式是哪种?**

○ 火车　　○ 汽车　　◉ 地铁　　○ 步行　　　　○ 火车　　◉ 汽车　　○ 地铁　　○ 步行

"分点提问"示例

这样进行分点提问后,同样可以明确选项的优先级。

随着技术的突破,以及互联网问卷的普及,互联网问卷的交互形式也发生了翻天覆地的变化——从传统的量级排序到现在的拖曳排序(如下图所示),优化了用户填写问卷时的体验。

10 您日常出行的交通方式有哪些? 请按照使用频率优先级排序

拖动或点击右侧的选项到左边的次序位置进行排序

1	地铁		自行车
2	汽车		飞机
3	步行		轮渡
4			火车
5			

"问卷优化"示例

读到这里,相信许多读者会产生疑问:评分量表和排序量表很像,二者之间的区别又在哪里?

二者的不同之处在于:前者需要对选项进行横向同级比较,而且答案是唯一的;后者则需要对每一个选项的偏好程度进行打分(排序),是一种纵向的优先级比较,而且答案往往有多个,不具备唯一性。

以上就是封闭式题型的三种展现形式,下面再来说说开放式题型的展现形式。开放式题型的展现形式比较单一,常见的有填写类问卷。

填写类问卷中的内容可以分为"基础信息填写"和"扩展内容填写"两种。

通常，基础信息都会涉及个人隐私，建议问卷的设计者将其设置为选填项，给予参与者最大限度的填写宽容度。

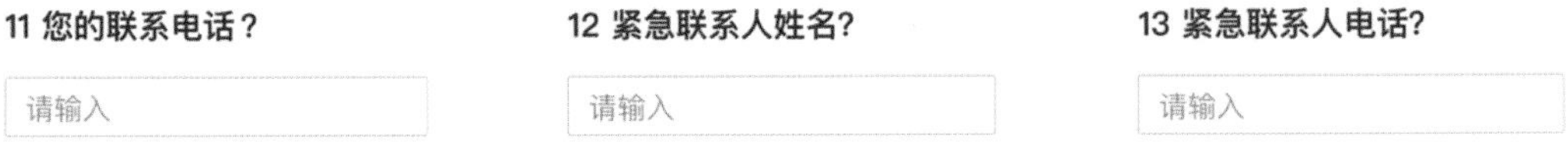

11 您的联系电话？

请输入

12 紧急联系人姓名？

请输入

13 紧急联系人电话？

请输入

"基础信息"示例

扩展内容的填写，如"您目前对公司有哪些意见或建议"等，可以帮助相关人员获取相关信息，如下图所示。

14 您的"爱旅行"App 有什么意见或建议？

请输入

"扩展内容"示例

第四部分：构成要素

知悉了问卷调研活动的内容，接下来就是对问卷进行包装工作了。经过包装的问卷可以让用户清楚地知道本次调研的背景和目的，这在一定程度上可以消除问卷调研活动参与者的抵触心理。

问卷构成要素包括以下内容。

致辞页、问卷背景说明、调研目的保密协议和激励措施。建议在保密协议中告知用户，本次问卷所涉及的全部内容仅用于内部调查，绝不外泄，请参与者放心填写。这样可以消除参与者在填写问卷时的顾忌。

问卷的编写。建议问卷中的题目控制为 16～20，按照"单选—多选—开放式填写"的顺序将题目进行组合，相关人员进行有序提问。原则上问卷中的题目应该先易后难，一些基础的问题可以放在问卷靠前的位置，中部区域可放置核心问题，最下方则可以放置开放式问题和一些可选填的敏感问题，下面简单描述一下提问的顺序。

- 把用户无须过多思考且有助于探知信息来源的问题放在前三项，如获取渠道、下载平台等。
- 核心问题放在第 4～16 题的位置，建议以封闭式题型为主。
- 开放式问题建议放在第 17 题或第 18 题的位置，此类问题是问卷中最具扩展价值的问题，因此题干一定要经过精心设计。
- 涉及基础信息的问题建议放在第 19～20 题的位置，如联系方式、性别、收入等，可以以选答题的形式出现。
- 问卷最后要附上感谢页，如果有激励措施，建议在这一页中加入提示语，如"感谢您的参与，100 积分将于三个工作日内发送至您的账户，届时请注意查收"等。

补充：预测试

在正式投放问卷之前，有条件的团队可以先进行一场预测试，以防止问卷在投放过程中发生不必要的麻烦，如题干不明确、投放渠道出错、问题的逻辑混乱等。

最简单的预测试莫过于邀请同事填写问卷。这里要注意所邀请的同事应尽量符合用户画像的特征，这样才能最大限度地贴合实际情况。

预测试的时候建议采用出声思维法（它适用于任何预测试活动），以帮助调研人员快速定位问卷的问题所在。获得预测试的数据之后，相关人员还可以对测试数据进行分析，这有助于调研人员提前发现漏洞并加以优化。

环节三：问卷投放和回收

现在，我们已经有了一份详细且具有针对性的问卷了，接下来就该将问卷投放到市场中获取相应的数据了。

问卷的形式有很多，如纸质问卷、电子邮件、电话询问、互联网问卷等。其中，纸质问卷是最传统的问卷形式，通常用于面对面的调研场景，有时会适当地与用户访谈相结合。

电子邮件是一种依赖于互联网的传统问卷的形式，星巴克就经常通过电子邮件进行顾客满意度的调查。

您好！

感谢您在**2020年11月10日 (星期二)**中午光顾**杭州市**的星巴克▓▓▓▓▓▓▓▓▓

我们想了解如何可以做得更好让您的体验更精彩。为此我们诚邀您参与一个3分钟左右的顾客体验反馈。

为了表达我们的谢意，如果您符合参与条件并且完成本次反馈，我们将在您完成反馈1天内在您的会员账户上添入

三颗等级星星*，助您升级/保级。

本次活动将于**2020年11月20日 (星期五)**结束，赶快行动吧！

请点击下面的链接开始，或复制链接并粘贴到您的浏览器中：

<u>请点击这里开始问卷</u>

*等级星星用于保持会员级别或升级，不能兑换饮品或食品

星巴克的顾客满意度调查

目前仍有部分企业会采用电话询问的形式进行调研，如中国移动就经常通过电话回访对顾客进行相关的调研，或者在为客户提供服务后，以短信的形式邀请客户对本次服务进行评价。

相比之下，互联网问卷更为高效。它是基于互联网进行问卷投放的调研，与电子邮件相比，互联网问卷更便捷。同时，互联网问卷也是当今互联网时代使用最频繁的问卷投放形式之一。

通过互联网投放问卷的成本低，借助一些投放平台可以在短时间内实现调研问卷的精准投放，这是任何问卷投放形式都不具备的优势。

得益于技术的突破，填写类问卷的交互体验更好，对参与者的理解能力要求较低，参与者可以快速上手进行问卷填写。

不仅如此，得益于计算机系统中的各种计算和软件，互联网问卷在数据处理方面也有了得天独厚的条件，如通过平台直接导出相关数据，将其转到相关软件上进行计算和分析。如果平台足够强大，说不定还可以直接在平台中进行数据的统计和分析。例如，问卷星、腾讯问卷这些比较大型的问卷平台，在完成问卷回收后，都能提供数据的统计和分析功能。不过这些平台所提供的只是一些简单的数据统计和分析功能，如果涉及复杂或专业的数据分析，笔者建议还是采用专业的分析模型或软件，如 SPSS、R 语言、SynCaps 等专业的统计软件，都可以间接地为调研人员节省大量的统计成本。

问卷星和腾讯问卷

注意事项

与其他调研活动一样，问卷调研也有需要注意的地方。

①避免模糊词汇。要明确地表述句义，做到措辞准确无误，切忌阐述得模棱两可。

②避免设置复合问题。在一个问题中不要出现多个提问点，这会让参与者在回答时把握不准回答方向。

③切忌在题干中加入自己的观点。在题干中应避免出现引导性词汇，不要在描述中加入出题人的主观意愿或想法，如"您对'我们部门内每个职位的分工和职责都很明确'是否认同"。

④对敏感问题的把控。笔者建议可以采用匿名的形式对敏感问题进行提问，或者将敏感问题设置为选答题，将是否填写的权利交到参与者手上。笔者还建议在问卷的最后部分设置敏感问题，这样可以避免参与者中止调研活动的情况发生。

⑤提问要简洁。问卷的篇幅往往会比较长，参与者在填写问卷时很容易产生焦虑情绪，借助有效的视觉美化可在一定程度上缓解参与者的焦虑。如果美化之后依然冗余，建议对大问题进行拆分处理。

⑥提前构建用户画像，确保调查问卷精准投放，减少无效问卷的产生。

⑦问卷中的问题的顺序要符合逻辑关系。

环节四：数据统计和分析

俗话说"以终为始"，在问卷编写环节中确定目标的阶段，就应该先明确需要使用的数据分析方法，这样才能结合目标问题有针对性地获取所需数据，才能让数据"为我所用"。因此，提前选好数据分析方法可以为后续的数据分析"保驾护航"。下面笔者就详细地介绍一种关于"如何分析问卷调研满意度"的数据分析方法。

NPS 和异质性差异

NPS（Net Promoter Score，净推荐值），又称净促进者得分，也就是大家常说的"口碑"。它是评估参与者将会向他人推荐企业、产品或服务（以下简称产品）可能性的指标。相对而言，NPS 是目前为止较为流行的、用于量化用户忠诚度这类定性数据的分析指标。

NPS 的原始数据一般会通过评分量表获得，设计师日常所用的 Adobe 系列软件就会弹出这类评分量表弹框。参与者先根据愿意推荐的程度在 0 ～ 10 分之间进行打分，然后调研人员根据得分情况对用户进行划分。用户忠诚度的 3 个范围区间如下所述。

- 推荐者，得分在 9 ～ 10 分，是忠诚度较高的人，此类参与者会继续购买产品并将其强烈推荐给其他用户。

- 被动者，得分在 7 ～ 8 分，总体满意但并不忠诚，会综合其他竞品、市场环境等因素做出理性判断。

- 贬低者，得分在 0 ～ 6 分，使用产品之后并不满意或者对产品没有忠诚度的人群，此类人群甚至会怂恿他人拒绝使用该产品。

NPS 具体的计算公式如下。

$$NPS= 推荐者数（总样本数）\times 100\% -（贬低者数 / 总样本数）\times 100\%$$

NPS 在 50% 以上，产品就可以被认为是用户满意的产品；如果 *NPS* 为 70% ～ 80%，则表明产品拥有一批高忠诚度的用户。

由此可见，NPS 对于产品的成长来说是一项非常重要的指标，其数据分析模型以消费者为核心，更能直观地反映出用户对产品的满意度和忠诚度。

需要注意一点，在得出 NPS 之前，需要考虑到每位参与者的评价标准是否一致，这在一定程度上会让 NPS 出现误差。

因此，在对 NPS 进行分析的时候，笔者建议加入"异质性评判差异点"，也就是引入"锚点"，这样可以让 NPS 更接近实际情况。下面介绍的方法是等比例标准化法，具体内容如下所述。

首先，我们需要结合产品数据预设一个评分基准，本例中的预设基准是 9（数值可以通过第一轮粗略评分得出一个均值，也可以采用其他方法进行内部预设）。然后，在评分表前加入一个新问题，描述可以是"在对 ×× 产品的推荐评分中，您认为几分（含）以上算是推荐等级"，选项同样是 0 ～ 10。最终问卷展现如下图所示。

加入评分基准后的评分问卷

问题 01 中所得的数据是参与者自己认定的评分基准，而问题 02 中所得的数据是参与者的实际评分。根据公式：

$$\frac{用户原始评分}{用户评分基准} = \frac{NPS 锚定值}{预设的评分基准}$$

将所得数据代入计算，就可以算出该名参与者的 NPS 锚点值：

$$9/10=x/9$$

$$解得 \quad x=8.1$$

该名参与者的 NPS 锚点值为 8.1。该值比普通的净推荐值更贴合参与者的心理值，对于调研活动来说也更具备实际参考价值。

最后，为了保证数据结论的严谨性，笔者建议在研究结果的末尾加入"该数值仅供参考"等补充说明。

3.2.4   实地调研

科学也好，任何理性地探求真相的过程也罢，它是一个实践的过程。在这个过程中，我们不断得到"够用的"真相。

——《硅谷来信（第三季）》，吴军

实地调研概述

在某些情况下，由于用户访谈、焦点小组、问卷调研等调研活动的局限性而无法实现研究目的时，就需要借助实地调研。相关人员通过实地调研可以准确地获取第一手调研资料。

"好的开始是成功的一半"，这话放在实地调研活动中再合适不过。调研人员必须在实地调研开始前做好充分的准备，与实地调研相关的人员最好具有实地调研经验，这样才能应对实地调研过程中的一些突发状况，如对接人因个人原因无法赶到现场、调研活动的参与者不符合统计学要求等。

实地调研可以称得上是对所有调研活动的一种高度集合——既有助于相关人员创建用户画像，也有助于相关人员构建信息架构，甚至可以为项目提供必要的迭代支持。

不过相对于其他调研活动而言，实地调研在时间要素方面稍显劣势，少则一两月，多则好几年，这些都需要结合实际的调研目标，具体情况具体分析。例如，一些大型的实地调研，由于所涉及的内容广泛，不仅需要耗费大量的时间，还要在人力、物力和财力方面投入大量资源。所以，如果真的需要借助实地调研获取资料，那么通常需要多人、多部门的协同配合，合理调配资源，这样才能确保实地调研活动的有序进行。

实地调研几乎适用于产品生命周期的任何阶段，尤其是在产品研发期，性价比往往是最高的。通过实地调研，相关人员不仅可以明确产品的研发方向，还可以根据用户的需求确定产品的核心功能。产品成熟期的实地调研的性价比虽然相对较低，但它仍然有助于企业抓住市场机遇、规划产品方向。到了成长期和迭代期，由于人力、物力等各种资源紧缺，此时的实地调研的性价比是最低的。

为了方便读者理解，笔者将实地调研拆分成四个环节，分别是调研准备、人员配置、执行调研和数据统计。

① 调研准备　② 人员配置　③ 执行调研　④ 数据统计

实地调研的四个环节

环节一：调研准备

前文提到，"好的开始是成功的一半"，实地调研的准备环节是很重要的一环，也是本次实地调研能否高质量完成的根本保障。

调研人员在开展调研活动之前，需要撰写文档、编排计划、规划活动等。为方便梳理逻辑，接下来要介绍的准备环节将被分为两个部分。第一部分主要介绍实地调研的基本方法，并根据不同的方法对所需数据进行有针对性的抓取；第二部分则介绍相关人员在实地调研前需要准备的资料。

第一部分：调研方法

实地调研的方法主要有三种：观察法、参与法和记录法。

观察法，顾名思义，就是观察用户的行为。

观察法最大的优势就是成本低，甚至不需要告知用户，其正在接受调研就可以直接开始执行调研活动了。调研人员需要在调研活动中找到合适的位置，然后细心观察和记录即可。

在运用参与法时，相关人员可以和实地调研的参与人员直接互动，因而获取的数据也会更为客观和全面。

记录法就是单纯地靠记录获取数据的一种方法，通过记录法获取的数据，更多的是定量数据。

下面详细地介绍一下这三种方法的细节及其各自的优势和劣势。

实地调研中常用的三种方法

观察法有两种形式：纯粹观察法、亲身体验法。

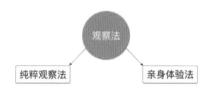

观察法的两种形式

纯粹观察法。相关人员对实地调研的参与人员通过单纯的观察获取数据的一种调研形式。例如在机场值机时，调研人员可以找一个适合观察的位置，围绕调研目的观察目标行人的各种行为；也可以借助自身的专业知识，通过近距离观察和聆听目标行人与地勤人员的对话，获取一些数据。

亲身体验法。相关人员参与调研流程，亲身体验受访者正在进行的各项任务，这可以帮助相关人员从用户视角看待问题（和参与法中的任务流程法有相似之处）。不过这种方法的局限性也比较明显——由于是自我体会，难免会产生"以自我为中心"的设计思维。所以，为了让各项数据更加贴近用户的实际情况，笔者建议后续搭配其他调研方法进行补充和完善。

在运用观察法时，一般会事先准备好一份观察提纲，以供调研人员把握调研方向。不过观察提纲不会包含具体问题，它只提供方向上的参考（后文会详细介绍观察提纲）。

参与法称得上是实地调研的核心调研方法，通过它所获取的数据也是较为全面的。同时，参与法还可以与其他任何调研活动相结合。

和观察法一样，参与法也有两种形式：参与互动法和任务流程法。

参与法的两种形式

参与互动法。例如，在进行实地调研时，用户访谈就可以算作互动了。与观察法相比，加入互动有助于调节实地调研的参与者和调研人员之间的关系，对数据的获取大有裨益。

另一种方法是任务流程法，即完全按照任务流程进行互动。在开始调研前，调研人员会告知实地调研的参与者，本次调研的任务流程。在使用任务流程法时，笔者建议可以加入出声思维，方便调研人员及时获取相关数据。

与参与互动法相比，任务流程法对实地调研的目的更加聚焦，直接瞄准了某一段流程进行调研，而互动参与则有点像"野蛮发展"，是一种对全局的调研。

在使用任务流程法时，调研人员需要提前准备好任务流程图，这是用于与参与者进行前期沟通的资料。

最后一种方法是**记录法**。记录法和前面两种方法相比略显单薄，但是方便后期相关人员对数据进行整理。

除了在实地调研活动中可以运用记录法，在其他调研活动中也可以运用记录法。笔者建议在使用记录法时，提前准备好相应的模板，这样可以方便调研人员后期对数据进行统计和分析，而且还可以起到内容聚焦的作用。

第二部分　实地调研前需要准备的资料

观察提纲是相关人员在运用观察法时需要用到的任务清单型文档。调研人员在使用观察法时，需要结合观察提纲对实地调研的参与者进行有目的的观察，并记录相关信息。

按照流程编写观察提纲

- 患者初到医院时的行为。
- 自助挂号设备的交互行为。
  - 操作流程。
  - 耗费时间。
  - 遇到了哪些问题。
- 门诊就诊场景下患者和其他人之间的互动行为。
- 问诊场景下，患者和医生的互动行为。
- 排队等待环节，患者产生了哪些行为。
- 患者由于哪些问题而产生了非常规行为。
  ……

按照交互类别编写观察提纲

- 患者和患者之间的交互行为。
- 患者和电子设备之间的交互行为。
  - 操作流程。
  - 耗费时间。
  - 遇到了哪些问题。
  ……

"观察提纲"案例

任务流程图／流程提纲是相关人员在运用参与法时需要用到的任务流程型文档，是团队根据需要，特别针对某一阶段或某一流程而设计的流程纲领。在使用任务流程图／流程提纲时，调研人员需要提前和参与者沟通相关内容，以确保受访者后续的行为符合既定的流程（允许参与者出现流程以外的行为，但是不能偏离太多），这样才能有针对性地发现问题。

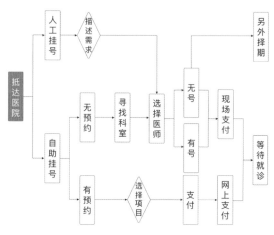

"任务流程图 / 流程提纲"示例

时间记录表是相关人员在运用记录法时需要用到的顺序记录型文档，用于记录受访者从调研开始到结束这一过程中的态度和产生的所有行为，并按照发生顺序进行记录，必要时可以加入出声思维。

尤其在后续的数据统计环节，调研人员可以结合时间记录表推导当前问题的因果关系，做出定性推论，下图是医院就诊场景中的时间记录表。

09:25 开始使用自助挂号机。

09:26 按照提示，患者插入医保卡。

09:27 （根据系统提示）患者点击预约挂号选项。

09:28 按照步骤，患者选择就诊科室。

09:34 就诊和看诊医师。

09:37 患者根据系统提示，选择了"支付宝"支付。

……

"时间记录表"示例

调研方法决策图是在一些大型的实地调研活动中的"应急预案"。下图是门诊场景中的一些应急预案。

"调研方法决策图"示例

调研方案。在小型调研活动中，调研方案可有可无，但如果是实地调研，则必须有一份完整的调研方案。这有助于向利益相关者进行公示，让他们了解本次调研活动的内容。调研方案可参考本书附赠的数字资源中的附录 B 的内容。

调研总结。属于总结型文档，一般在调研活动结束之后才会使用。其优势在于可以将本次的调研内容、调研重点、收集到的各项数据进行统一收录。笔者建议在结束调研后就立马进行调研总结。下表是根据医院就诊场景所绘制的一份调研总结（模板）。

调研总结（模板）

调研场地	×× 市人民医院
调研参与者信息	王富贵（54 岁，在家务农）、吴医师（48 岁，口腔科主任医师）
调研参与者类型	患者、医师
访问时间	2020 年 1 月 2 日（调研第二天）
观察地点	二楼口腔内科门诊区
观察内容	观察并记录本次调研患者与医师之间的行为
重点内容摘要	对本次调研内容进行重点描述和总结
记录项（编号）	视频录制（2020 年 1 月 2 日 -DYSP87127）、纯语音录制（2020 年 1 月 2 日 -DYLY718）、吴医师诊疗记录（ZLJL19862）、现场照片（Photo34 ~ 67）、患者各项检查报告单复印件（BGD19812）
在调研过程中遇到的问题及经验	……

反馈表是在实地调研完成后，邀请实地调研的参与者对本次调研进行总结性评价时用到的文档。它有助于调研团队发现本次调研的不足之处，以提升调研水平。下表是反馈表的示例。

"反馈表"示例

填写日期	2020 年 1 月 2 日	就诊科室	口腔科
在实地调研过程中，您遇到了哪些困难或问题	……		
目的 / 结果是否达成	是		
您希望改进的地方	……		
其他意见或看法	……		

环节二：人员配置

在实地调研过程中充满了各种不确定因素，如场地限制、行业特征、领域限制等，因此在招募调研活动参与者之前，需要先对调研活动参与者提出相应的能力限制。

至于实地调研的参与者基数，笔者建议不宜过多。具体基数需要结合实地调研的场景和目标而定。

如果实在无法确定实地调研参与者的基数，那么可以先进行一场小范围的预调研，根据预调研的结果确定正式调研的基数。如果是单纯通过观察法进行观察，则不受人数限制，只需要达到数据要求即可停止观察。

针对调研人员，不但有专业方面的要求，而且要求其具备较强的临场应变能力，以灵活处理实地调研过程中的突发情况。

随着实地调研的体量变大，需要协同配合的调研人员会越来越多，尤其是当人手不足时，调研负责人往往会通过内部招募的形式招募更多的同事进行协同调研。

在多人协同调研的情况下，笔者建议对调研人员进行分组，每组配备一名专业调研员和一名记录员，并为各个组分配任务。

环节三：执行调研

实地调研的执行环节和其他调研活动的执行环节类似，唯一不同的地方在于实地调研的执行受各种因素的影响，不可控性太强，需要调研人员临场发挥，协调各方事宜。

下面简单介绍一下实地调研的大致流程。

- 首先，根据提前准备好的调研方案确认酒店、日期、目的地、车票、路程等，这是确保出行安全的前提。抵达目的地后，相关人员需要再核实一遍当前活动的目的地、流程等，尽量在进行实地调研之前把所有该确认的事情全部确认完毕。
- 其次，到场执行，这个步骤是实地调研的核心环节。
- 最后，对数据进行统计和分析。如果时间充裕，调研人员还可以借助用户访谈、问卷调研等活动，针对某些标志性的问题进行二次调研，确保将实地调研的价值最大化。

环节四：数据统计

执行调研结束后，相关人员需要对收集的数据进行初步筛查。建议以小组为单位，先对原始数据进行基础的转译工作——借助实地调研分析报告对数据进行初步筛选。

实地调研分析报告和用户分析报告很像，不过二者在一些细节方面有所区别。实地调研分析报告的内容包括但不限于实地调研参与者的基础信息、场地 / 背景信息描述、任务描述、流程分析、问题点 / 机会点挖掘、迭代优化方向、总结陈述和附件等。

编写实地调研分析报告其实和编写用户分析报告一样，其内容要保证每个人都能看懂，同时还要确保数据足够精练，如果能够给出适当的解决方案就更好了。笔者给出了一个相对全面的实地调研分析报告的模板，读者可以扫本书封底的二维码，关注"有艺"公众号后输入五位书号，获取下载资源。

3.3　用户研究总结

3.3.1　卡片分类

类别的存在与人们的分类活动无关，也就是说它们本来就是存在的。

——《卡片分类：可用类别设计》，唐纳·斯宾塞

卡片分类概述

卡片分类是帮助调研人员梳理信息结构的方法。相关人员对碎片化的因素进行归类，使之形成分组的具有包含关系的信息架构。

从产品生命周期的角度来看，卡片分类法比较适合于产品的研发期和迭代期。

产品研发期的信息结构相对来说比较原始，而且繁杂凌乱，在这个阶段用户目标也不明朗，因此借助卡片分类法可以有效地梳理出符合用户心理模型的结构。

产品研发期的信息搜集，可以从用户需求、竞品分析方面入手，当然也可以结合多种调研活动实现数据协同，这样能进一步帮助调研人员厘清用户需求的逻辑结构。

对于迭代期的产品而言，基于前期已经有了一套成熟的信息结构，此时可以基于现有内容再做一次补充调研——在原有信息结构基础上进行查漏补缺，毕竟用户需求时刻在变化，调研人员需要根据最新的调研数据对产品的结构进行增、删、改、查。不过，需要注意新的改动是否会对已有信息结构构成威胁。尤其是涉及改变用户认知的部分一定要谨慎，毕竟一款成熟产品的信息结构在用户心中已经形成了固有认知，一旦打破这个认知也就意味着用户需要花费更多的时间理解新的信息结构。如果真的有重大变革，或许采用循序渐进式的改版迭代是一种不错的方式。

笔者将卡片分类法的步骤分为四步：信息收集、人员配置、进行卡片分类和数据统计。

卡片分类的四个步骤

步骤一：信息收集

笔者对该步骤分为四个部分进行介绍，分别是方式方法、媒介载体、人数和物料准备。

信息收集的四个部分

第一部分：方式方法

卡片分类法的执行方式大致有三种：开放式卡片分类、封闭式卡片分类和半开放式卡片分类（半封闭式卡片分类）。

开放式卡片分类是指参与者可以对所有信息进行任意分类，甚至可以对其进行重命名。因此，这是一种极具包容性的分类方式，参与者可以按照自己的想法对信息结构进行梳理，并且能够自由地定义卡片性质。

开放式卡片分类可以从正面直观地反映用户的主要思想，是最贴近用户心理模型的方式，有助于调研人员收集信息。

开放式卡片分类的劣势也比较明显，由于信息的分类处理不可控，相关人员在后期进行数据统计和分析时会比较耗时，也更容易出错。

封闭式卡片分类是指参与者只能按照给定的信息对卡片进行分类处理，比较适合已经存在的信息结构，需要在原有信息结果的基础上进行迭代优化。

虽然封闭式卡片分类的可控性更强，这是最大的优势，但其劣势也显而易见——在一定程度上牺牲了用户的主观能动性，这可能导致产品偏离用户需求，最终被市场淘汰。所以，如果要采用封闭式卡片分类，笔者建议相关人员先做好相关的调研工作，尽量给参与者提供最新的、符合市场环境的信息。

半开放式卡片分类的执行需要分成两个阶段。

第一阶段，招募小部分参与者进行一场小规模的开放式卡片分类，并结合当前市场环境收集用户对产品信息的理解，然后对通过这场小规模的调研活动收集的信息进行梳理。

第二阶段，相关人员需要对第一阶段梳理出来的信息进行大规模调研，有针对性地引导用户对新增的信息结构进行精细化梳理。

半开放式卡片分类的目的是确保在已有信息结构的基础上，让新增的信息结构在适应市场环境的同时贴合用户心理模型。至于如何选择合适的卡片分类执行方式，则需要结合产品的生命周期、产品目标、市场环境、企业战略等因素决定。

第二部分：媒介载体

卡片分类法的媒介通常有两种：一种是依赖于实物的媒介，如纸质卡片；另一种是应用媒介，是指基于计算机等数字化设备进行的在线的卡片分类。下面分别介绍一下这两种媒介的优势和劣势。

纸质卡片分类简单易学，调研人员简单介绍卡片分类的目的和过程，参与者就可以轻松上手。进行卡片分类对空间有一定的要求，空间要足够大，目的是确保每位参与者所进行的卡片分类不被他人影响。足够大的空间是为了让卡片能够平铺开来，方便参与者读取卡片信息，以便更好地对信息进行分类。

在线的应用媒介不受时空限制，方便参与者和调研人员进行沟通，提升了效率。

依赖应用媒介的卡片分类需要参与者具备一定的操作能力，对卡片分类法的完整实施具有较高的要求。

如果条件允许，笔者建议还是邀请参与者进行实地的卡片分类，即到现场进行纸质或应用媒介的卡片分类，方便调研人员全面地获取用户的行为、态度等数据。

第三部分：人数

卡片分类的基础单位主要有两种：一种是以个人为单位，另一种是以小组为单位。

二者最大的区别在于人数的不同：以个人为单位的卡片分类的优势在于可以保证数据是不被影响的，但是效率偏低；而以小组为单位的卡片分类的优势在于获取数据的效率较高，但是部分参与者容易受其他参与者的影响。

在以个人为单位的卡片分类的场景中，主持人可以观察和记录参与者在进行卡片分类时产生的瞬时行为和表情，从而做出相应的控场。同时，主持人也可以结合出声思维获取一些有价值的侧面信息。其弊端在于费时、费力，无法做到批量采集数据。下图是以个人为单位的卡片分类。

以个人为单位的卡片分类

以小组为单位的卡片分类的最大优势就是可以批量地获取有效数据，但数据是否有价值就不好说了——小组中的单个参与者容易受他人影响，极易产生从众心理。下图是以小组为单位的卡片分类。

以小组为单位的卡片分类

我们可以将以个人为单位的卡片分类和以小组为单位的卡片分类相结合，以优化信息结构。

第四部分：物料准备

卡片分类的实际准备工作大多集中在物料和场地的准备上。

- 建议预先准备多种颜色的卡片，不同颜色的卡片对应不同的参与者，以方便相关人员在后期进行数据梳理时能够精确定位某一位参与者。至于卡片材质推荐以便笺纸为主，便笺纸不但要大小适中，而且还要确保参与者有填写和补充信息的空间。建议给每位参与者至少准备 50 张卡片，其中 30 张卡片需要调研人员预先写上固有信息，另外 20 张空白卡片留给参与者做增、删、改、查等操作。
- 准备订书钉、图钉、黏胶等，便于参与者对卡片进行固定。
- 准备好调研场地，调研场地可以是会议室、会客室等。如果是以小组为单位，要确保调研场所能够容纳小组所有成员。

步骤二：人员配置

卡片分类活动中的人员主要包括参与者和调研人员两类。卡片分类活动的参与者有别于用户访谈、问卷调研等调研活动中的参与者，其专业度更高。卡片分类活动中的调研人员的主要职责是控场和答疑，在条件允许的情况下还可以适当加入旁观者，用于辅助后续的数据分析工作。

卡片分类活动的参与者需要熟知相关信息，对信息所属领域有所了解。卡片分类活动参与者的数量要根据实际需求进行确定。

在卡片分类活动开始之前，相关人员需要确定卡片分类是以小组为单位还是以个人为单位。如果是以个人为单位的卡片分类，虽然方便相关人员借助出声思维获取信息，但其效率较低；如果是以小组为单位的卡片分类，则需要避免将不同认知程度的参与者分在同一组，建议在招募参与者时尽量挑选认知水平、能力水平差不多的，以确保卡片分类最终数据的稳定性和一致性。

主持人是卡片分类活动中必不可少的角色，主要负责解释活动规则、回答参与者的问题、回收材料及辅助活动的有序进行（控场）。

和用户访谈不同，主持人在卡片分类活动中仅仅起到的是辅助作用。如遇到参与者在活动中出现卡顿、迟疑等行为，可以询问参与者是否遇到了问题，在不破坏活动规则的前提下可以适当地给予某些提示。

在参与者允许的前提下，还可以加入语音或视频录制，以便后续相关人员获取所需数据。下图是调研人员在参与者进行卡片分类活动时的拍照留存。当然在卡片分类活动中也允许旁观者的出现。

在进行录制或拍摄时，不能影响或打断用户的当前行为

步骤三：进行卡片分类

很多参与者并不熟悉"什么是卡片分类"，因此在正式进行卡片分类活动前，主持人可以引导参与者进行适当的练习，以提高对该方法的熟练程度。

和用户访谈等调研活动一样，在进行卡片分类活动前，相关人员需要预估卡片分类活动所需的时间。下表是卡片分类活动流程示例。

卡片类活动流程示例

参考时长	阶段描述
5～10分钟	**欢迎阶段**。主持人活跃气氛，鼓励大家进行自我介绍
10～15分钟	**介绍活动规则及实践练习**。主持人组织进行简单的练习，帮助参与者熟悉活动流程
30～60分钟	**活动开始**。主持人需要维护现场秩序，必要时可进行适当的干预
5分钟	**结束阶段**。主持人对参与者表示感谢，并给予奖励

活动中各个阶段的时间一般由参与者人数的多少、活动形式等决定。笔者建议卡片分类活动的时间应控制在1小时内，如超过1小时需要给予适当的中场休息时间。

欢迎阶段。欢迎阶段比较常规，主持人进行开场白，对现场气氛进行预热即可。建议邀请参与者进行一段简单的自我介绍，有助于大家互相了解（以小组为单位），但是需要注意控制每个人的发言时间。

介绍活动规则及实践练习。主持人不仅要介绍活动规则，还要明确告知参与者采用何种方式进行卡片分类。

如果是开放式卡片分类，需要向参与者说明"允许对所有卡片进行增、删、改、查等操作。如果产生了这些行为，需要及时地记录在案，记录这样操作理由是方便我们（调研人员）后期对数据进行挖掘"；如果是封闭式卡片分类，需要向参与者提出限制性要求，如禁止对卡片信息进行任何操作，但是可以标注个人认为合适的词汇并附解释，以便调研人员后期对信息进行调整。

允许参与者在活动过程中遇到问题时随时提问。如果是以小组为单位进行卡片分类，主持人要告知参与者尽量独立完成卡片分类活动，不要让他人的想法影响了自己的分类结果。

在卡片分类活动结束时，参与者可以运用演绎法或归纳法，对所分类的全部卡片进行组别命名，最后将卡片进行封装处理。

解释了卡片分类活动的基础规则之后，主持人需要带领参与者进行一轮简单的分类练习。

第一步：（选择封闭式卡片分类）展示固定信息。

展示固定信息

第二步：梳理词汇。参与者根据所给信息，进行逻辑梳理，并记录在卡片上。

猪大排	牛肚	鸡胸肉	牛腩	五花肉	猪肘	掌中宝	琵琶腿	羊蝎子
海带	小龙虾	皮皮虾	生蚝	梭子蟹	石蟹	紫菜		
西兰花	芹菜	红薯	茼蒿	牛油果	土豆	荸荠	葫芦	番茄/西红柿
小米	荞麦面	葛根粉	大麦	苦荞	胚芽米	燕麦片		
番石榴	杏仁	蔓越莓	腰果	黄桃				

进行逻辑梳理后的卡片排列

第三步：将以上词汇进行归纳分类，并对最后的归纳结果进行组别命名。具体的信息归纳、分类可以结合多种方法进行，如归纳法、思维导图等。

活动开始。对卡片分类活动有了基本的了解，接下来参与者就可以开始进行卡片分类了。在进行卡片分类的过程中，主持人的主要职责是观察和记录，原则上不能对参与者进行干扰。

结束阶段。当所有参与者在指定时间内完成了卡片分类操作，此时主持人还需要指导参与者对所有卡片进行分组封装。调研人员需要对参与者表示感谢并给予适当的奖励，最后护送参与者离开。

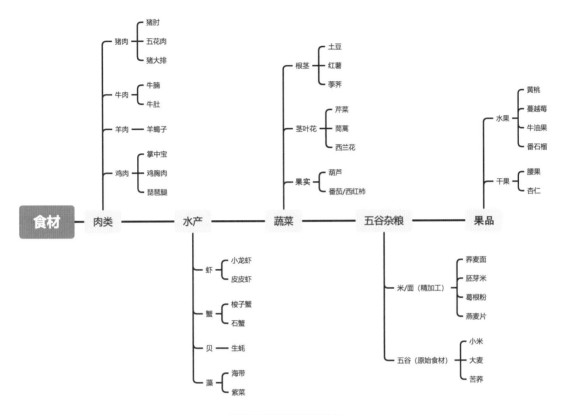

将梳理后的词汇进行分组

注意事项

关于卡片分类，有以下几点注意事项。

命名和词汇理解方式。由于每个人的认知程度、思维模式、生活经历和风俗习惯等方面的不同，参与者和调研人员很可能会对某些词汇的理解出现偏差。因此在进行卡片分类活动时，一定要给参与者足够的补充留言的空间，供参与者写上自己对信息的理解，甚至可以允许用户修改所提供的信息。不过参与者在修改所提供的信息时，需要进行备注，方便后续调研人员及时校对信息。

卡片的数量。卡片的数量往往由参与者的人数和信息量决定。卡片并不是多多益善，卡片过多会使相关人员的效率降低。

参与者的行为具有多样性，需要及时记录。为了保证数据的规范（一致）性，调研人员需要完整记录参与者的一系列操作，方便后续数据复盘。而涉及删除词汇的行为，如参与者认为番茄/西红柿是水果，而不是蔬菜，应予以删除或移动，此时主持人就需要做好相应的记录，事后询问改动理由。

当然由于一些不可控的因素，有时一些词汇无法删除，调研人员应提醒参与者，并最终保留该词汇。而涉及增加词汇的情况，尤其是专业性较强的产品，为了保证产品逻辑或文案表述的完整性，参与者可以对词汇进行增加操作，不过，调研人员仍需要提醒参与者在增加词汇的同时要做好备注，方便后续调研人员理解参与者的意图。

重复词汇允许放入不同组别。以前文提到的番茄 / 西红柿为例，参与者认为应将西红柿放入水果组，但是西红柿也可以看作水果，建议可以将"番茄 / 西红柿"这一词汇复制一份放入果品组并做好相应的备注，这样可以增强调研人员对单个词汇理解的全面性，虽然数据分析的复杂度增加了，但是背后的隐性价值显然更大。

步骤四：数据统计

参与者离开后，工作人员需要第一时间整理卡片信息并进行数据的统计分析。如果相关人员遗忘了部分调研细节，可调取相应的语音 / 视频等进行回顾。接下来，笔者以人工统计分析的方法为例，仅针对小范围的数据进行统计分析。

下图是上述"食材"案例中的原始数据（精简版）。

在"食材"案例中，共有四名参与者参与了调研活动，其中三名参与者是普通受众，另外一名参与者——张晨是相关专业从业者。在封闭式场景中，三名普通受众根据自己的日常经验对给出的关键词进行了分类，张晨提供的分类专业化程度较高。考虑到产品最终的目标用户为普通受众，则张晨的分类结果仅供参考，不参与数据分析。

经过调研人员对数据的整理汇总，发现三名普通受众对部分内容产生了分歧。

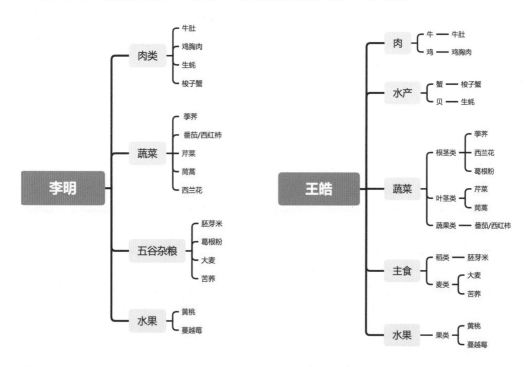

"食材"案例中的原始数据（精简版）

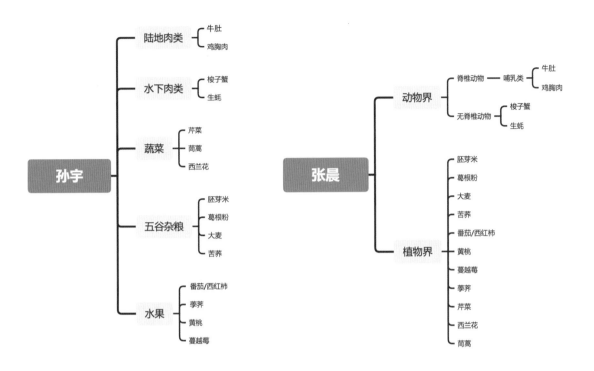

"食材"案例中的原始数据（精简版）（续）

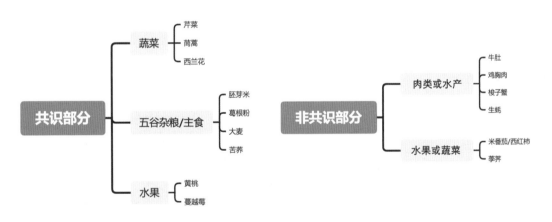

共识部分和非共识部分

针对小范围的数据，人工统计分析法可以帮助调研人员快速锁定信息结构中的突出问题，结合后续的调研活动或解决方案精准地解决问题。同时，该方法还借助了思维导图的展现形式，直观地展现了参与者对信息的分类归纳依据。

不过，在某些项目或产品中数据量会很大，此时进行人工统计分析就不现实了，建议相关人员掌握更多的统计方法，如相似性矩阵、聚类分析、关联分析、回归分析、多维尺度分析等。这些分析方法比较复杂，感兴趣的读者可自行扩展学习。

3.3.2   用户体验地图

以用户为中心的设计，体现了聚焦终端用户的产品设计哲学。其宗旨在于产品应当适应用户，这就需要相关人员在整个产品生命周期应用各种聚焦用户需求的技巧、流程和方法。

什么是用户体验地图

随着市场的发展，越来越多的企业发现：随着业务体量的增大，体验设计越来越难以适应日益增长的业务需求，想要做到把设计渗入业务的方方面面会遇到越来越多的阻力。因此现在急需一种能够打通多渠道、协调全流程的策略，以助力业务全面发展。

全流程的体验设计需要产品、设计、开发和运营等具有不同职能背景的人员共同协助完成，针对市场目标、产品目标和品牌目标等达成共识。在达成共识的过程中借助"用户体验地图"进行视觉呈现，可以更直观地让流程中涉及的具有不同职能背景的人员清晰地看到业务走向。

什么是用户体验地图？简单来说，用户体验地图就是借助一张流程图，尝试使用讲故事的方式从目标用户的视角出发，记录用户使用产品或服务的过程。

当然用户体验地图也可以聚焦某个特定的事件，记录的内容包括但不限于用户行为、行为意向、用户态度等。

除了清晰地描述流程，用户体验地图还可以帮助调研人员从用户的视角审视和剖析在使用某个功能时的行为意向或目标。

根据内容进行区分，常见的用户体验地图主要有以下四种形式。

第一种：同理心地图

同理心地图是多人协作的画布，主要用于呈现相关人员对目标用户的理解。同理心地图示例如下图所示。

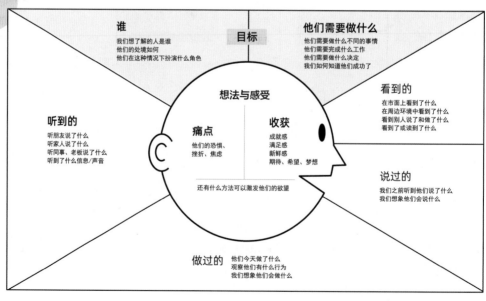

同理心地图示例

第二种: 客户旅程地图

客户旅程地图专注于目标用户、产品或服务的交互行为过程,是用户达成特定目标的可视化地图,主要帮助调研人员挖掘客户的潜在需求。与同理心地图相比,用户旅程地图更注重对用户行为的分析。客户旅程地图示例如下图所示。

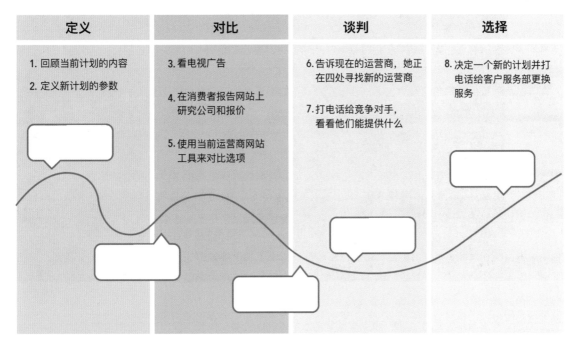

JAMIE
场景: 杰米需要改变她目前的移动运营商。她想要一个既能省钱又不牺牲使用限制的计划。

期望
- 清除在线信息
- 比较和分析计划失败的能力
- 友好和有用的客户支持

定义	对比	谈判	选择
1. 回顾当前计划的内容 2. 定义新计划的参数	3. 看电视广告 4. 在消费者报告网站上研究公司和报价 5. 使用当前运营商网站工具来对比选项	6. 告诉现在的运营商,她正在四处寻找新的运营商 7. 打电话给竞争对手,看看他们能提供什么	8. 决定一个新的计划并打电话给客户服务部更换服务

客户旅程地图示例

第三种: 体验地图

体验地图兼顾了同理心地图和客户旅程地图的优点——融合了用户的态度和行为数据,方便调研人员通过对多项数据的交叉对比,发现问题的本质。体验地图从场景出发考虑整段流程,其示例如下图所示。

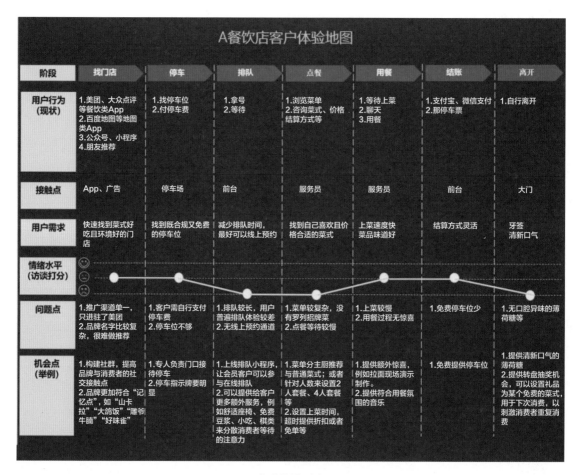

A餐饮店客户体验地图

阶段	找门店	停车	排队	点餐	用餐	结账	离开
用户行为（现状）	1.美团、大众点评等餐饮类App 2.百度地图等地图类App 3.公众号、小程序 4.朋友推荐	1.找停车位 2.付停车费	1.拿号 2.等待	1.浏览菜单 2.咨询菜式、价格结算方式等	1.等待上菜 2.聊天 3.用餐	1.支付宝、微信支付 2.那停车票	1.自行离开
接触点	App、广告	停车场	前台	服务员	服务员	前台	大门
用户需求	快速找到菜式好吃且环境好的门店	找到既合规又免费的停车位	减少排队时间，最好可以线上预约	找到自己喜欢且价格合适的菜式	上菜速度快菜品味道好	结算方式灵活	牙签 清新口气
情绪水平（访谈打分）							
问题点	1.推广渠道单一，只进驻了美团 2.品牌名字比较复杂，很难做推荐	1.客户需自行支付停车费 2.停车位不够	1.排队较长，用户普遍排队体验较差 2.无线上预约通道	1.菜单较复杂，没有罗列招牌菜 2.点餐等待较慢	1.上菜较慢 2.用餐过程无惊喜	1.免费停车位少	1.无口腔异味的薄荷糖等
机会点（举例）	1.构建社群，提高品牌与消费者的社交接触点 2.品牌更加符合"记忆点"，如"山卡拉""大鸽饭""雕爷牛腩""好味雀"	1.专人负责门口接待停车 2.停车指示牌要明显	1.上线排队小程序，让会员客户可以参与在线排队 2.可以提供给客户更多额外服务，例如舒适座椅、免费豆浆、小吃、棋类来分散消费者等待的注意力	1.菜单分主厨推荐与普通菜式；或者针对人数来设置2人套餐、4人套餐等 2.点餐等待较慢	1.提供额外惊喜，例如拉面现场演示制作。 2.提供符合用餐氛围的音乐 2.设置上菜时间，超时提供折扣或者免单等	1.免费提供停车位	1.提供清新口气的薄荷糖 2.提供转盘抽奖机会，可以设置礼品为某个免费的菜式，用于下次消费，以刺激消费者重复消费

体验地图示例

最知名的用户体验地图是由克里斯·里斯登绘制的欧洲铁路（购票）体验地图，下图是英文原版[1]。

Rail Europe Experience Map

Guiding Principles

People choose rail travel because it is convenient, easy, and flexible.

Rail booking is only one part of people's larger travel process.

People build their travel plans over time.

People value service that is respectful, effective and personable.

Customer Journey

STAGES

Research & Planning | Shopping | Booking | Post-Booking, Pre-Travel | Travel | Post Travel

RAIL EUROPE

Research destinations, routes and products | Enter trips / Select pass(es) / Review fares | Confirm itinerary / Delivery options / Payment options / Review & confirm | Wait for paper tickets to arrive | Activities, unexpected changes | Share experience / Follow-up on refunds for booking changes

DOING

- Look up timetables
- Map itinerary (finding pass)
- Destination pages — raileurope.com
- Plan with interactive map
- Talk with friends
- Blogs & Travel sites
- Google searches
- Kayak, compare airfare
- Research hotels
- Live chat for questions
- May call if difficulties occur
- Change plans
- Check ticket status
- Print e-tickets at home
- Paper tickets arrive in mail
- View maps
- Look up timetables
- Buy additional tickets — web/apps
- Arrange travel
- E-ticket Print at Station
- Get stamp for refund
- Plan/confirm activities
- Share photos — Web
- Share experience (reviews)
- Request refunds
- Mail tickets for refund

THINKING

Research & Planning:
- What is the easiest way to get around Europe?
- Where do I want to go?
- How much time should I/we spend in each place for site seeing and activities?

Shopping:
- I want to get the best price, but I'm willing to pay a little more for first class.
- How much will my whole trip cost me? What am I trading-off?
- Are there other activities I can add to my plan?

Booking:
- Do I have all the tickets, passes and reservations I need in this booking so I don't pay for more shipping?
- Rail Europe is not answering the phone. How else can I get my question answered?

Post-Booking, Pre-Travel:
- Do I have everything I need?
- Rail Europe website was easy and friendly, but when an issue came up, I couldn't get help.
- What will I do if my tickets don't arrive in time?

Travel:
- I just figured we could grab a train but there are not more trains. What can we do now?
- Am I on the right train? If not, what next?
- I want to make more travel plans. How do I do that?

Post Travel:
- Trying to return ticket I was not able to use. Not sure if I'll get a refund or not.
- People are going to love these photos!
- Next time, we will explore routes and availability more carefully.

FEELING

Research & Planning:
- I'm excited to go to Europe!
- Will I be able to see everything I can?
- What if I can't afford this?
- I don't want to make the wrong choice.

Shopping:
- It's hard to trust Trip Advisor. Everyone is so negative.
- Keeping track of all the different products is confusing.
- Ain't I sure this is the trip I want to take?

Booking:
- Website experience is easy and friendly.
- Frustrated to not know sooner about which tickets are eTickets and which are paper tickets. Not sure my tickets will arrive in time.

Post-Booking, Pre-Travel:
- Stressed that I'm about to leave the country and Rail Europe won't answer the phone.
- Frustrated that Rail Europe won't ship my tickets to Europe.
- Happy to receive my tickets in the mail.

Travel:
- I am feeling vulnerable to be in an unknown place in the middle of the night.
- Stressed that the train won't arrive on time for my connection.
- Meeting people who want to show us around is fun, serendipitous, and special.

Post Travel:
- Excited to share my vacation story with my friends.
- A bit annoyed to be dealing with ticket refund issues when I just got home.

EXPERIENCE

(bars for each stage: Enjoyability / Relevance of Rail Europe / Helpfulness of Rail Europe)

Opportunities

GLOBAL

Communicate a clear value proposition. STAGE: Initial visit	Help people get the help they need. STAGES: Global	Support people in creating their own solutions. STAGES: Global	
Make your customers into better, more savvy travelers. STAGES: Global	Engage in social media with explicit purposes. STAGES: Global		

PLANNING, SHOPPING, BOOKING

Enable people to plan over time. STAGES: Planning, Shopping	Visualize the trip for planning and booking. STAGES: Planning, Shopping
Connect planning, shopping and booking on the web. STAGES: Planning, Shopping, Booking	Aggregate shipping with a reasonable timeline. STAGE: Booking
	Arm customers with information for making decisions. STAGES: Shopping, Booking

POST-BOOK, TRAVEL, POST-TRAVEL

Improve the paper ticket experience. STAGES: Post-Booking, Travel, Post-Travel	Accommodate planning and booking in Europe too. STAGE: Traveling
Proactively help people deal with change. STAGES: Post-booking, Traveling	Communicate status clearly at all times. STAGES: Post-Booking, Post-Travel

Information sources

Stakeholder interviews
Cognitive walkthroughs
Customer Experience Survey
Existing Rail Europe Documentation

adaptive path

Ongoing, non-linear | Linear process | Non-linear, but time based

Experience Map for Rail Europe | August 2011

欧洲铁路（购票）体验地图（英文原版）

第四种：服务蓝图

服务蓝图是针对产品或业务跨平台的全局观察图。服务蓝图最大的特点就是可以跨用户协同，与 PRD 文档中的"泳道图"类似，它可以直观地在视觉上展现业务前端、中台和后台的关系，并在其中加入行为、活动等内容，阐述业务流程的演变。服务蓝图模板如下图所示。

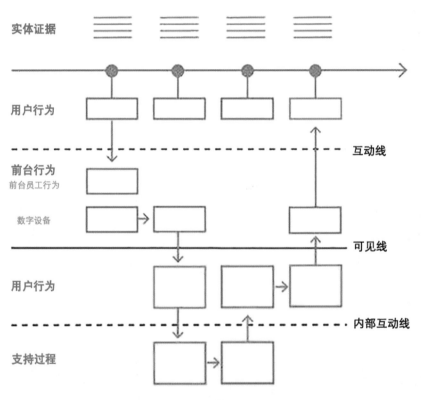

服务蓝图模板

用户体验地图的价值在于让用户体验流程"活起来"，这样才能使调研人员更贴近用户的实际行为，从全局的角度对用户的行为和情绪进行交叉关联。

用户体验地图最大的优势在于可以帮助调研人员找到用户和企业实现良性互动的方法，在不同的时间和空间上促进相关人员设计出更贴合用户需求的产品。

良好的用户体验地图是用户和企业产品、业务之间的催化剂，它适用于产品或业务设计的各个阶段。

- 在产品研发期，用户体验地图可以辅助调研人员提出假设。
- 在产品迭代期，用户体验地图可以辅助调研人员对已经成型的产品进行全面诊断——发现问题、挖掘机会点，从细节着手优化流程中的体验设计。
- 在产品成熟期，用户体验地图可以作为用户增长策略的重要组成部分，是产品优化迭代的重要指导依据。

下面笔者就详细介绍一下用户体验地图的相关内容，对其他类型的用户体验地图感兴趣的读者可自行扩展阅读。

用户体验地图的三种可视化样式

圆轮式

将用户的情绪和行为以圆环的形式进行展现，这样的用户体验地图在细节描述方面有所欠缺，因此适用于用户行为的挖掘阶段。

时间轴式

将用户的各种行为和情绪以时间的先后顺序进行展现，可以直观地展现用户"从哪来，到哪去"的过程（和足迹图很像）。

列表式

相对另外两种样式而言，列表式用户体验地图虽然在展现形式上中规中矩，但其最大的优势在于不仅可以辅助相关人员对用户行为和情绪进行交叉关联，还可以方便相关人员直观地梳理逻辑，挖掘机会点。

下文将详细介绍列表式体验地图。

如何绘制列表式用户体验地图

一般来说，绘制列表式用户体验地图有四大要素：指导原则、行为模型和接触点、态度、机会点。

绘制列表式体验地图的四大要素

指导原则是指产品的设计原则。

行为模型和接触点则由用户的行为和其行为过程中触发的点构成。这一要素比较简单，相关人员如实记录用户实际的操作行为即可，无须进行过多的思考。为了保证行为数据符合实际情况，相关人员可以结合各种调研活动获取用户的行为数据。

态度和情绪是用户行为背后的定性原因，方便相对人员对行为和意向进行纵向对比。

机会点是相关人员通过对用户行为及其态度进行挖掘，并综合其他因素而找到的内容。它是产品发展的可能。

下面以"医院就诊场景中的用户体验地图"为例，详细讲解如何绘制一幅完整的用户体验地图。

①先确定绘制用户体验地图的指导原则。

②分析用户行为的行为意向。例如，在医院就诊场景下，有挂号、取号、等待、问诊、检查等诸多行为，相关人员要分析用户这些行为背后的行为意向。明确行为意向的目的是将行为进行高度抽象，以便在后续的绘制过程中根据不同的行为制定相应的策略。

③有了行为意向，我们可以加入用户目标，以作为行为意向的补充说明，方便相关人员明确行为意向和用户目标之间的关系。

指导原则、行为意向和用户目标如下图所示。

指导原则、行为意向和用户目标

④根据行为意向扩展行为细节。在这一阶段，相关人员无须进行过多的思考，只需要如实记录用户行为。

简单来说，在行为本身阶段所记录的内容是行为意向下的闭环内容，是调研活动从开始到结束的有关行为细节的描述。下图是一张精简版的行为细节的描述。

行为细节的描述

⑤对行为过程中的诸多接触点进行记录。

先来说说什么是接触点。例如，患者李明要在某医疗 App 上进行预约操作，在这个过程中他就会接触到设备、屏幕、软件等，这些都需要进行如实记录。

一般来说，接触点有三类：物理接触点、数字接触点和情绪接触点。

相关人员需要观察整个流程中目标用户的所有接触点，并将这些接触点和行为进行一一匹配，这样才能通过接触点挖掘更多的机会点。还有一种情况比较特殊，就是多人协同进行的同一段流程的调研，多名调研人员可能会同时出现多个不同的接触点。这就需要通过小组集中讨论，将比较频繁、比较重要、重叠度较高的行为和接触点进行汇总，最后落实在集合版的体验地图上。下图枚举了一部分接触点。

部分接触点汇总

⑥记录用户在流程中的情绪变化。

⑦先将这些情绪反馈记录在时间轴形式的体验地图上，再加入波动曲线，以方便所有调研人员直观地看到某一个用户在整个流程中的情绪变化，如下图所示。

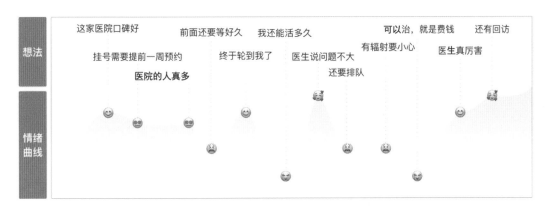

流程中的用户情绪曲线

⑧对问题点进行分析并挖掘机会点。

根据用户情绪曲线，找到与用户情绪波动对应的想法和接触点，就可以轻而易举地发现用户产生情绪波动的原因，进而发现问题，找到机会点。

最终，一份完整版的体验地图就算绘制完成了。

绘制用户体验地图是一项大工程，不仅需要多人协同，而且需要大量的前期数据作为支撑。因此，除非调研团队非常确定这份可视化的用户体验地图可以给团队带来物超所值的价值，否则不建议花过多的时间和资源绘制用户体验地图。用户体验地图是用于数据分析的一种工具，其核心不在于绘制，而在于对数据的分析和挖掘数据的价值，考验的是调研人员的洞察力。

为了方便读者理解，欢迎关注笔者的公众号"叨叨的设计足迹"，后台回复"医院就诊场景下的用户体验地图"获取电子版高清大图。

04

框架建立

经过调研，相信相关人员已经有了详细的一手资料，而想要让这些一手资料发挥其应有的价值，相关人员仍需对这些资料进行评估、筛选和分析，从而获得有价值的信息，创建适合产品的信息架构。

4.1 需求梳理

4.1.1 需求分析、评估和筛选

大野耐一其实是在教导他们，要像刑侦专家调查犯罪现场一样，通过对现场深入细致的观察、分析和评估，找出问题的关键。

——《丰田模式》一书中部分内容转述

很多人把提升用户体验比作在和用户谈恋爱——工作内容就是深入挖掘对象的需求，并想办法加以实现。

通过前面几章的学习，相信对于需求的挖掘，诸位读者已经心中有数。下面就来看看如何针对这些需求进行梳理[①]，怎样才能把需求落实到产品中。

一般来说，想要把用户需求落实到产品中，需要经过两步。

- 第一步是对需求进行分析、评估和筛选。
- 在第一步的基础上，我们要将需求结构化，也就是建立起一套系统的信息结构。除了有信息结构，我们还需要结合相应的信息组织方式，也就是流程设计。

下面我们先来看看与需求梳理相关的内容。

需求分析

一般来说，（为了省事）产品设计人员（如产品经理）会直接根据用户调研所获得的信息整理一份详细的需求功能点列表。其实这在流程上是不合规的。试想一下，初始的需求都没有经过拆解和评估，怎么就直接落实到功能点上了呢？

常规流程应该是先编写需求文档，根据需求文档对需求进行分析和评估，之后产出需求功能点列表。因此，在产出需求功能点列表前，我们要先对需求进行梳理。

为了方便理解，笔者先介绍与需求分析相关的内容。

- 目标用户：为谁解决问题？
- 需求来源：谁提出了这个需求——是用户、业务方，还是市场？
- 需求容量：该需求在当前市场环境下的前景如何？能给多少用户带来多大的价值？企业依靠这个需求又能获得什么？
- 紧急程度：这个需求是亟须解决的吗？重要程度如何？
- 解决问题：这个需求能解决什么问题？解决了问题会产生什么影响？
- 使用场景：在哪些场景中适用？适用场景会受到限制吗？
- 需求是否被满足及其带来的影响：当以上问题都有了答案，就需要开始验证这个需求有没有被满足，有没有产生连带需求或衍生需求。

针对具体需求，相信根据如上所列维度进行需求分析能得出有价值的信息。基于这些分析，我们可以就某个具体的解决方向拆解出相应的功能点。

---

① 本节提到的梳理是对需求、分析、评估和筛选的一种统称。

需求的评估和筛选

需求的评估和筛选没有明确的界限划分：前者注重对需求的审核评估，后者注重对需求的筛查和选择。也就是要不要做，做的时候需求的优先级怎样排序。

在实际工作中，需求评估往往都是由分析结果所引申出来的一系列综合评价。例如，"爱旅行 App 的即时疫情推送功能要不要上线"，想知道这个问题的答案，相关人员就要先对需求进行分析，然后进行综合性评估。

结合实际工作经验，笔者针对综合性评估和筛选给出了以下三个维度，仅供参考。

约束维度属于评估范畴，性质和关联维度属于筛选范畴

约束维度。约束维度可以说是综合性评估中涉及因素最多的维度，它包括但不限于资源、时间、空间、规则、成本、法律和道德等因素。

- 资源因素。资源是一个比较大的概念，包含很多方面，如人力资源、时间资源和经济资源等，而评估资源的投入无非就是从该需求是否靠谱，实现难度如何，需要投入哪些资源，投入产出比如何等方面进行评估。

- 时间因素。时间对于任何团队、任何产品来说都是很重要的，尤其是在互联网时代——由于市场需求瞬息万变，做产品就像在和时间赛跑，哪个团队能尽快研发出合适的产品并将其投入市场，就能提前抢占市场份额，为自身争取到更多的机遇。在确保资源分配合理的基础上，相关人员需要考虑具体功能实现的时间优先级。

- 场景因素。场景是一套比较复杂的评估因素，相关人员不仅要针对当前的适用场景进行评估，还要综合未来和当下的部分资源进行综合评估。例如，需求或功能是否符合当下环境，需求应该基于什么样的媒介实现等。

性质维度。根据功能性质，可将全部功能需求分为功能性需求和非功能性需求两类。

- 功能性需求主要是指实际可操作的功能，如下单、付款、聊天、签收等显性功能，这些功能能帮助用户顺利完成任务，满足用户的需求。

- 非功能性需求则是对除功能性需求以外的所有需求的统称，如界面的展示效果、交互效果、震动和声音反馈等，甚至有前端数据和后端数据的对接，这些都属于非功能性需求。千万不要小看了非功能性需求，它是实现功能性需求的必要支撑。

关联维度。将需求和功能绑定，二者的关联大致可以分为直接相关和衍生相关两类。

- 直接相关是指功能直接和产品本身相关，围绕产品本身而展开的设计和开发工作，如搜索、浏览和下单等功能，用户直接操作方可达到目的。

- 至于衍生相关，笔者举个例子大家就明白了。线下物流签收，它产生的前提条件是用户在线上电商平台先完成与购买产品相关的操作（如下单和付款），之后产品进入线下的物流环节，用户完成签收。

以上给出的两个维度仅供参考。在需求筛选方面其实还有很多维度可以参考，建议读者结合实际工作情况自行列出多个维度的需求评估和筛选。

经过对需求进行梳理，相关人员就可以开始编写需求文档了。对于需求文档，用户体验设计师了解即可。

笔者在本书附赠的数字资源附录 D 中大致介绍了一些与需求文档相关的内容，感兴趣的读者可以扩展阅读。

功能设计

经过前期的梳理，相信现在已经有了一些具体的可落实的功能点，接下来就是对各功能点进行具体设计。为了保险起见，在开始设计前我们应先回顾一下功能点和需求的关系。

一般来说，需求功能点列表包括但不限于以下内容。

- **模块**：简单理解就是大功能的分类。以 ERP（B 端）产品为例，其中有审批、报销、付款、收款等各项大功能的分类模块；以淘宝（C 端）产品为例，其中有购物车、个人中心、注册登录模块等。
- **菜单**：一般可以同时具备多个同级菜单或多个非同级菜单。
- **功能点描述**：相对于菜单的笼统来说，功能点的描述会更加细致。
- **补充/备注**：这是针对功能点的补充说明，主要描述的是可能存在的状态，如无数据会跳转至 A 页面、未发货会给出特定提示等。除了对功能的补充说明，也可以在此添加备注信息。
- **需求优先级**：一般会根据需求的重要程度进行优先级排序，方便相关人员开展后续工作。
- **人员分工**：功能点需要下发给相应的负责人进行设计和开发，一般在需求评审会上会直接进行人员分工。

前四个要素必须严格按照顺序排布，并明确它们的逻辑顺序，后两个要素的顺序可以调整甚至将其删除。下表展示了需求功能点列表下某一模块的具体内容，仅供参考。

需求功能点列表示例

平台	模块	一级菜单	二级菜单	功能点描述	备注/补充	需求优先级	设计分配	收费标准	时间排期
用户端（含PC、App、H5）	登录/注册	登录	/	手机号+密码；手机号+验证码；账号+密码 三种登录方式	调用SSO	🔥🔥🔥	李明	免费	01.01～01.02
			忘记密码	手机号找回；邮箱找回；三级菜单—账号申诉，跳转申诉页面		🔥	李明	免费	01.01～01.02
		注册	/	手机号注册；邮箱注册；第三方接入注册	第三方需接入API	🔥🔥🔥	李明	邀请制	01.02～01.04
	首页	定位城市	国内/国际	城市选择；字母排序城市，热门推荐城市置顶	/	🔥🔥	王皓	免费	01.05～01.06
		Banner宣传图	/	当前活动展示；自动5秒轮播，可手动；点击跳转详情页	配合运营端	🔥	王皓、何凯	免费	01.07～01.08
		金刚区功能位	酒店	国内/海外	点击相应二级菜单切换选项，内容含城市、时间区间……	/	🔥🔥	王皓	免费	01.09～01.10
			机票	机票/比价	单程菜单下内容有起飞地—抵达地选择、时间选择、舱位……	/	🔥🔥🔥	王皓	免费	01.11～01.12
			火车票	大陆/国际	点击相应二级菜单切换选项，内容有出发地—抵达地、时间……	/	🔥🔥	王皓	免费	01.13～01.14
			旅游	目的地选择	关键词搜索、行程天数、出发日期、线路查询、线路定制	配合旅行社端	🔥🔥🔥	王皓	免费	01.15～01.16
			攻略/景点	/	热门城市展示、关键词搜索、智能推荐（feed流展示）	配合爱玩端	🔥🔥	孙宇	内测阶段	01.17～01.18

需求功能点列表可以说是除需求文档以外最贴近产品真实情况的一款可视化原型，很多创业公司一般都会直接将需求功能点列表提供给设计师，让其进行设计。

除了方便交接，需求功能点列表还可以引导团队梳理产品的功能和业务逻辑，让不同的职能部门对产品的设计达成高度共识。除了这些显性特点，需求功能点列表的扩展性也为后续工作的开展打下了坚实的基础，如加入需求优先级，相关人员就可以提前控制好开发周期和资源投入，便于团队掌控整个项目的时间进度。

除了需求文档和需求功能点列表，产品经理的产出物还有产品结构图、业务流程图和流程设计图等。

补充：需求池

我们对需求所做的梳理已经基本完成了。那些有用的、合理的和该开发的需求都已经被安排到日程表中，那些无用的、不合理的和未开发的需求，建议将其纳入需求汇总表，也就是我们常说的将需求池作为日后需求更新迭代的库。不仅如此，需求池也可以作为贯穿产品设计生命周期的一个库——无论是新需求还是原有需求，都可以在需求池中进行检索。

常见的需求收集和归纳工具有 Excel、Xmind 等日常办公软件，当然也可以借助第三方团队协助工具进行需求的收纳，如 Teambition、阐道等多人协同工具。在进行需求收集和归纳的同时，相关人员还要对相应的需求进行分类，这是为了方便后续需求的整理和抓取。

此外，和工作复盘一样，需求库也需要定期复盘。这里的复盘其实就是对需求进行再分析和再评估的过程。

4.1.2　需求分析之 5W2H1E 分析法

打破砂锅问到底。

5W2H1E 分析法概述

在学会创新之前，首先要学会提问，只有发现问题，才能在解决问题的过程中实现创新。这一观点对功能分析同样有效——A 功能的优势是什么？开发它的成本或性价比如何？多问几个问题可以帮助我们从中发现对需求有价值的关键点。

提问不仅对创新有帮助，对于解决问题而言也是极为重要的，提出一个好问题就已经意味着问题被解决了一半，因为很多人连问题都不知道出在哪里，又何谈解决问题呢？

为了提出好的问题，我们需要借助专业的提问法，如本节要介绍的 5W2H1E 分析法，它可以帮助我们从已知现象中发现问题。和日常交流的提问有所不同，5W2H1E 分析法是指相关人员采用反问形式对一个问题进行刨根问底式的提问，目的是挖掘需求，顺便帮助提问者开阔视野，使其从全局的角度考虑需求的意义。

既然是系统化的方法，那么笔者就先从起源说起。

美国政治学家拉斯维尔在 1932 年首次提出了 5W 分析法 [1]，虽然只是一个雏形，但是在当时已经足够解决多数问题了。5W，即 What、Who、Where、When 和 Why。后经过世人不断运用和优化，又总结出了 5W1H 分析法，也就是在原有分析法的基础上新增了一个 How。

5W1H 分析法后经第二次世界大战中美国陆军兵器修理部的运用和优化，在之前总结的基础上又补充了一个 how much，即形成了 5W2H 分析法。5W2H 分析法一开始是被运用在军事战略分析中的，后来才被逐渐应用到商业领域，尤其在制订商业计划书时尤为常见。

随着经济全球化的发展，人们在发展实践中总结出了 5W2H1E 分析法 [2]，即在 5W2H 分析法的基础上新增了 Effect（效果）。不要小瞧了最后加入的 Effect，在 5W2H1E 分析法中，它可是点睛之笔。这一点会在后文中进行阐述。

---

[1]　有文献记载 5W 分析法源自丰田创始人大野耐一，也就是家喻户晓的"丰田五问法"。

[2]　我国著名教育家陶行知先生在 5W2H 分析法的基础上提出了 6W2H 分析法。本文对此不进行详细阐述，感兴趣的读者可自行扩展阅读。

虽然 5W2H1E 分析法适用于商业领域，不过本节主要围绕需求分析而展开，所以并不会涉及商业方面的内容，故此笔者适当地把 5W2H1E 分析法的核心进行了"迁移"——把它借鉴到需求分析中。

5W2H1E 的构成要素

5W2H1E 的构成要素如下。

- What（什么）：需求的目的和内容是什么。简单理解就是找准方向、找准目标。

假如在爱旅行 App 上有一个博主想通过平台做视频号，内容聚焦旅游分享方面，希望打造出市场上所没有的内容。那么，他就需要先问自己：最终目标是纯分享，还是为了盈利，抑或是实现个人价值等。

- Who（何人）：和需求相关的任何人，可以是项目负责人、目标群体等。只要是和此需求相关的人都可以将其考虑进来。

为了打造视频号，我们需要学习哪些方面的知识，要向哪些人请教？假如是团队合作，那么团队的配置是怎样的？是否可以通过联盟、社区或组团的形式进行营销推广呢？视频的目标群体是哪些？

- Where（何地）：处理需求的地点或场景。例如，委托参与者对产品进行相应的操作，那么场景可能就是调研室和产品的内部使用环境，当然最好是产品的实际使用场景，这样可以确保需求和场景同步。

视频号的播放场景和内容场景有哪些？用户在什么场景中才会打开视频号中的视频？

- When（何时）：时间比较好理解，就是时间段或时间节点，如需求执行的时长、落实功能点需要耗费的时间等。相对于其他要素来说，时间可以说是极为关键的一点。

假如需要试运行，那么视频号的试运行需要花多长时间呢？一段视频的时长控制在多久比较合适？

- Why（为什么）：为需求的产生提供原因追溯。

视频的播放量较少，视频的完播率也较低，这是为什么呢？多问几个"为什么"，有助于相关人员明确后续工作的方向。

- How（如何）：可以对需求或功能的具体实施细节展开追问。

聚焦了核心点，接下来就可以开始制定拍摄方案了，不同的拍摄方案对视频质量的影响不同。

- How much（多少）：为完成目标需要付出的代价，即考虑性价比和投入回报率（ROI）的问题。

拍摄一段视频，自己付出这么多精力、时间和资源，那么这些付出是否值得呢？

- Effect（效果）：一般用来预判后期的效益或收益情况。关于这一点需要结合一些指标进行综合评估，如数据指标、最终目标完成度等。

  目标完成度的指标是什么？如果想产生商业效益，那么商业模式又该如何建立？视频号后期该怎样进行运营维护呢？

以上八大基本要素构成了分析法的核心内容。尤其需要注意最后的 How much 和 Effect——它们的加入对整个需求或功能点的分析起到了关键作用，正是因为有了 How much 和 Effect 才使得分析法具备了被评估的可能。

分析步骤

相信读到这里，有很多读者已经知道怎样分析一个需求了。先别着急，我们现在只是知道了可以通过哪些维度进行需求分析，还没有一个科学合理、具备逻辑性的分析结果。

在进行需求分析前，我们还需要准备一个工具对需求分析进行辅助，那就是树状图或鱼骨图这样的逻辑思维图，这个工具可以帮助我们将问题从点到面有逻辑地梳理清楚。树状图在后文中会详细说明，下面主要介绍如何利用鱼骨图结合 5W2H1E 分析法进行需求分析。

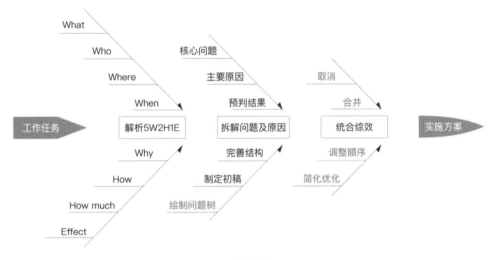

鱼骨图

- 第一步，明确目标。和传统方法一样，先明确目标，如我们要做需求分析，那么目标肯定就是针对与需求相关的内容展开分析，这样才能有意识地深挖需求。
- 第二步，结合相应的分析法对目标进行梳理。在这一步，我们就可以结合前文介绍的 5W2H1E 分析法对目标进行挖掘了。
- 第三步，结合挖掘出来的内容制定相应的解决方案。基于已经得到的问题的答案，绘制问题树或目标树，这一步的主要目的是针对问题和原因，梳理内部存在的一些现象和逻辑，以方便寻找可行的突破口。

前文中针对视频号提问的例子。经过"八连问"，我们暂时得出"观看量高，但关注量低"的现象，由此可见观看视频的用户其实有很多，但是无法提升用户黏性。以这个问题为中心点，我们展开梳理其中存在的问题。绘制问题树的步骤可以参考以下内容。

第一，先找到事件中的**核心问题**。

第二，锁定导致核心问题发生的**主要原因**，可通过假设、判断等方式进行探索和验证。

第三，预判主要原因导致的各项**消极结果**，画出树状图的结果。

第四，后续进行多次审查，加以补充和修改，完善问题树的结构。

第五，制定相应的**解决方案**。其实到了这一步就已经无形中把需求拆解成可落实的功能点了。

问题树

第六，根据实际情况的变化，对各项方案进行统合综效，目的是让方案效益最大化。这个最大化就像是 1+1>2 的效果，如同上图中提到的"将干货内容讲解细致"这个方案，不单纯是为了保证内容质量，也是为了将视频拆解，提高视频衔接度，吸引用户关注视频号。

我们借助科学的 ECRS 分析原则对方案进行最后的整理和归纳。

值得一提的是，ECRS 分析原则有点类似于交互设计中常用的交互四策略（后文会详细介绍），即删除、组织、隐藏（改变/提升）和转移（优化），与 ECRS 分析原则相对应的就是取消、合并、调整顺序和简化。虽然两者在本质上是类似的，但 ECRS 分析原则的分析特性会比交互四策略的分析特性更强，提供的思考角度也更宽泛。下面就简单地介绍一下 ECRS 分析原则的内容。

- 取消。取消不必要的细化分支，优先主干，并对主干的资源进行合理分配，将有限的资源集中起来，将重要的功能和需求提上日程。
- 合并。如果条件允许，建议将几个性质相同的需求和功能点统一集中在同一个页面或操作中。
- 调整顺序。优化逻辑，减少不必要的冗余、检查流程——减少不必要的操作步骤或精减产品结构，把不重要或已展示的信息进行弱化处理。

- 简化。审查产品结构，目的是提高操作效率，改变算法，让产品运算加快。制定开发标准和流程，提高设计和开发效率，减少研发成本等。

当接到一个需求时，我们先不要急于动手去做，要先将需求拆解一下：这个需求有没有必要去做？做的目的是什么？最终能带来什么效益？多问问自己，相信总会得到答案。

有很多读者会说：5W2H1E 分析法其实本质上还是和多维度分析一样，没什么特别的。确实没什么特别的，但是这个方法的好处就在于它可以帮助我们从点到面进行思考，能够帮助我们一步步地去探索和思考需求背后的原因及需求能够为我们创造的效益。

不过 5W2H1E 分析法也有一些弊端。在运用 5W2HIE 分析法的过程中提问的深度很难把握，这在某些场景中难免会对分析人员产生错误引导——过于深入剖析问题，会被看问题的视角所限制。

4.1.3　需求评估之 KANO 模型

KANO 模型是一个典型的定性分析模型，一般不直接用来衡量用户的满意度，它常用于对绩效指标进行分类，帮助企业了解不同层次的用户需求，找出用户和企业的接触点，识别与用户满意度相关的重要因素。

双因素理论

双因素理论，又称激励－保健理论，是由美国心理学家赫茨·伯格于 1959 年提出的。

> 企业员工对企业有较高的满意度，也就是拥有归属感和成就感，无非就是金钱或价值观等方面的契合。由于金钱便于衡量，所以接下来我们就单纯地从金钱角度进行阐述。

- 先说保健因素，这一因素和基础工资（底薪）很像，如果企业能够满足员工的底薪要求，那么员工对企业的满意度就会提升。
- 再来说激励因素，如本月、本季度或本年提前完成 KPI（关键绩效指标），员工就可以拿到更多的钱。此时，额外的金钱奖励就会大幅度提升员工的满意度。

通过这个例子不难发现，双因素理论的核心在于，只有激励因素才能够给人带去满足感甚至是超前满足感，而保健因素在确保满足基础值不变的前提下，仅仅能做到消除不满，但不会带来更多满意度。由这一核心理论可以正式引申出本节的核心内容——**KANO 模型**。

KANO 模型概述

双因素理论反映出了相关人员应将用户对需求（功能的高度集合）的满意度拆分来看——通过多因素的视角来看待。这衍生出了科学的需求优先级分析方法，即 KANO 模型。

KANO 模型是东京理工大学教授狩野纪昭创立的一种将用户需求分类并进行优先级排序的模型工具。它并不能直接衡量用户对需求的满意度，但是可以侧面阐述用户对于某项需求，尤其是对新需求的接受程度。KANO 模型一般会采用调研问卷的方式获取原始数据，以此帮助团队根据用户不同的需求进行产品功能优先级的排序。

在 KANO 模型中，狩野纪昭教授根据双因素理论的核心内容，结合马斯洛需求层次理论将产品功能和用户需求分成五类进行阐述。

KANO 模型中的五类需求

反向型需求。产品如果满足此类需求会遭受用户的"吐槽"甚至厌恶，从而降低用户对产品的满意度。

无差异需求。无差异需求对产品的正向影响和反向影响都很小，从价值来看对产品的贡献微乎其微。

基本型需求。基本型需求是指一款产品或一项服务中必须满足的基础需求，没有了这个前提，产品根本就不会得到用户的青睐，甚至会被贬低。例如，支付宝的支付功能、微信的社交聊天功能、饿了么的点餐功能……这些产品都围绕某一个核心的用户基础需求展开服务，如果没有满足上述需求，产品就没有存在的价值了。

期望型需求。简单理解，期望型需求就是用户所希望具备的一些辅助功能或附加功能。在调研活动中，用户提出的建议（大部分）都属于期望型需求。

满足用户的期望型需求是目前市场上产品迭代的主攻方向。

一般而言，此类需求都是基于某些特殊场景而激发的用户的特殊需求，都是为了让用户在细节方面的体验越来越好的一种优化方向。

魅力型需求。相关人员需要挖掘用户的魅力型需求。一旦开发出了此类需求，就会让用户产生眼前一亮的感觉。

> 例如，做一款大屏产品，业务方要求需要具备 A、B、C、D、E 五项数据展现，后经团队分析发现，其中 A、C、E 三项数据组合后还可以衍生出新的数据项 F，而且数据项 F 对于判断业务态势具有极高的价值。那么数据项 F 就是魅力型需求。

魅力型需求可以基于期望型需求在一定程度上的大胆创新而形成，有些魅力型需求在形成后，又会逐渐转变成基本型需求。例如，在下一款大屏产品中，业务方会要求加上数据项 F 的展现，这样数据项 F 的展现也就成了基本型需求。

除了变成基本型需求，在某些场景中魅力型需求还会转变为期望型需求，如用户在淘宝中下单的时候，系统会自动领取优惠券，帮助用户选择最低价的购物方式。

直接阐述五类需求比较难理解，笔者根据本书前文描述的马斯洛需求层次理论将 KANO 模型的需求层次进行了高度的抽象概括，如下图所示。

经过这样一对比就会发现，KANO 模型和马斯洛需求层次理论在某些方面是共通的，如用户需求在某些场合下会具备同层级概念，只有满足了底层需求，即基本型需求之后才能进而产生高层次需求。

马斯洛需求层次理论和 KANO 模型的类比

KANO 模型实操——问卷阶段

对 KANO 模型我们已经有了大致了解，接下来就是将之前我们已经梳理好的需求清单和功能列表代入模型。在 KANO 模型的实操过程中一般通过问卷调研获取原始数据。问卷编写的相关内容详见本书 3.2.3 节，本节仅对一些细节进行补充说明。

- 针对每个功能点都需要准备正向和反向两个问题。其目的是分别获取用户在面对同一功能时表现出来的积极态度和消极态度。
- 问卷需要考虑需求的时效性，一般有三个因素会影响需求的时效性，即因用户而异、因环境而异和因时间而异。
- 为了确保调研数据的准确性，如果有多个需求需要调研，建议将参与者进行分组，分别投放调研问卷。

下面以爱旅行 App 中某个功能的问卷调研为例。

问题 1（正向）：若产品具备"当地疫情防控新闻提示"功能，您的感受是？

A. 喜欢，强烈赞成；B. 需要，理所当然；C. 无所谓，可有可无；D. 还行，勉勉强强；E. 讨厌，不喜欢

问题 2（反向）：若产品不具备"当地疫情防控新闻提示"，您的感受是？

A. 喜欢，强烈赞成；B. 需要，理所当然；C. 无所谓，可有可无；D. 还行，勉勉强强；E. 讨厌，不喜欢

为了使每个参与者对五个选项都能形成统一认知，我们还应在问卷下方展示五个选项的标准或直观感受的备注。

A. 喜欢，强烈赞成：意味着该功能受到用户的强烈的认可。

B. 需要，理所当然：认为产品具备这个功能是应该的。

C. 无所谓，可有可无：对该功能的依赖程度尚可，有的话最好，没有也不受影响。

D. 还行，勉勉强强：目前对这方面的需求不大。

E. 讨厌，不喜欢：排斥，厌恶，甚至无法接受。

有了问卷，接下来就需要进行问卷投放了。为了提升效率，在保证样本质量的前提下，建议可以采用小范围投放、快速回收的方式进行调研问卷的投放和回收。总之，一切操作尽量在短时间内完成，避免拖沓，不要影响了整体效率。回收问卷之后，我们还需要对问卷进行数据清理，剔除无效问卷，精选有效问卷。

为了节省资源，笔者建议在前期的调研阶段就分批次进行问卷投放，不一定要等到调研完之后再梳理问题，尽可能全面地获取数据。

KANO 模型实操——分析阶段

将问卷结果填入下表，借助矩阵分析找到该功能点在矩阵中的具体位置。

KANO 模型矩阵

具备	不具备				
	喜欢，强烈赞成	需要，理所当然	无所谓，可有可无	还行，勉勉强强	讨厌，不喜欢
喜欢，强烈赞成	Q	A	A	A	O
需要，理所当然	R	I	I	I	M
无所谓，可有可无	R	I	I	I	M
还行，勉勉强强	R	I	I	I	M
讨厌，不喜欢	R	R	R	R	Q

注：■A 魅力型需求   ■O 期望型需求   ■M 基本型需求   ■I 无差异需求   ■R 反向型需求   ■Q 可疑结果

下面将"**若产品具备'当地疫情防控新闻提示'功能，您的感受是？**"的问卷结果进行逐步拆解并代入上表。

A：魅力型需求。正向问题的回答是"喜欢"，反向问题的回答是"需要""无所谓""还行"。

O: 期望型需求。正向问题的回答是"喜欢"，反向问题的回答是"不喜欢"。

M: 基本型需求。正向问题的回答是"需要""无所谓""还行"，反向问题的回答是"不喜欢"。

I: 无差异需求。正向问题的回答是"需要""无所谓""还行"，反向问题的回答是"需要""无所谓""还行"。

R: 反向型需求。正向问题的回答是"需要""无所谓""还行""不喜欢"，反向问题的回答是"喜欢""需要""无所谓""还行"。

Q: 可疑结果。正向问题的回答是"喜欢"，反向问题的回答也是"喜欢"；也可以是正向问题的回答是"不喜欢"，反向问题的回答也是"不喜欢"。一般来说，调研问卷不会出现这个结果，这是一个悖论。除非这个问题本身就不合理或者参与者没有清晰地理解问题，也有可能是参与者在填写问卷的时候写错了答案。

根据多份问卷的数据，笔者有了一个明确的分类结果。以下仅展示其中 3 位参与者的数据结果。

李明的问卷

问题	感受				
	喜欢，强烈赞成	需要，理所当然	无所谓，可有可无	还行，勉勉强强	讨厌，不喜欢
具备	✓				
不具备					✓
问卷结果	■○ 期望型需求				

王皓的问卷

问题	感受				
	喜欢，强烈赞成	需要，理所当然	无所谓，可有可无	还行，勉勉强强	讨厌，不喜欢
具备		✓			
不具备			✓		
问卷结果	■M 基本型需求				

张晨的问卷

问题	感受				
	喜欢，强烈赞成	需要，理所当然	无所谓，可有可无	还行，勉勉强强	讨厌，不喜欢
具备	✓				
不具备					✓
问卷结果	■○ 期望型需求				

最后，将所有问卷的数据进行单独统计，分别填入结果对照表，得出下表中的数据。

所有参与者的问卷数据汇总

具备	感受				
	喜欢，强烈赞成	需要，理所当然	无所谓，可有可无	还行，勉勉强强	讨厌，不喜欢
喜欢，强烈赞成	0.9%	5.4%	9.7%	4.1%	32.5%
需要，理所当然	0	5.4%	3.9%	4.4%	9.2%
无所谓，可有可无	0	3.8%	2.5%	0.8%	8.4%
还行，勉勉强强	0	1.0%	1.4%	1.3%	4.9%
讨厌，不喜欢	0	0	0.1%	0.1%	0.2%

📊 **统计汇总结果：**

■A 魅力型需求	■O 期望型需求	■M 基本型需求	■I 无差异需求	■R 反向型需求	■Q 可疑结果
19.2%	32.5%	22.5%	24.5%	0.2%	1.1%

所有问卷汇总结果

由汇总结果可确定质量特性的分类结果：在关于"若产品具备'当地疫情防控新闻提示'功能，您的感受是？"的问卷调研中，期望型需求所占比例最高，因此该功能的目标用户的需求为期望型需求。

KANO 模型实操——计算阶段

完成了对单独功能的分类汇总，接下来我们就可以利用 KANO 模型提供的公式进行数据计算了。

在开始计算前，我们需要人为地剔除一些对优先级排序无用的数据或无效的数据，如反向型需求和可疑结果。剩下的三类需求按照优先级排序依次是：无差异需求 > 基本型需求 > 魅力型需求。接着我们绘制"Better-Worse 系数图"。

下表是爱旅行 App 中"疫情防控新闻提示""收藏自定义标签""实时客服反馈""订单及时跟踪"功能的数据分类结果。

问卷中提到的四项功能的数据结果

功能	■A 魅力型	■O 期望型	■M 基本型	■I 无差异	■R 反向型	■Q 可疑结果	汇总结果
疫情防控新闻提示	19.2%	32.5%	22.5%	24.5%	0.2%	1.1%	O 期望型
收藏自定义标签	14.2%	26.4%	11.5%	45.2%	0.8%	1.9%	I 无差异
实时客服反馈	15.8%	30.1%	49.8%	2.5%	0.6%	1.2%	M 基本型
订单及时跟踪	13.8%	26.6%	55.8%	2.1%	0.7%	1%	M 基本型

先进行满意影响力（SI）和不满意影响力（DSI）两个维度的计算，计算公式如下。

$$\text{Better/SI}=(A+O)/(A+O+M+I)\times100\%$$

$$\text{Worse/DSI}=-1\times(O+M)/(A+O+M+I)\times100\%$$

我们将产品四项功能的数据结果代入公式，可以得出如下结果。

各项系数结果

功能	SI	DSI
疫情防控新闻提示	52.38%	−55.72%
收藏自定义标签	41.73%	−38.95%
实时客服反馈	46.74%	−81.36%
订单及时跟踪	41.10%	−83.83%

*代入系数图时，需要将DSI转换为绝对值进行代入。

将四项功能的 SI 和 DSI（绝对值）的结果填入 Better-Worse 系数图，就可以看到各项功能在图中的位置了。

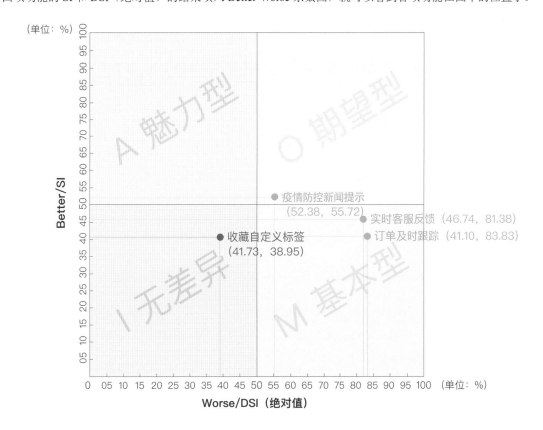

Better-Worse 系数图——代入结果

由上图可知，实时客服反馈、订单及时跟踪等功能属于基本型需求，疫情防控新闻提示功能属于期望型需求，收藏自定义标签功能属于无差异需求。

在基本型象限中同时存在两个功能，那么这两个功能又该怎样进行优先级排序呢？很简单，就是多问几个"为什么"。在 Better-Worse 系数图中，以原点为中心连接 P 点，以 OP 为半径画圆，得到下图的扇形区域。

根据这个扇形我们可以得出结论，离原点越远的功能，其需求程度越强。由这个结论，我们可以确定订单及时跟踪、实时客服反馈是关键功能。

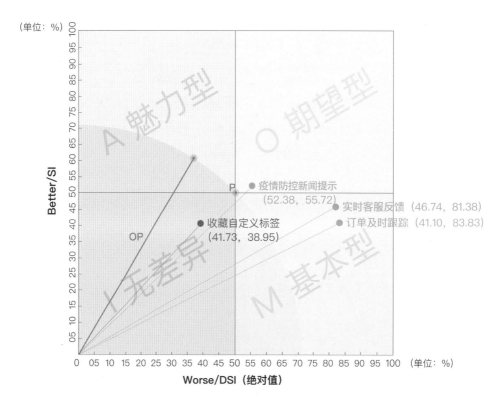

针对结果排序

最终我们得出的需求优先级结果如下。

订单及时跟踪 > 实时客服反馈 > 疫情防控新闻提示 > 收藏自定义标签

有读者会反驳："实际工作中肯定没有这么多资源和时间去单纯地为了某些功能进行调研，肯定是根据团队成员的已有经验进行优先级排序的。"这话其实不假，受某些硬性条件的限制，想要针对每个功能进行调研确实不容易，因此笔者才建议在前期调研的时候就把需求的分析、评估和筛选同步完成。

当然，在进行优先级排序的时候 KANO 模型只是工具，相关人员还需要结合企业战略、时间因素、经济因素、人力成本和开发资源等进行适当调整。

4.1.4　需求筛选（优先级）之艾森豪威尔法则

在我们称为工作成就的生产程序里，最稀有的资源就是时间，但人们往往最不善于管理自己的时间。

——《卓有成效的管理者》，彼得·德鲁克

决策困难

随着需求的日益增多，功能点的数量也开始大起来，这也直接导致了需要处理和进行决策的内容增多。相信无论是老板、产品经理还是用户体验设计师，在面对多项选择时总会难以抉择。这就像在饭馆里点餐，如果菜单上的菜品有五六十种，那我们多少都会有选择困难症；但如果菜单上只有三种菜品，相信我们选择起来就会轻松许多。

这种现象符合希克定律：当用户的选择越多时，做出决定所花费的时间就会越长。

吃饭的决策尚且如此，相信在工作中类似的决策时刻不在少数，如在该版本中 A 功能要不要上线、何时上线等，这些都是需要做出决策才能被落实的。因此，摆在我们面前的问题就是"怎么做选择，如何做出对的选择"。

想要解决这个问题，我们先来看看苏格拉底和他的学生做过的一个有趣的实验。

苏格拉底在桌上放了一个空罐子，并将提前准备好的大颗鹅卵石放进罐子里，直到塞得满满当当。

接着，苏格拉底问全体学生："你们说这个罐子装满了吗？"

学生们异口同声地回答说："满了。"

苏格拉底将提前准备好的一袋碎石子倒了进去，然后问学生："现在这个罐子装满了吗？"

这次，所有学生都不敢作声了。

过了一会儿，班上有一位学生回答说："也许还没满。"

苏格拉底会心一笑，又取出来一袋沙子，慢慢地倒进罐子里。倒完后，他又问学生："现在请告诉我，这个罐子装满了吗？"

"这次肯定满了！"全班同学很有信心地回答说。

不料，苏格拉底从旁边拿出一大瓶水，把水倒进看起来已经被鹅卵石、小碎石、沙子填满了的罐子里。结果可想而知，水也被装进去了。

苏格拉底指着满满当当的罐子提问："你们从我做的这个实验中得到了什么启示？"

话音刚落，一位向来以聪明著称的学生抢答："无论我们的工作多忙，行程排得多满，如果挤一挤，还是可以富余出一些时间来的。"

苏格拉底微微笑了笑，说："你的回答很好，但不全面。我还要告诉你们另一个重要经验，而且这个经验比你说的可能还重要——如果你不先将大的鹅卵石放进罐子里，也许你以后永远没有机会再把它们放进去了。"

上述的实验被搬到了某知名大学的课堂上，感兴趣的读者可以关注笔者的公众号"叨叨的设计足迹"，后台回复"空罐子"获取视频内容。

苏格拉底的实验生动地阐明了一个道理：做事前的规划非常重要，在行动之前一定要进行思考。这就像做项目，相关人员只有先获取用户需求，才能设计相应的功能，以满足用户的需求。

面对大量的需求和功能点，相关人员要想进行大批量的设计和研发工作，可以借助艾森豪威尔法则快速地对需求进行梳理，并对需求的优先级进行排序。

艾森豪威尔法则

艾森豪威尔法则又称十字法则或四象限法则，是由美国第 34 任总统德怀特·戴维·艾森豪威尔提出的。这是一种时间管理方法：画一个"十"字，将全部区域分成四个象限，分别为重要且紧急、重要不紧急、紧急不重要和不紧急不重要；然后把要做的事放到四个象限中，这样事情的优先级就排出来了。

艾森豪威尔法则

重要且紧急（第一象限）。诸如紧急事件、危机和客户投诉等，这些都属于必须立即处理，并且重要程度极高的事情，如果不处理将会产生严重的后果。然而有些人会将日常的大部分事情都罗列在这一象限中，认为什么事都很重要，最终导致日程复杂拖沓，执行起来还会感到力不从心。出现这种情况的原因是缺乏有效的工作计划。

重要不紧急（第二象限）。诸如培训、建立制度和处理日常事件等，这些都属于重要程度高，但对近期不会产生重大影响的事情。不过，如果该象限的事情处理不当将会堆积，并影响下一段日程的安排。

相似的道理在史蒂芬·柯维编著的《高效能人士的七个习惯》中也有详细说明，感兴趣的读者可以扩展阅读。

紧急不重要（第四象限）。诸如接电话、有客来访和临时会议等，这些都属于必须立即处理，但是对后续事件影响较小的事情。

不紧急不重要（第三象限）。诸如闲聊、处理日常邮件和删除旧照片等，此类事件既不重要也不必马上处理。就拿闲聊来说，如果能够通过闲聊获取有价值的信息，尚且能够将其看作重要不紧急事件，然而很多时候的闲聊其实是一种无意义的行为，只是日常消遣的一种方式。

以上便是艾森豪威尔法则的基本内容，不过本节我们要讲的并不是时间管理，而是借用它对事物的重要程度进行划分，并将其转换成需求优先级的处理方法。

优先级应用

除了管理时间，艾森豪威尔对目标管理、项目规划和事件排序也很有用——明确各项事务的重要程度，对各项事务的优先级进行排序。例如，处于第一象限的事务可以要求我们思考做这件事情有什么价值，处于第二象限的事务则可以反向促使我们思考不做这件事情会产生什么后果，处于第三象限的事务则促使我们思考不做这件事情有什么好处，处于第四象限的事务促使我们思考不做这件事情有什么坏处。

像这样换一个角度理解需求和功能的价值，相信我们会对需求和功能有一个全新的认识，也让我们在项目的执行过程中锻炼了全局思维。

优先级对方案的帮助

"如果在评审会上被质疑，设计师该如何应对？"我们可以借用优先级排序的方式组织语言以解决这个问题。例如，将春运抢票和火车票购买这些功能前置，是因为经过分析我们认为它属于重要且紧急的功能——用户在春运期间使用爱旅行 App 的主要目的是购买火车票，所以将这些功能前置既是为了满足用户的需求，同时也是为了让业务目标转化率最大化……

有能力、有经验的设计师会"站起来"利用相应的方法维护自己的想法和设计理念，从而保护自己的设计成果，其实这个维护的过程就是在阐述"如何做出选择决策"的过程。很多时候方案通不过，并不是因为需求本身出现了问题，而是需求的排序出现了问题。只要和业务方或其他与会人员阐述清楚"这样设计的理由"或"出于什么目的而采用了什么科学方法"等，相信多数设计方案可以被认可。

笔者认为，实际工作中的大部分问题属于需求和产品结构范畴。找到了问题的根源，我们也就明确了解决方向，这也为后续的设计工作节省了大量时间。因此，设计前的需求规划非常重要，把问题按照性质、价值和情况等进行分级、排序，这样才能达到事半功倍的效果。

4.2　框架设计

4.2.1　产品骨骼——信息架构的建立

信息架构是帮助人们在现实世界及网络中了解自己所处的环境，找到他们要找的东西的学科。

"信息架构"这个概念最早出现在 20 世纪 70 年代，当时主要运用在建筑学和心理学领域。随着信息技术的发展，这个概念才逐渐被运用到了与信息技术相关的描述中，后引申至设计领域。

在设计工作中对信息架构的搭建常常由产品经理、设计师、开发人员、信息架构师和内容策划师共同完成。就目前的企业来看，或许大厂会单独设立信息架构师一职，但绝大多数企业信息架构的搭建常常会交给产品经理或交互设计师来完成。

以交互设计为例，交互设计师在搭建信息架构时需要考虑系统的完整性和扩展性，如信息之间的跳转及数据互通条件等。由此可见，信息架构对于一个系统来说是至关重要的，它涉及产品的方方面面。

至于如何将信息架构与用户心理模型相匹配，这就需要相关人员通过调研以获取组织信息，如卡片分类就是获取用户心中对信息的组织方式的调研活动。

信息架构就是对各种信息进行处理和组织的方式。

什么是信息架构

下面我们就借助商场的导航系统来看看信息架构的详细内容。

假如，某商场地上总共五层，根据店铺的经营范围进行划分，每层楼的经营范围如下。

1F 美妆、彩妆

2F 服饰、箱包

3F 运动品牌

4F 亲子童装

5F 餐饮、娱乐

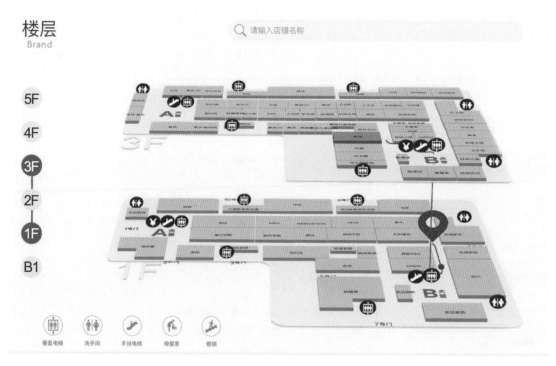

商场楼层图（俯视）

有了楼层导引，人们在逛商场时就可以清楚地知道该去哪个楼层买什么东西了。

要想深入探索信息架构，我们还需要借助图书馆的例子。

美国国会图书馆的藏书已超千万册。图书管理员面对如此巨量的藏书是如何进行管理的呢？笔者查阅资料后发现，图书馆对于藏书的整理和收纳有一套成熟的系统，甚至这套系统还成了独立的一门学科——图书馆学。某大学图书馆的信息架构如下图所示。

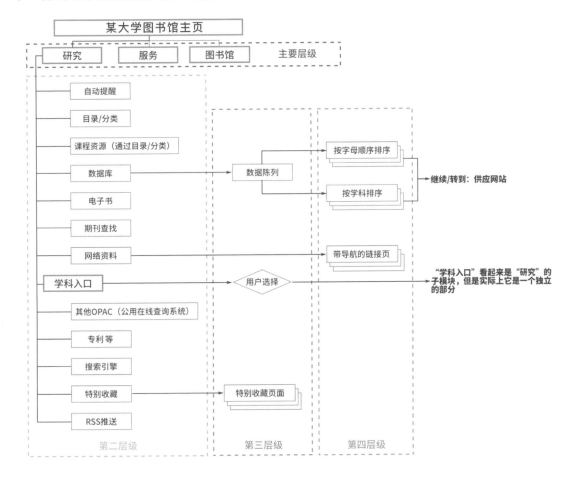

某大学图书馆的信息架构

构建信息架构时的辅助方法

通过观察上图，我们又可以扩展出两种构建信息架构的辅助方法——一种是演绎法，另一种是归纳法。

和图书馆学对信息进行全局规划不同，演绎法和归纳法用于对细节的梳理。例如，在图书馆建立之初，肯定会有很多图书一次性涌入图书馆，这时我们就可以借助归纳法，对众多图书（元数据）进行编排、分类和归纳。

待图书馆有了一定体量，有更多的图书被收录进来，此时就不能继续采用归纳法了。我们可以根据现有类目将相关的图书填充到相应的书架上。

演绎法和归纳法不同，它是从底层原理出发进而推导事实的一种方法。以太阳东升西落为例，经过科学研究发现，地球始终围绕着太阳运动，而且几亿年不变，那么这时我们就可以得出结论：就算再过几亿年，除非地球的运动轨迹改变或天体发生变化，不然太阳依旧是东升西落的。

产品的信息架构

无论是设计页面还是"敲代码"，任何产品在开始研发之前都需要先搭建合理的信息框架，之后才能把后续需要的数据填充进去。就像必须先有杯子，才能往杯子里倒水，这是同一个道理。架构的容量和扩展性决定了其能容纳的数据量。

信息架构有轻架构和重架构之分：轻架构产品有微信、QQ 这些轻量化软件，常见的重架构产品有 FOSS、OA、CRM、ERP 等后台管理系统。

稍微对比一下轻架构和重架构的产品不难发现：轻架构产品为用户提供了简单明了和快捷高效的学习、操作路径，目的是尽量降低用户的学习和认知成本，把操作难度降至最低，从而提高产品的使用效率。张小龙在"微信之夜"的演讲中提及：微信的产品架构是属于骨骼级别的，不可做过多的变化或将其复杂化。其实这就是演绎法。微信以社交功能为中心，扩展出了朋友圈、看一看、小程序和支付等各项功能。

还有一种方法可以鉴别产品是轻架构产品还是重架构产品，那就是看用户在使用产品时对信息架构的感知度。以微信为例，当李明在乎的只是和谁在聊天时，那么微信轻架构的特性就显现出来了。

社交类产品是轻架构产品的典型例子。不过有一类产品却是从轻架构产品转变为重架构产品的代表，那就是电商类产品。

一开始电商类产品的信息架构很简单，就是买卖物品，但随着业务体量的变大，电商类产品不断增加新业务和新功能，从而变为重架构产品。关于这一点我们从淘宝的全局导航页面就能初见端倪。淘宝全局导航和京东全局导航如下图所示。

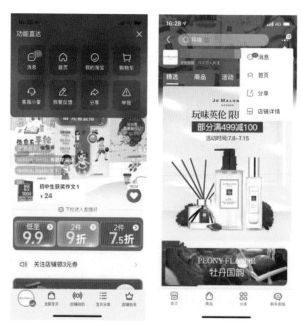

左图为淘宝全局导航，右图为京东全局导航

虽然大部分 C 端产品都拥有相对比较简单的信息架构，但是一旦涉及复杂的业务和数据，也不得不借助重架构的辅助才能打造出一款没有差错的闭环产品。举一个简单的例子，假如我想在"双 11"期间入手一台全新的 iPad Pro，肯定会看看是否有优惠券、是否有大促活动可以参加、满减规则又是什么等。待将 iPad Pro 加入购物车后，系统又会给我推送一些衍生品，如键盘、保护壳等。这些衍生品信息推送的背后就是基于轻架构而建立起来的重架构。这只是针对淘宝这个单一产品而言的，如果再将范围拓展一些，还会涉及商家端、运营端等不同的业务支线，那这个信息架构就更复杂了。

B 端产品是典型的重架构产品。如果单纯地从某一个业务入手，如招聘软件的信息架构，其实理解和使用起来特别轻松，选人、发邀请、面试、审核、发录取通知书。但是一个简单的招聘软件无法支撑整套业务流程，必须有其他系统的介入。

招聘软件中的招聘流程

这样看来，B 端产品的关键在于需要多个系统的协同配合才能运行起来。淘宝之所以能够从轻架构产品变为重架构产品，就是因为有多套系统的相互配合。

为了打通某些环节或流程，重架构产品对信息处理的要求更高。例如，招聘系统中的审批环节，审批人员需要在"组织架构"这个独立的模块中调用数据，这就涉及模块与模块之间的数据联系。因此，重架构产品如果想提供完备的功能，必须依赖强大且严谨的信息架构。

虽然重架构产品在数据方面确实方便了用户的使用，但是庞大的系统增加了用户的学习成本，甚至针对某些先进的系统还需要有专人进行专业培训。重架构产品的受众群体往往比较集中，如办公人员、执行人员和后台管理人员等。

和轻架构产品相比，重架构产品的信息架构对于用户体验设计师来说无疑是一场巨大的挑战，因为它更关注业务逻辑和任务流程的准确性及完整性，重架构产品的信息架构还要具备可扩展性。而且一旦涉及非专业的信息知识，设计师还需要自行投入更多的时间和资源加以研究方能理解系统内部的业务逻辑。这是为什么在 B 端项目中，对视觉的要求偏低，但对交互的要求偏高。

信息架构对于一款产品或一项服务来说是至关重要的，它是产品成功的关键。值得注意的是，信息架构不存在好或不好，只看是否合适，这也是商场在对各个楼层的自动扶梯和直立电梯进行设计时会出现绕远路的原因——两座自动扶梯的间距较远，可以增加顾客从 A 扶梯到 B 扶梯所经过路径上商铺的曝光率，从而增加销售额。

映射到电商类产品中，为什么购物平台会在适当的时候向消费者推送产品？其目的无非是增加产品的曝光量，从而增加销售额。

说完了业务方，再来说说用户和信息架构的关系。信息架构可以方便用户寻找需要的信息，在满足用户需求的基础上，也可以让用户按照自己固有的习惯对产品进行深入探索。

补充：区分信息架构和信息结构的概念

信息架构

信息架构可以通过图示的方式加以展现，相关人员可以通过信息架构图直观地了解产品各个功能模块之间的关系、逻辑顺序和交互方式，进而更高效地协调后续工作。

总体来讲，信息架构图主要展现的是产品的结构，不涉及细节内容的说明。

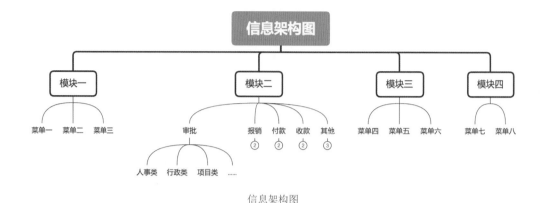

信息架构图

信息结构（组织方式）

从本质上来看，信息结构更应该从数据角度进行阐述，不过由于笔者是设计师出身，因此仅从设计师的视角解释信息结构。

信息是产品的数据元素，如电商详情页中的商品展示、商品价格、优惠信息、参数配置等这些内容都属于信息，如何将这些零散的、貌似不存在逻辑的信息进行排列组合就是结构所要做的事情了。

因此，我们可以将信息结构简单理解为将数据按照一定的逻辑顺序进行组织。信息结构必须建立在信息架构这一基础之上。

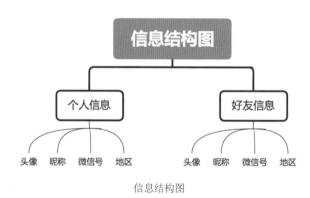

信息结构图

4.2.2   骨骼连接——信息的组织形式

信息的组织形式比信息本身更为重要。

——加里·沃尔夫

在 4.2.1 节我们梳理了一下信息架构的相关内容，相信有一部分读者会把对信息架构的梳理理解为对交互框架的梳理，实则不然。从辛向阳教授在《装饰》杂志 2015 年第 1 期公开发表的学术论文《交互设计：从物理逻辑到行为逻辑》中可以看到，信息结构化的梳理其实是一种物理逻辑的阐述——强调事物自身属性合理配置的决策依据。

笔者认为可以把信息架构简单理解为产品在信息层面的一种组织方式，而交互框架则是一种贴合用户心理的、侧重行为的组织方式。

相关人员只有先确定信息的组织形式，才能在信息基础上设计出合适的交互框架。

线性结构

线性结构是最常见的信息的组织形式之一。例如，你现在正在阅读的这本书，就是采用了线性结构——由浅入深、层层推进。当然这是一种纵向的线性，也有横向的线性，如淘宝"首页—产品详情页—下单页—完成"这一系列的页面流程也算是一种线性结构。

线性结构

对于信息的呈现来说，线性结构是较稳定也是较易于理解的形式，而且单条线性结构的路径也不会很长，不出意外的话3～5步足够了。毕竟一旦变长，中途难免就会扩展出许多衍生路径，进而发展成树状结构，也就是层级结构。

层级结构

层级结构是除线性结构外，最容易被用户感知到的结构。常见的有树状图、思维导图等展现形式。

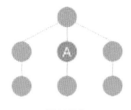

层级结构

和线性结构的单向性不同，层级结构存在自上而下或自下而上两种方向选择。

自上而下很好理解，以家族图谱为例（五代同堂），如下图所示。向下呈现的方式的最大好处在于由最高层级进行衍生，可以一级一级地向下细分，不至于出错。映射到产品中就是以业务为目标，以产品愿景为导向，逐级细分，实现相应的目的。

家族图谱

至于自下而上就复杂许多，一般只有重架构产品才会考虑采用自下而上的方法梳理信息结构。以 ERP 系统为例，往往会涉及多员工和多部门的协同合作。因此，相关人员需要先了解底层需求，然后向上做成独立的功能模块，再将独立的功能模块进行整合，形成一套完整的企业运营平台系统。

以 EPR 系统的部分模块为例（自下而上）

如果从业务视角考虑，结果还是一样的——日常工作中都是老板提出产品需求，如要做一个出差模块，然后执行层的相关人员就开始动手操作。这不就是典型的自上而下吗？其实仔细拆解这句话会发现，老板只是给了初步的方向和需求——希望有这样一个模块，至于如何设计出差模块，我们还需要和相关部门的人员进行沟通，看看他们对于该模块有哪些想法，希望具备哪些具体功能。

与自上而下的演绎相比，自下而上更像是归纳——由各个功能点向上归纳出一个共同目标。

矩阵结构

矩阵结构与传统的层级结构相比，没有明确的纵向关系。为了清晰地表述矩阵结构的含义，笔者在这里引用《用户体验要素》[①]一书中的一段话。

> "允许用户在节点与节点之间沿着两个或更多的维度移动。由于每一个用户的需求都可以和矩阵中的一个'轴'联系在一起，因此矩阵结构通常能帮助那些'带着不同需求而来'的用户，使他们能在相同内容中寻找各自想要的东西。举一个例子来说，如果你的某些用户确实很想通过颜色来浏览产品，而其他人偏偏希望能通过产品的尺寸来浏览，那么矩阵结构就可以同时容纳这两种不同的用户。然而，如果你期望用户把这个当成主要的导航工具，那么超过三个维度的矩阵可能就会出现问题。在四个或更多维度的空间下，人脑基本上不可能很好地可视化这些移动。"

矩阵结构

如果继续用前文中介绍的家族图谱表现层级结构，如下图所示，每一个平行的层级就代表其具有同辈亲戚关系。

---

① 杰西·詹姆斯·加勒特 . 用户体验要素 [M]. 范晓燕，译 . 北京：机械工业出版社，2019.

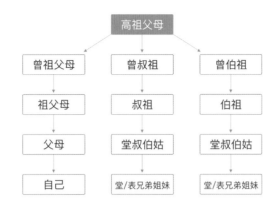

以家族图谱为例展现矩阵结构

自然结构

自然结构会根据某些特定条件的变化进行适当的调整，如某大型平台的智能推荐系统，就是根据不同受众群体的喜好和行为投放不同的内容。运用自然结构比较出名的要数头条系相关产品——随着用户使用频率的提高，后台的数据算法就会根据用户喜爱的内容进行精准推送，以提高用户的黏性。

自然结构

自然结构有一个明显的弊端：如果用户下次想继续访问这条信息，那么由于自然结构的随机特性是无法保证用户下一次浏览时还可以继续看到该条信息的，因此相关人员在进行产品设计的时候就需要考虑到这个需求，设计"历史记录""浏览足迹"等功能。

无论是什么结构，其实它们都是一种包含和共生的关系，只是在不同场景中需要运用的结构不同罢了。

"高内聚低耦合"逻辑

常规来说，推出一个从 0 到 1 的产品是一件极具挑战的事情，但与产品迭代相比还略显轻松，因为新产品是从 0 开始设计的，完全不用考虑之前的内容，如业务逻辑和数据逻辑等。至于产品迭代则应考虑到旧版信息结构需要和新版信息结构相匹配，这样才能确保新增的设计内容可以被顺利地移植到原有数据库中。

我们通过观察数据库会发现，后端开发人员通常使用表格作为数据存储形式以映射出相应字段类型和信息架构之间的关系。这些内容不仅包含了数据结构，还包含了业务逻辑和各种模块之间的联系，如果交互设计师或架构师足够专业，建议可以利用原有的数据结构、业务逻辑和各模块之间的联系梳理新版产品的信息结构。

数据库的建立一般会遵循微服务架构的"高内聚低耦合"逻辑，如 ERP 系统中不同的模块就是从逻辑上将系统整体细分为独立子系统，然后通过某些数据进行串联。如下图展示的内容，它清晰地解释了"高内聚低耦合"的含义。

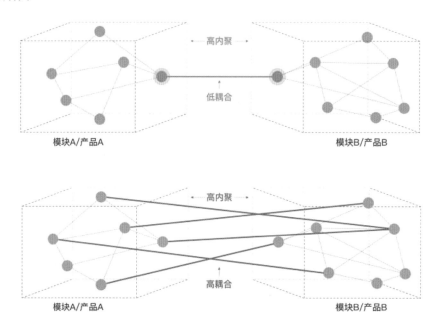

高内聚低耦合对比高内聚高耦合

耦合主要描述模块之间的关系，也就是上图中的"粗线条"；而内聚主要描述各个模块内部的颗粒度大小，把内容相近的信息放在一个模块分区之中，也就是上图中的"点的聚集"。

> 高内聚：独立模块内部的数据关联性越强，则表明内聚程度越高，模块整体的单一性也就越强。因此为了增强模块的彼此独立性，单个模块应尽可能独立承载某个功能。反之，如果内部信息低内聚，无论是在后期的维护、扩展方面，还是在重新架构方面都会相当麻烦，无形中增加了开发成本。

> 低耦合：模块之间存在相互依赖性，所以一旦改动某个模块可能对其余模块造成影响。有一个常识相信大家都知道：内容越相近的模块，其耦合力肯定越强，模块之间彼此的独立性就越差。例如，使用出差功能肯定会调用组织架构的信息，也就是审批。如果我们通过直接调整数据的形式选择审批人，那么这就是强耦合（因为直接调整数据了，相当于插手了另一个模块的事情）；若只是通过在数据结构层面与组织架构模块交互，也就是提供接口，那么这就是弱耦合。

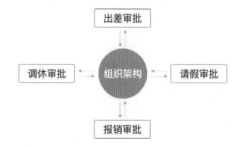

无论是出差、报销还是请假，只要涉及审批都必须统一调用"组织架构"独立模块的数据

通过这样的方式，只要涉及审批，无论是出差、报销还是请假，我们只需要调用一个数据库接口即可。如果要修改也只需修改一个数据库即可，所带来的好处是显而易见的。

以上是关于高内聚低耦合的基本概念。通过阅读前文，相信大家肯定都知道通过调用接口的方式进行数据调用是最佳选择。模块之间的独立性越强，越利于扩展、维护和进行单元测试等操作；反之，如果模块之间的独立性弱，则会明显地增加开发成本并降低开发效率。

"高内聚低耦合"的逻辑在数据层面给了相关人员在梳理产品结构方面一些启发——尽量做到在单个模块内部先处理好已知和未知的信息，然后只需提供某些接口配合其他模块的工作。这就像我们工作中的协同配合。接下来以产品研发流程为例详细介绍这种逻辑。

> 我们可以将产品经理、设计师、开发人员和运营人员比作四个独立的模块。产品经理会先完成职责范围内的相关工作，然后只为设计师提供需求文档、功能清单和原型图即可。而设计师需要先消化前一阶段的资料，然后设计好相应的设计稿，标注并切图，之后将设计稿转交给开发人员。产品开发出来后，运营人员开展相应的运营推广工作。以此类推。这就是一种高内聚低耦合的现象。

> 但如果产品经理没有处理好职责范围内的相关工作，那么无形中会提高设计师的工作难度，这就是低内聚高耦合的表现。

总之，为了方便自己，也为了方便他人，无论是协同还是设计产品，都应尽量先在单个模块内部处理好相应的事情，然后只需提供某些信息衔接各个模块即可。

六大原则

在梳理信息结构时，为了保证效率和实际效果，要遵循以下原则。

梳理信息结构的六大原则

目标一致。这个原则主要是针对用户、产品和业务目标而定的原则。用户需求对应用户在使用一款产品或一项服务时的目的；产品目标对应产品目的；业务目标无外乎盈利或实现价值，此处的盈利并不是单纯地使产品满足用户需求从而促进消费这样简单。

> 举一个前文提到的例子，商场在自动扶梯和直立电梯的空间设计上动了"小心思"——扶梯与扶梯之间距离较远，这样就可以促使顾客经过更多的店铺，此时不论顾客是否进店，只要经过门口的次数增多，就有提高店铺客流量的概率，从而增加店铺的销售额。

映射到产品中就需要通过对信息架构进行梳理，选择合适的信息结构形式，尽最大可能提升产品的某项关键数据，从而实现业务目标。

逻辑统一。信息的组织必须遵循某些特定的逻辑，这样才不至于让用户在使用产品的时候产生"跳出"的感觉。遵循这个原则的好处就是用户在使用产品的过程中，不会因为有太多的标准而摸不准产品的"骨骼"。

分类独立。与高内聚低耦合类似，就像 ERP 系统，各个模块之间需要保持独立，同一层级（模块）的分类应相互独立，尽量减少产生交集。

功能扩展。在保证分类独立的前提下，各个模块还要具备扩展性。各个模块不仅需要在现有基础上进行扩展，还需要保证原有功能也能适当地接入新功能的扩展内容。假设微信右上角的"+"号是新功能，而"发现页"中的"扫一扫"是原有功能，那么根据用户需求，右上角的"+"号如果有必要是需要包含"扫一扫"这项功能的，这就是一种新、旧功能的相互扩展和接入，其目的都是一样的。

微信"扫一扫"功能的相互扩展和接入

功能扩展原则可以说是一款产品或服务最核心的原则之一。产品是有生命的个体，它会随着时间而成长——从基础需求的实现到产品功能逐渐饱和。为了满足用户不断增长的需求，在尽量不改变原有信息组织形式的基础上想要合理地把新功能接入，就需要做到"考虑到旧版的信息架构需要和新版的信息架构相匹配，这样才能确保新增的设计内容可以被顺利地移植到原有数据库中"。

因此，一套有用且好用的信息架构和组织形式必须具备"成长和扩展"的能力，而不是"写死"。也许一个新的需求加入之后会出现和当前架构不一致的情况，那么就需要交互设计师重新审视产品整体架构和形式，并在原有架构的基础上做微调。

范围适应。信息架构和组织形式要根据产品当前的需求进行组织，如在广度和深度方面进行调配。

- 在广度方面，广而浅的组织形式可以使产品通过较少路径实现目的，缺点就是选项过多，用户决策变得困难。
- 在深度方面，深而窄的组织形式可以减少选项，从而提升用户的决策效率，但是会导致某个功能点的路径太深，不易被用户察觉或使用。

因此，结合目标一致和功能扩展两个原则，设计师需要从最合适的体验角度去考虑适合产品的组织程度。

设备差异。设计师需要根据不同的设备、不同的使用环境或场合，对信息结构进行适当的调整。例如，移动端的微信有"扫一扫"和"红包"功能，但 PC 端的微信就取消了这些功能，这是由于设计师考虑到了移动端微信和 PC 端微信的使用场景不同。

关于组织形式，业务方认为越深越好，以体现出产品体量大；而体验设计师则认为越浅越好，以助力用户快速进行决策。

在组织过程中要谨记产品所要表达的不是整个过程一共需要多少步骤，而是用户是否认为每一个步骤都是合理有效的，以及当前的步骤是否能够和上一步自然地衔接，这样的组织层级才是合适的，而不是为了扩展而扩展。其实有时候业务（商业）和用户需求的目的是相通的——用户的体验好了，自然也能够带动业务增长，二者并不是时刻保持对立的关系。

4.2.3　血液循环——信息流程的设计

为顾客创造价值的是流程，而不是哪个部门。

——管理大师，加里·哈默

由需求转化而来的功能必须依附于完整的信息架构，这样才能保证产品有一个完整的骨架，以支撑起全部的功能。前文我们介绍了信息结构的组织方式，即骨骼与骨骼之间的连接方式。除此之外，想要让产品实现流畅运转还需要血液循环供给骨骼所需的能量，也就是针对信息的流程设计。

流程是什么

从字面上理解，流程就是水流的路程，想要让水顺畅地流动，就需要有一条顺畅的河道。在产品中有多个功能节点，各个节点之间的连接会形成一条路径——从 A 到 B，从 B 再到 C，顺序是流程的方向，而将三者所连接起来的路径就是河道。那么既然是水流，肯定有其依赖的地理环境，这就像我们的信息结构依赖于信息架构，结构按一定的方向进行连接也就成了流程。

信息结构和信息流程的区别如下图所示。

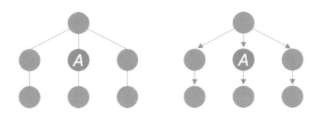

信息结构和信息流程的区别

也许有些读者认为："像思维导图那样把父级、子级、孙级串联起来，不就是针对功能的先后顺序进行的串联吗？"其实这样的串联只能算作产品在结构层面的串联，而非流程层面的串联。

流程的重点在联系上，也正因为有了联系才有了可供数据流转的路径，而数据的流转正是流程的核心意义所在——想要达成某个目标就必须通过数据（和信息）的流转方能完成，而功能就是促成数据流转的最小化节点。至于如何让功能更高效，那就是流程设计的任务了。

下图是我们在日常办公过程中经常会接触到的审批流程。在这段流程中，审批发起人李明为了实现报销的目的，就必须经过层层审批，而部门经理、总监和总经理就是这段流程中的流程节点。由这些节点进行层层审核之后，李明的报销申请才能到达财务部门，数据也才能完整地进行流转。

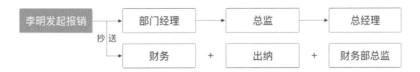

审批流程是我们在日常工作过程中经常接触到的一种流程

流程设计的最终目的是方便各项数据在需要的地方进行正确流转。一般来说只要涉及数据流转的场景，就都有流程的存在，如在沟通流程中双方的沟通信息的流转、在离职流程中各项资料的流转等。

笔者以购物流程为例，总结一下信息架构、组织形式和流程设计的关系。

> 整个商场大楼的布局就是它的"骨骼"，也就是信息架构，所有人都必须基于商场的"骨骼"进行销售、运营和购物。

> 楼层如何分类、每个楼层的商品类目是什么等，这些就是信息的组织方式。

> 如何引导消费者进行购物，这就是流程设计师要做的事情了。例如，消费者从正门进入商场，如何引导消费者逛更多的店铺，在引导的流程中又有哪些操作可以增加销售额。

流程设计除了能够起到引导的作用并疏通路径，还可以影响产品或服务内部的结构和逻辑。就像审批流程中的节点，肯定不能出现从总经理到总监，再到部门经理的情况，所以它在一定程度上还可以审核和验证信息架构、功能需求是否完整，路径的导向是否正确。这只是关于流程导向单方面的问题，在一些涉及多方协同的场景中，流程设计还能避免一些大纠纷的产生。

> 以电商退货流程为例，假如李明（消费者）有退款需求，点击"退款"按钮后，相应的退款数据肯定会顺着路径导向下发到商家端进行审批。如果此时商家驳回消费者的退款申请，数据会回到李明处，待李明修改退款申请后再次下发给商家，无限循环，显然这样的流程设计是不合理的。所以，我们就要适当地在流程中加入"客服"角色进行协调（第三方介入），这样才是一段完整的退款流程。简化的退款流程如下图所示。

简化的退款流程

好的流程设计不仅可以起到引导作用并疏通路径，还可以让多方数据在流程既定的前提下实现有序流转。

流程设计的分类

流程设计是一种统称，按照性质或属性进行区分，流程设计还有很多种类，如产品内部的功能跳转属于功能流程、界面切换属于页面流程、数据流转属于数据流程等。不同的流程有不同的表达方式和沟通方式。

从功能属性方面进行划分，流程大致有以下四大类型：业务流程、功能流程、页面流程和数据流程。四者虽然都有一个共同的名字——流程，但其适用性却不同，因此其作用场景也不同。流程的四大类型如下图所示。

流程的四大类型

业务流程。它是在构建产品之初就必须考虑到的一种流程类型。业务流程就是围绕业务而展开设计的流程。该流程有着极为严格的先后顺序，而且业务本身所涉及的内容之广也决定了它涵盖的路径非常复杂，再加之先后顺序的设定也直接增加了业务流程设计的复杂程度。所以，为了给业务流程减轻压力，在独立个体之间（也就是模块内部的高内聚）会针对不同的工作内容和职责进行分工。

下面以手机的 0 ～ 1 的过程为例，简单介绍一下和业务流程相关的内容。

手机制造业务的流程设计

一款手机在卖给消费者前，都需要先经过相应的公司授权相应的工厂（A）进行制造和组装，之后由供货商（B）供货给代理商（C）进行零售，最后才能到消费者（D）手中。

至于工厂是如何完成手机制造和组装的，供货商又是如何供货的，代理商又是如何进行销售的，业务流程并不关心。它只看大方向上的内容流转和产出是否可以形成良性链条，也就是产业链和供应链是否完备。至于某个环节内部具体如何执行，那是环节内部的事情，和业务并不相关。

不难发现，业务流程其实就是从全局视角审视整个业务脉络，即从全局视角审视整个产业链和供应链的发展。它不会关注细节是如何实现的，它只需要确保大方向不变。

如何在业务的基础上提升生产效益或创造更多的价值呢？业务流程同样可以给出好的建议。

某企业可以对原材料的加工环节进行监督以实现资源的最优配比，这样就可以降低成本；同时剔除供货商和代理商在中间赚取的差价，设立直营店，将产品直接卖给消费者。

从业务流程的角度切入，上述案例中的企业就是在流程上降低了企业的运营成本，同时还提升了产品对市场的响应速度。这样的操作在对各个流程进行优化的同时也使企业的利润最大化，可谓一举多得。

从全局角度调控关键业务，对企业运营有着重要的指导意义——它可以帮助企业全方位地评估资源，使企业在发现流程中的弊端和制度的缺失时可以"快狠准"地采取相应措施。

功能流程。它是直接反映在功能中的一种流程。如果将多个功能进行集合，那么多个功能流程又可以定义为**任务流程**——任务如同一个模块，而功能就是内部的集合，即高内聚。它是用户为完成某一任务所需要用到的功能集合，如用户想在爱旅行 App 上定制一条旅游线路，那就需要按照顺序依次操作"选择线路—查看评价—咨询客服—下单"。

下图是传统旅行社从线路设计到出团结束的业务流程图。

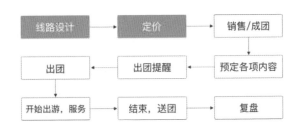

传统旅行社从线路设计到出团结束的业务流程图

下图是针对传统旅行社业务流程中的"线路设计"和"定价"流程而进行深入设计的功能流程（以任务级别展示为例）。

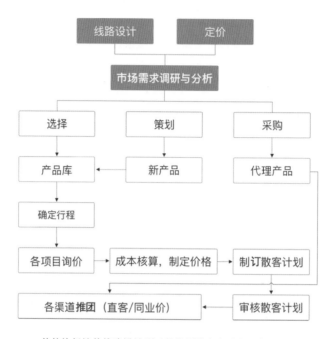

传统旅行社从线路设计到对外推团的任务流程（部分）

对比之前的业务流程图不难发现，功能流程其实就是对某项具体业务进行细化的一种流程类型，它比业务流程更为精细和复杂，会将各个任务点落到实处以方便执行。这种做法既可以为业务流程减轻负担，也是为了加强业务内部的联系。

此外，在功能流程中如果加入操作行为这一要素，又可以称之为**操作流程**。既然涉及操作，那么相应的功能流程肯定就有所不同，如在报销审批任务中，会出现"审核中""已通过""被驳回"等多种状态。所以在操作流程的设计中，凡是出现的状态变化都要在流程图中一并体现。

操作流程会涉及功能状态的变更，如有必要需要在流程图中体现出来

值得注意的是，操作流程必须经人为操作才能实现目的，因此它不能单独运行，必须依赖于某些行为或载体。

我们再将功能落实到产品页面，也就是视觉表现上，就形成了**页面流程**。因为一个页面可以同时包含多个功能，所以页面流程同时涵盖了操作流程和功能流程。下图展示了携程旅行"从筛选到下单"的页面流程。

携程旅行"从筛选到下单"的页面流程图

下图为携程旅行"从浏览到下单"的操作流程图,标红部分为操作流程,不难看出,操作流程依赖于功能流程和页面流程(作为载体)。

携程旅行"从浏览到下单"的操作流程

最后一个流程是在正常使用场景中不易被察觉的**数据流程**。数据流程一般只存在于前台和后台的数据交互中，体现为前端向后端发起调用接口申请，然后后端从数据库中返还数据的一系列数据交互过程。这样解释可能不好理解，笔者以"使用键盘打字"的行为为例。

　　使用键盘打字其实是对功能流程的使用，毕竟我们能够感知到的最小的节点就是功能。然而，在功能实现的背后却需要一系列复杂的数据交互过程——键盘同计算机进行数据的交互（输入），这样才能在屏幕上显示文字（输出）。李明在键盘上（界面流程）分别敲击了 A、B、C 三键各一次（操作流程），键盘识别出用户依次键入了 A、B、C 各一次（数据流程），于是经过主机的数字信号转换反馈到屏幕上，屏幕此时就按照键入的先后顺序依次显示（输出）了 A、B、C 三个字母（界面流程的反馈）。下图是键盘、主机和屏幕进行数据交互的流程图示。

键盘、主机和屏幕三者之间所进行的数据交互

因此，数据流程是操作流程、功能流程、页面流程乃至业务流程的最基础的支撑。从宏观角度来讲，如果没有数据的流转，很可能就没有功能、页面和业务的运转，毕竟数据才是构成所有流程的最小单位，至于最小化节点只不过是承载提供数据交互的一个节点罢了。

对数据流程有了一定的了解，我们再来聊聊数据流程对用户体验的影响。其实大部分的影响都在数据反馈和延迟方面，如在信号差的场景中，在地铁、地下室或郊区等环境中。

> 当用户点击"提交"按钮后，按钮的功能状态没有发生变化（也就是未置灰），那么此时用户就会认为未提交成功，从而产生重复点击"提交"按钮的行为（其实提交成功了，只是信号不好，系统数据没有进行及时响应罢了）。这就和现实生活中的灯的开关一样，虽然按动开关后灯亮了，但是由于开关没有发出"啪嗒"声或震动反馈，我们心里总会有点"不适应"的情绪产生，从而会留意开关的情况，甚至会重复按动开关，以验证开关是否出现了问题。

这样的现象看似是信号差导致的，姑且不说对用户造成了多大的困扰，单纯地从数据层面出发就会发现数据被多次重复提交，如果数据量大，严重一些还会形成后台数据交互的冗余。最好的解决办法就是在交互或视觉方面进行约束，如前端单方面识别到用户点击按钮之后随即置灰（也就是给出相应的反馈，这种反馈既可以是视觉反馈，也可以是触觉反馈等），以避免数据被重复提交。这也是要在操作流程中标明不同操作产生不同状态的一大原因。

此外，数据的输入和输出也是需要一个过程的，而这个过程（也就是流程路径）如果顺畅则系统响应快速，用户也就感觉不到数据之间的交互过程了；反之，如果这个过程卡顿，如信号不好，就会造成系统响应延迟，用户的等待时间也就被相应拉长，用户从视觉上也能明显观察到计算机内存不足（卡顿），在敲击键盘进行输入时，屏幕的输出也有延迟。

流程图的结构

对流程设计的分类有了充分了解，下面我们再来聊聊流程需要如何表达。

通过阅读前文不难发现，流程的表达在一开始主要还是依赖文字。虽然文字可以起到表达流程逻辑关系的作用，但是描述繁杂且不易被感知，因此由文字可以"演变"出图文结合的表达方式。与文字描述的繁杂相比，图文结合的形式作为可视化的媒介可以降低表述的难度，而且更容易被感知。

常规的流程图主要有三种结构：顺序结构、分叉结构和循环结构。

三种流程结构

顺序结构不难理解，就是按照从 A 到 B 再到 C 的顺序，是由信息结构组织方式中的线性结构演变而来的——在线性结构基础上加上了顺序指向。

顺序结构

分叉结构是基于顺序结构而进行的扩展，就像树枝的分叉一样，如当某些功能的后台判定条件为 ture 或 false 时，就会出现不同的分叉。最典型的例子就是河流的分支——一条主干河流分出许多不同的支流。

分叉结构可以说是流程图的核心，正因为有了分叉结构才使一款产品可以同时具备多个功能点。

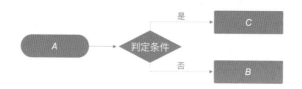

分叉结构

循环结构同时涵盖了顺序结构和分叉结构。例如，可以基于顺序结构形成一个闭环：首页—搜索—浏览—下单—完成—返回首页。当然，也可以基于分叉结构形成一个不一样的循环——在审批流程中，如果审批申请在某个节点被驳回，则整个审批流程也应从头开始。

循环结构的特点是在流程的循环过程中，只有流程循环起来才能不断地产生新的数据，这样也才能确保产品内部的逻辑可以形成一次良性的循环互动。

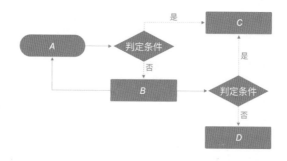

循环结构

介绍完了三种流程结构，下面我们再来聊聊关于绘制流程图的一些规范。

流程图是我们平时经常看到的一种图，如医院就诊流程图、会员免费领取流程图等。下表展示了绘制流程图时会频繁用到的图例，仅供参考。

流程图图例规范参考

图例	名称	意义
A	开始或结束	流程图的起始点
B	操作	步骤、任务、功能、操作名称
C	条件或判断	判定条件名称
→	指向路径	**流程的衔接**，箭头代表方向
Y / N	注释	解释说明（常用于判定）

笔者认为，流程图的绘制参照规范固然重要，但规范并不是金科玉律，它只是一个参照标准。我们可以在保证逻辑流程不变的前提下，适当地打破规则，在确保团队成员都能看懂的前提下，适当对流程图进行扩展，如圆形、三角形的加入同样也可以丰富图例展示的效果。

尤其需要注意的是，流程图的美观程度固然重要，但对流程和逻辑的思考才是用户体验设计师的核心竞争力，千万不能本末倒置！

流程设计

市场上常见的流程图绘制软件有 EDraw Max、Visio、Power Designer 等。面对众多的流程图绘制软件，用户体验设计师只要精通其中一种就可以解决日常工作中的大部分问题。下面笔者结合实际情况带领大家绘制旅游行业提交资料任务的流程图。

首先，我们要先把传统旅行社线下提交资料的任务流程绘制出来，关于这份流程图大家可以在网上自行搜索，也可以参照下图，具体的绘制方法这里就不多介绍了。

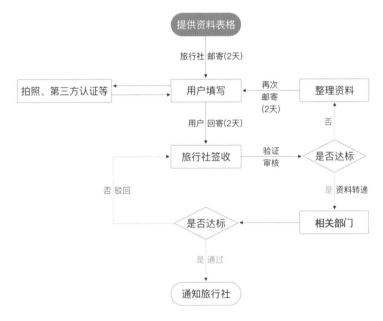

传统旅行社线下提交资料任务流程图

根据上图，我们先明确一下本次绘制流程图的目标：设计一个线上旅游平台——爱旅行。思考一下，我们能否通过传统旅行社线下提交资料任务流程图挖掘线上产品和线下产品的区别和痛点呢？也就是说，我们能否将"线下流程线上化"？

通过挖掘，我们可以发现下表中的痛点。

问题挖掘清单

流程	问题	解决方案
邮寄	中转时间足足消耗了近一周	转为线上办理。旅行社直接将资料放在平台端，用户自行下载更新资料 更新完成后，平台通知旅行社签收核对

续表

流程	问题	解决方案
第三方认证	用户需要自行前往，进行拍照和第三方认证；认证完成后，还需要将相关资料自行寄回旅行社	平台提供在线一站式服务，用户只需要动动手指，提交相应书面材料即可
旅行社签收审核	旅行社需要人工审核，费时费力，效率低下	平台研发智能审核系统，直接在平台上发布统一格式的资料供用户填写，方便系统进行智能审核。必要时，可以人工介入进行多次审核
资料转递	各项资料复杂且多；在资料的归纳方面内容出现问题	平台通过智能审核系统，对各项资料进行智能归档，且云端会存有备份，避免资料丢失

线上旅游平台在很多方面具备了传统旅行社所不具备的优势，如线上推广、产品详情展示、线上咨询和线上递交材料等，我们可以把这些优势都考虑进来，把它展现在改版之后的线上任务流程图中。因此，综合现有流程和线上旅游平台的优势，相关人员设计出了一套新的流程，以提升各个环节之间的运转效率（仍然以提交资料为例）。

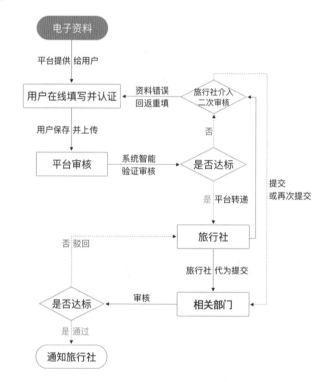

线上旅游平台提交资料任务流程图

如上图所示，把"提交资料"这项任务从线下转移至线上，无论是对用户、商家还是对平台来说都节约了大量时间——同一份资料为中心，不同的端口可以在爱旅行 App 上进行多次下载，用户只需要进行一次资料提交即可，免去了用户同时向多个端口提交相同材料的烦恼。除此之外，线上旅行平台还可以进行"智能审核"，这样不仅提升了效率，而且节约了大量的人工成本。

不过，这张图还没有完全绘制完。根据上图我们可以发现，在流程流转期间会涉及多个端口或平台的频繁交互，所以流程中不应该只出现用户端，还要囊括商家端、中台、客服端等。

不过凭借我们目前所学尚不足以绘制如此复杂的流程图，毕竟它已经涉及业务层面的内容。那么该如何在一张图中将任务和业务同时体现呢？

在结构图的基础上升级的"泳道图"不仅可以体现各个业务方之间的流程联系，还可以表达各个业务方之间的任务关系或业务关系。

泳道图，顾名思义，它就像游泳比赛专用的泳道一样，一个业务方只能在自己独立的泳道上活动。在泳道图中，横向展示的是平台、业务方、渠道方、销售方、用户等，纵向展示的是各个流程，也就是业务流程、功能流程、操作流程、页面流程、数据流程等。

下面以"线上旅游平台提交资料任务"为例，简单展示了基于业务流程的泳道图。

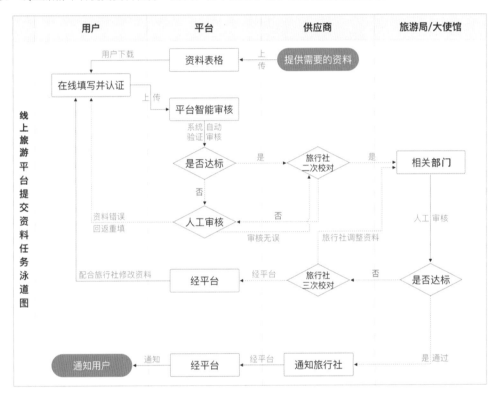

线上旅行平台提交资料任务泳道图

泳道图的绘制方法和流程图的绘制方法一致，只是适用场景不同罢了——它比较适合运用在多方业务进行信息交互的场景中。

"四要一不"

相关人员在设计流程图时考虑信息流转的全局性固然重要，但一些细节问题同样需要重视。笔者将一些注意事项大致归纳为"四要一不"原则。

流程要全面

市场上有很多设计师在进行流程设计时将重心放在用户端的流程上——特别详细地绘制用户端的状态变化、

分支设计细节等，却无法从全局视角看待问题，这样往往会忽略流程中其他端的相关内容，如线上和线下的互通，用户端、商家端和平台端的数据交互等。以电商流程为例，它不仅涉及线上用户，而且涉及线下用户——线上的流程仅限于线上平台，但是物流和签收却需要在线下流程中完成。所以相关人员在进行流程设计时一定要考虑全面，尤其在面对多场景、多维度的协同时，更要考虑清楚流程在不同泳道间的交互情况。

除了跨平台，一款产品是否可用，流程的闭环也是至关重要的因素。有些设计师虽然考虑到了线上流程和线下流程的相辅相成，但是到了线下的最后一个环节——签收之后，用户往往会忽略要在线上平台进行"确认收货"操作。

场景要结合

为了确保流程的全面性，我们还需要考虑到场景要素。当然，场景不限于实际的环境变化，如"客服介入"就是在任务节点上的场景考量。对路径长度的控制也需要考虑场景要素。如果单纯地为了缩短路径而缩短路径，完全不考虑缩短路径的价值在哪儿，就会让某些流程失去存在的意义。

状态要关联

在流程图中，不同的状态是产生分叉的主要原因，也正是有了状态的变化，流程图才会变得复杂。下面以ERP平台的单据变化为例。

单据一般指订单、审批单、报销单和退款单等，这些单据除了会影响当前模块，同时还会影响其他模块。例如，一个简单的退款流程，就会涉及用户端和商家端，还有资金流向和资金的状态变化。因此，在某些特殊场景中，设计师一定要考虑到用户操作之后的状态变化会对哪些流程及哪些端口产生影响。

如果是简单的状态变化可以直接在流程图中体现，但如果是复杂的状态变化，如涉及多端变化，那么建议新建一份状态流程图，配合主流程图一起使用。

结果要标示

一段流程的结束必然伴随着结果的出现，此时需要注意的是一些异常情况的出现，如与服务器断开、页面丢失等。

因此在流程设计完成后，建议设计师对流程进行校验。校验的目的不仅是查漏补缺，更多的是发现是否有一些细节没有考虑到，检查一下该分支是不是一段单向流程、会不会发生无法返回的情况等，甚至要考虑到极端情况，如用户并没有按照正常流程使用导致页面出现异常。

线条不能乱

线条布局混乱这个问题是大部分设计师在绘制流程图时的通病。简单的流程还好说，几条线就能够将逻辑展示清楚，然而一旦涉及复杂的流程，线条相互交叉，后续对接的同事一不小心就会看错了。

如下图所示，从"平台—工审核"到"供应商—旅行社二次校对"之间就产生了线条交叉，建议将线条适度弯曲。

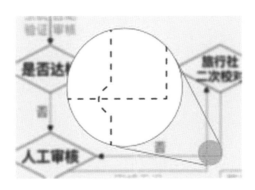

线条之间的重叠可通过线条弯曲来展现

一份优秀的流程设计文档有助于团队的全体成员对业务、用户、产品和功能有一个清晰且明确的认识。笔者在工作中就遇到过一些无奈的情况，如不专业的产品经理或交互设计师所交接的低保真原型图，乍一看内容还挺多，但仔细琢磨里面的内容会发现，任何跳转或备注信息都没有。这样的原型图交给后续的 UI 设计师，UI 设计师犹如进入迷雾森林，在"茫茫原型"中一下子就失去了方向。这也是笔者把这一节放在信息架构之后、原型设计之前的主要原因——只有明白了所有数据之间的流转关系，才能开始着手进行原型设计。至于流程图的内容，不仅要自己能看懂，更要让团队中的其他成员一目了然。

至此，从产品所处的商业模式到进行产品定位，执行各项调研活动，再通过对需求的梳理和挖掘得出本次设计所需要的内容，最后通过对产品结构的梳理及流程设计，相信设计师对前期那些模糊又抽象的概念、想法和需求的认知变得清晰起来，对整款产品也有了一个相对清晰的轮廓。

接下来，我们就要进入从"意象"到"具象"的阶段，也就是交互原型的绘制。相信这是大部分设计师的强项，毕竟原型好看与否在一定程度上能够决定设计师在团队中的地位和影响力。不过不要忘记，画得好和头脑好是两码事，二者孰轻孰重，诸位读者一定要"拎得清"。

05

原型绘制

在第四章，我们对需求和信息架构进行了梳理，目前来看已经可以开始进行产品设计了。

但是信息该如何用于产品设计，并做到贴合用户的使用行为和心理模式呢？答案是：进行交互框架的植入。

从严格意义上来说，交互框架属于交互设计的一个重要组成部分，除了框架，我们还需要将其他不同学科的知识作为理论支撑。所以，这一章笔者主要介绍交互设计的核心——交互思维，从原型图的设计一直到交互思维的培养，从 0 开始带你跨入交互设计的殿堂。

5.1 从手绘稿到原型图

5.1.1 原型图

原型是思维的可视化，也是最具说服力的形式之一。

经过前期的需求调研和对产品架构的梳理，相信此时我们对产品框架和功能设计已经有了清晰的认识。下一步我们要做的就是对方案进行可行性推演，以验证功能是否可行，同时还要评估该方案后续要投入的资源的多少，如人力、时间和金钱等。不过，这些内容大多存在于人们的头脑中，我们应该采用何种方式将这些内容可视化呢？

我们接下来要做的就是借助"产品原型"将头脑中的方案可视化。这里所说的"原型"可以是任何形式的，最常见的就是文档，比如手绘稿、电子稿、线框图等。

原型图只需要表达最基础的框架和内容，至于视觉表现可以弱化

原型图最大的优势就是可视化，它有助于所有参加评审会的人对产品的功能和产品结构进行全方位评估，这比简单的口头描述更加清晰、具体。

除此之外，在设计过程中原型图还可以帮助我们重新梳理产品框架，甚至在某些场景中还能为设计师提供不一样的解决问题的视角。

原型图适用于任何阶段

遵循常规流程，原型图的设计一般在明确问题之后、UI 设计之前。然而实际经验告诉我们，原型图在研发流程中占据着重要的位置，它并不会被局限在某一阶段，因此它可以在任何时间、任何场景中发挥其应有的价值。

试着回忆一下：当我们向他人表达某些抽象的想法时，是不是会不自觉地用手来回比画，甚至有时候还会拿出纸笔画起来，这就是原型图最初的模样——手绘稿。虽然手绘稿所包含的内容不是很完善，但利用其可视化的形式，并结合适当的口头描述，相信人们会凭借所接触到的内容自行理解设计师所表达的意思。

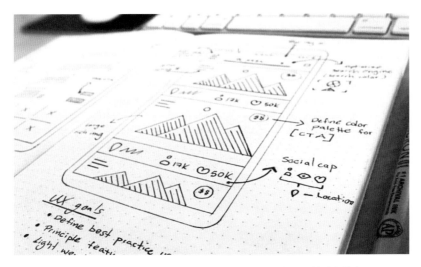

手绘稿是较为初级的原型图，也是产品最小可行性展现的最佳媒介

绘制原型图的思维模式

在规范的研发流程中，原型向上承接了前期的需求调研，向下指导着后续的设计及开发工作。

而在这个衔接的过程中，原型图所展现出来的产品功能是否完善、内容是否完备决定了产品研发的效率。因此，流程中的所有参与者都会对原型图进行评审，如结合原型图，先预演一遍方案是否可行、某些功能能否落地、可行性如何、可用性又如何等。

如果方案还不完善，那么在交互评审结束后，设计师就需要设计新的方案。

原型图的"前因后果"

那么如何做到在评审会前就拿出一份可行的方案，避免后续重复改稿呢？这就要从新手设计师和资深设计师的角度来回答。

受工作经验和对产品的理解是否深入的影响，新手设计师往往很难跳出"第一个想法"的思维局限，他们总认为这个方案是可行的，只要逐渐深入和完善，就一定会成功——设计出来的交互稿往往都是遵循一个点，借由这个点逐渐深入方案的设计。

与新手设计师的工作方式不同，资深设计师会在前期明确显性问题和隐性问题，尽量让思考问题的角度"大而全"，避免思维局限，然后尝试制定"小而精"的解决方案。这样的工作思路很清晰，那就是先确定最可行的方向，而不是"瞄准一个点，一门心思往下钻"——他们会在前期将能够想到的解决方案先全部考虑一遍，然后在这些方案中找到最合适的方案并加以完善。待有了方向之后，他们再开始收敛思维，慢慢聚焦，最后产出一份可行的原型解决方案。

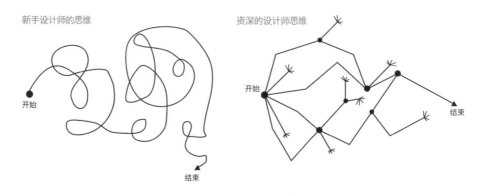

新手设计师思维和资深设计师思维的对比

通过上图不难看出，资深设计师会在不同的方案之间来回切换，在不断进行方案修改的过程中产生新的思路。敏捷的特性也成了原型图可以被应用在研发各个阶段的理由之一——可随时调整和修改，灵活性极佳。

完善原型图的过程

原型图的价值

原型图大部分的价值在其可视化之后才得以体现。原型图最大的价值在于它可以验证思维的合理性，并且便于相关人员提前进行预测试工作。在企业耗费大量资源进行产品开发前，原型图可以作为一种验证产品可行性的有效途径——从最基础的草图开始，到线框图、流程图、中保真图，再到高保真图，通过一步步的验证和测试，优化方案中的细节。这样既可以确保需求的合理性也为后续的产品研发节约了成本、规避了风险，同时间接提升了团队的工作效率。

原型图还可以提升全流程参与者的对接效率——在对接过程中，可视化的原型图可以提升团队的沟通协作效率，进而减少了团队成员对产品多维度理解的认知差异。

这样看来，原型图对于产品研发流程来说是不可或缺的存在。然而有些团队则认为绘制原型图纯属浪费时间，这也导致某些企业或产品经理直接罗列一份产品功能表对接设计师的现象发生。不过从长远效益来看，通过绘制原型图，我们可以知道方案是否可行和可用，并有机会进一步完善方案、不断优化方案。因此从价值层面出发，绘制原型图不仅不会浪费时间，反倒可以更快地找到合适的方案，以较低的成本实现最终目标。

原型图固然好用，但在产品快速迭代的背景下，产品经理或交互设计师对原型图的应用开始逐渐畸形，甚至本末倒置，出现利用原型图验证需求是否合理的做法。

通过下面两个案例来看看原型图是如何被"滥用"的。

案例一　在完成产品需求评审后（有些企业甚至连评审会都没有），产品经理或交互设计师会将绘制（修改）好的原型图交给 UI 设计师。当 UI 设计师拿到原型图后，发现原型图从总体上看没什么问题，但一看原型图的细节则漏洞百出，如页面的信息架构混乱、流程烦琐、布局不合理、交互不合理、功能点无法衔接等。

相信此刻 UI 设计师的内心是崩溃的，打回重绘，产品经理不乐意了，产品经理认为原型图很清晰，没必要重新绘制。

难道是产品经理的能力不足，思维逻辑不严谨，还是 UI 设计师的能力不足，看不懂原型图？

在产品快速迭代的大背景下，原型图粗制滥造，甚至仅被作为沟通的交付物而存在。不仅如此，受时间限制的影响，一些对原型的思考直接从想法演变为高保真图，中间的思维推导、方案构思、低保真图、中保真图，以及部分可行性测试、可用性测试全部被"砍掉"，这显然是不合理的。

所以，如果前期相关人员能够处理好各种细节，相信对于后续的视觉设计、前后端开发及最后的运维部署会有很大的帮助，当然也可以有效避免方案在评审环节出现纰漏，可谓一举多得。

案例二　小型企业为了节省成本，会让产品经理直接列一张产品功能表并将其交给 UI 设计师，让 UI 设计师直接对照产品功能表输出视觉稿，理由竟然是"产品经理画的原型图会限制 UI 设计师的想法"。相信此刻 UI 设计师的内心是有疑问的：限制？何来的限制？连产品的大框架和雏形都没有，就有了限制？

暂且撇开这些"怪谈"不说，单纯从企业管理者的角度来考虑，这样做或许是为了流程提效，这样的操作对一些小型项目来说可行。但如果是针对一些大中型项目，如平台级产品，仅给 UI 设计师一份功能表是完全不能阐述清楚产品的全部内容的，这样的做法只会导致相关人员对产品的理解出现偏差，最终导致呈现效果不佳。更何况，小产品迟早有一天会做大，为了避免后续出现问题，尽早绘制原型图才是正确的。

UI 设计师主要负责的是视觉呈现，承担一部分逻辑梳理（校验）工作也是分内之事，但在不了解业务背景和需求内容的前提下，就盲目地"帮忙"梳理产品细节不是"帮倒忙"吗？毕竟，前后流程参与者对同一产品内容的理解不同，这些会对后续的设计和研发产生重要影响。

某些企业会利用视觉稿验证需求是否合理——很多时候人们并不知道他们想要什么，直到你把它放在他们的面前，他们就"突然"知道自己想要什么了，然后就会开始"指点江山"。姑且不说在这期间产生了多少无用功，更重要的是对人，尤其是对设计师和开发人员来说无疑是一种心态的消耗。

通过以上两个案例不难发现，原型图的价值之一是为了让前后流程的参与人员对同一内容的理解保持一致，同时方便对接，然而很多产品经理、设计师乃至企业管理者都并未真正理解原型图的核心价值。

原型图的类型

我们来看看原型图的类型都有哪些。

与其说是原型图的类型，不如说是在不断深入绘制原型图过程中的几个阶段——低保真原型图、中保真原型图和高保真原型图。

低保真原型图就是想法的雏形，就像前文提到的用手比画和拿出纸、笔的动作，就是将抽象的想法通过简单易懂的方式表达出来。一般来说，在项目早期阶段适合使用低保真原型图表达想法，在这个阶段使用低保真原型图相对来说快捷、高效，同时可以起到发散思维的作用。

低保真原型图的绘制无须过于精细，只需要达到表达想法的目的即可

到了绘制中保真原型图的阶段，产品内容已经基本确定，可以在低保真原型图的基础上进行内容的补充和完善。一般来说，中保真原型图非常适合用于方案完善和过渡，但是它的完成度不高，因此并不具备可供修改和测试的空间。

不过，中保真原型图毕竟是原型图的过渡阶段，因此大部分产品经理和交互设计师都会从低保真原型图快速过渡到高保真原型图。

中保真原型图与低保真原型图相比会更加规范和清晰

高保真原型图在某些场景中具备了一定的可交互性，如果高保真原型图足够具体甚至可以将它当作测试用例。那么问题来了：既然高保真原型图可以被当作测试用例了，为什么还需要视觉稿呢？

首先，高保真原型图之所以被称为高保真原型图，就是因为它在细节方面还不具备美感或其他层面的属性，它依然是一个模型，与视觉稿相比，高保真原型图缺少了细节方面的优化，如 Icon 可能就是一个简单的贴图，甚至有些样图都是直接找现成的素材拼凑出来的。

其次，测试仅针对部分功能进行可行性测试和可用性测试——部分功能可以不用等到产品成型才开始测试，相关人员在原型阶段就可以尝试预判某些功能层面的问题，以实现敏捷开发，方便在原型阶段及时对产品的功能实现进行调整。当然，如全局功能测试、体验测试等还是需要等产品落地之后才可以执行。

从产品的完整度来看，高保真原型图已经初具产品规模，说明方案已经基本确定，产品的各项功能和需求也已基本确定，接下来就是对接 UI 设计师输出视觉稿了。

高保真原型图除了需要进行细节优化，产品的雏形已经显现

原型图的表现形式

一般常见的**手绘稿**就属于低保真原型图的一种表现形式，只是它比较粗糙。因此在低保真原型图阶段，我们可以按照从草稿（重思维表达）到初稿（重方案展现）的顺序逐步完成低保真原型图的绘制。利用软件绘制数字版低保真原型图也是低保真原型图的一种表现形式，只不过效率偏低，容易产生沉没成本，因此不推荐使用。

常规的低保真原型图都会考虑以手绘稿的形式展现，这种形式既方便又高效，便于快速构思方案，也不会产生沉没成本。

如果手绘稿足够逼真，后续也可以在此基础上进行细节的填充，直至完成高保真原型图。只是与利用软件绘制的原型图相比，手绘稿的重复利用率低，在后续工作中加以利用时存在明显的弊端。因此在中保真原型图阶段，强烈建议将手绘稿转换成数字版原型图——将手绘稿放在软件中，产出**灰模原型**（具备了布局和部分细节，但主要内容还未进行数字化转换的原型阶段）。

灰模原型常见的形式有很多，如线框图、交互流程图、中保真原型图等。

线框图+灰模

一般来说，灰模原型常常是由多种原型组合而成的

高保真原型图大多以**数字版**的形式亮相。产品经理或交互设计师会利用专业的绘图软件绘制高保真原型图，如 Axure RP、Adcbe XD、Sketch、Figma、Balsamiq Mockups 和墨刀等，这些软件不仅具备绘制原型图的功能，还具备交互功能，如脚本、路径、点击、切换和轮播等（如果技术允许，相关人员也可以利用这些软件实现复杂的交互效果，只是效率没有专业软件的效率高）。

相关人员还可以利用 ProtoPie、Principle、Keynote（PPT）和 Adobe After Effects（仅观看）等软件将基于高保真原型图的视图导出，制作成相应的**高保真可交互原型**，也就是常说的可交互 Demo。

当然，可交互效果不仅可以线上展示，如果不怕麻烦，相关人员也可以利用高保真的手绘稿（**纸质原型**）模拟现实交互。下图所展示的效果，就是将一张内部镂空卡片当作设备外框，然后将已经绘制好的原型图拼接成长图在屏幕上来回滑动，模拟用户在现实场景中操作产品；也可以通过纸张的左右顺序切换，模仿手指在屏幕上左右滑动分页的操作；此外还可以通过纸张的层叠、折叠关系体现页面的逻辑。

只是，纸质原型的操作效率低下，更适合运用在项目前期的构思阶段，如在进行用户访谈的时候，相关人员可以提供该模型供用户使用，让用户说出对产品的感受。

纸质原型

不论利用何种表现形式，身为设计师的我们始终要明白一点：原型图只是一种工具，是促进我们进行系统化思考的模型。不论其形式如何变化，都是用以提升工作效率的存在。

5.1.2　手绘原型图的优势

手绘的草图能够清晰地展现思考过程，它体现着你的想法。

方向永远比努力更重要

绘制原型图的目的是寻找最合适的解决方案，也就是寻找成功的方案。既然要寻找成功的方案，就必须先确定方向，这样才能在成功的道路上一直走下去。因此在开始绘制原型图之前，设计师一定要找准方向，否则后期做的都是无用功。

通过 5.1.1 节中"新手设计师思维和资深设计师思维的对比"可以看出，二者最大区别在于新手设计师容易"一条路走到黑"，而资深设计师则会花更多的时间思考设计方向——前期尝试各种解决方案，尽量做到一步一个脚印，随时反馈、随时修改和调整。

那么，设计方向又该怎样选择呢？怎样才能判断设计方向是否正确呢？这不得不从人性的弱点——懒，尤其是思维层面的懒惰开始说起。

新手设计师常常会将"第一时间想到的方案"当作合适的解决方案（资深设计师有时候也不例外），从而忽略了如行为方式的改变、时间因素的影响、资源投入产出比的影响、市场环境的影响等。毕竟经过快速思考得出的答案是比较节省能量的，但往往也会导致看问题的角度不够全面和客观，而且这些影响因素都可以直接或间接地影响方案方向的准确性。

丹尼尔·卡尼曼在《思考，快与慢》一书中认为：第一时间想到的方案往往都是出自系统一的思考。那么系统一是什么？它又具备什么特性呢？

《思考，快与慢》

系统一指的是"快思考""下意识"的行为，也就是快速反应。它是一种直觉系统，运行速度特别快，同时对脑力的消耗微乎其微，而且还不需要意识的参与。可以说，系统一的运行相当轻松，这也是为什么在遇到问题时人脑会下意识地优先调用系统一，同时也是人在思维层面懒惰的内在根源。

言归正传，明白了懒的根源，那么也就发现了在挖掘道路上的"路障"。接下来要做的工作就很简单——在绘制原型图时做到合理规避思维层面的懒惰。

方法很简单，让自己慢下来，多尝试有意识的思考就可以了——保持专注，主动控制思维，避免出错。因此在绘制原型图的时候，一定要持续地思考，探索更多的可能性。这样也就同步地解决了上述两个问题：设计方向该如何选择？怎样才能判断设计方向是否正确？

低保真原型图（手绘稿）的优势

成功的原型图都是从众多方案中脱颖而出的，也就是多方案比稿，通过对多种不同方案的探索，规避可能发生的问题，找到最合适的原型图。接下来，我们来看看如何进行多方案比稿。

想要进行多方案比稿，前提是要有多个方案，在项目初期利用低保真原型图不断尝试，如手绘稿就可以起到快速构思和阐述方案的作用，而且还不需要考虑成本，同时可以从多个角度论证方案的合理性和可行性。

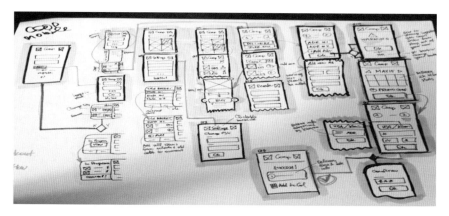

手绘稿的快速验证特性是电子稿所不能比拟的

毕竟每一个项目的解决方案在前期都是不明朗、不确定的，而低保真原型图正好适用于这个阶段，为正式设计留有足够的快速修改和讨论的空间。设计师可以在和需求方进行思维碰撞的过程中，不断找寻最合适的设计方案，同时利用手绘稿可以快速地将想法转化成实际内容，并快速进行验证。

手绘稿还可以帮助我们打破思维局限，审视设计方向，避免"一条路走到黑"的现象发生。

当然，笔者在这里也并不是强调在低保真原型图阶段一定要用手绘稿，大家也可以用软件绘制低保真原型图。只不过从以往的工作经验来看，用软件绘制的低保真原型图容易使设计师陷入思维定式；而且，电子稿改动的时候会比较麻烦，一旦面临大改，容易沉没成本——会使设计师在原型图设计方面消耗太多时间，甚至如果此时方案被否定，还会导致设计师后续不愿放弃当前方案，产生不配合修改方案的抵触情绪。

手绘稿的产出过程

手绘原型图就像画素描画，首先需要打形，只有"形"确定了，才能进一步填充细节。因此，手绘稿的第一步就是打形。当然这个打形并不是画出某种固定形态，而是要进行思维发散，目的是将一开始产生的定向思维打散、重组，重新构建更合适的方案。

前文也提到了，在进行方案设计的初期，思维才是最关键的，所以在进行手绘前一定要先把思维打开。

下面笔者就分步骤阐述手绘原型图的具体过程。

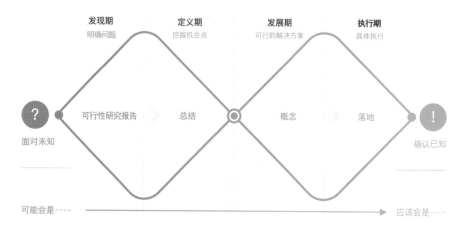

手绘稿的思维推导过程可参考本书附赠的数字资源第二章中提到的"双钻模型"的内容

第一步，找到一张大纸并在这张纸上多画几个框，每个框代表一个页面。

在这些框内填充构思出来的方案。此时不要在意细节，只需要画一个大概，目的在于将想法落实到纸上，以获得更多的灵感，当然这也是为了方便后期的阐述和修改。画得糙一点也没关系，只要能够通过这些草稿向需求方阐述清楚自己的观点和想法即可。笔者暂且将第一步称为**草稿阶段**。

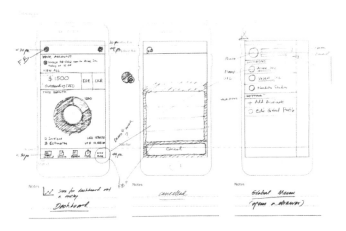

草稿

俗话说得好"万事开头难"，设计师需要多画一些不同的方案，当然如果有创新就更好了。根据全局的变化，设计师还可以适当扩展一些信息流、内容表现等，总之这一步就是要天马行空。

如果需求方有自己的想法，也可以画下来，毕竟在这一步是不需要考虑实现成本的。在某些契机下，还可能出现一些创意性的设计。

总体来讲，在草稿阶段设计师要打开思路，这样才有利于第二步——思维收敛的开展。

第二步，思维收敛，暂且称之为**初稿阶段**。

基于第一步的草稿，第二步就是对这些草稿进行收敛——逐渐聚焦目标，简单理解就是校验方案的合理性和可行性，并将其优点进行融合。在资源允许的前提下，建议第二步不要在第一步的基础上进行修改或深入，设计师可以拿一张新的画纸进行初稿的创作，这样做的理由有两个：一是被动地清空自己，二是避免视线干扰。

在新的画纸上，设计师可以把聚焦出来的可行的内容全部"粘贴"到新的方案中，也就是重新画一遍。在重画的过程中，设计师可以把可行的布局和细节填充进去，让初稿更具可视化效果。这里推荐借助某些工具快速绘制初稿，这些工具有助于设计师快速地在新的画纸上绘制出规整的原型图初稿。

绘制原型图的辅助工具

要提醒一点，绘制原型图初稿的目的是校验方案是否可行，此阶段探究细节还为时过早，因此绘制的深度需要根据时间和资源自行把控。

初稿完成后可以找需求方再次沟通，问问他们的想法，看看这样的方案是否可行。相信到了此时，方案已初具雏形，需求方也多少会有一些具体的想法。

第三步，思维聚焦，暂且称之为**成稿阶段**。

在理想状态下，经过前期和需求方的多次"碰撞"，相信此时已经有了至少一个可行的方案。接下来就是对这个可行的方案进行细节填充——如果有多个方案，可以对这些方案进行交叉对比，选择一个合适的、合理的方案向前推进。在时间允许的前提下，还可以多画几个前、后流程的页面，把流程打通，看看有没有问题或者是否产生了新的想法。

为了让手绘稿更贴近可用的交互稿，设计师还可以在页面与页面之间加入流程导向和批注信息等。

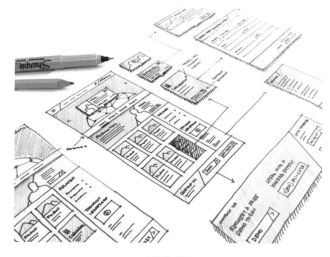

手绘稿成稿

此阶段的成稿还不具备美学概念，如色彩信息和字体大小的干扰等，所以设计师可以单纯地从信息结构展现关系的角度梳理页面内容。

如果时间充裕，设计师还可以将手绘稿制作成可交互原型。如果觉得纸质原型图难以直观展现交互的动态效果，笔者建议可以使用POP（Prototyping on Paper）等第三方软件将手绘稿"照"到软件中，将其制作成复杂的交互效果，如下图所示。

POP App

利用软件制作的交互效果可以清晰地展现页面的逻辑关系，这大大提升了设计师和需求方的沟通效率。

绘制手绘稿的过程，其实就是在不断地校验方案的可行性，这为后续的中保真原型图、高保真原型图，乃至视觉稿都提供了坚实的基础，也极大地降低了修改方案和推倒重来的概率，同时可以规避研发风险，节约成本，可谓一举多得。

最后再重申一点，在项目前期，设计师一定不要专注于原型图的绘制，这样容易陷入思维定式并产生沉没成本。最恰当的做法是设计师应快速尝试多种方案，从全局角度思考产品的内在逻辑，这样才可以清晰地向需求方阐述方案，找到更多的可行性方案。

5.1.3　可交互原型及交互设计文档

可交互原型也被称为产品的 Demo 版。

高保真原型图概述

有了低保真原型图（手绘稿或纸质原型）的铺垫，接下来就是将纸质版原型图转译成数字原型图。转译过程需借助专业软件，如 Axure RP、Sketch 等。

受低保真原型图的影响，刚转译完的数字原型图一般存在细节不够完善、内容不够工整等缺点，因此这类原型图常常被称为中保真原型图。线框图是比较常见的中保真原型图的形式之一。

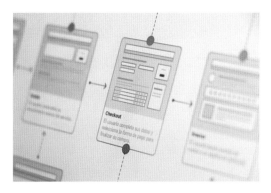

绘制线框图的目的是表达清楚各个功能或页面之间的逻辑关系

如果手绘稿绘制得足够细致，内容也足够全面，在转译过程中可直接将其变为高保真原型图。

转译的过程不会是一帆风顺的，它会涉及大大小小的修改和调整，如原先在纸上的布局过小，导致实际转译之后的内容出现布局错误、按钮摆放位置出现问题，此时需要做出新的规划。随着调整的不断深入，页面细节开始逐渐丰满，一些涉及业务层面的内容也开始逐渐清晰，如页面交互说明、跳转逻辑、状态变化和控件统一等，此时高保真原型图已经初具规模。

可交互原型

高保真原型图的细节处理完毕，交互设计师的核心工作差不多完成了九成，这时就可以进行交付和对接了。交互设计师剩余的核心工作则是对原型图进行更真实的打磨，如制作可交互原型（仿真原型）。可交互原型最大限度地模拟了真实产品的操作效果和体验，如下拉刷新、Banner 轮播、滑动、删除等，这些效果在可交互原型中都可以被一一实现。

可交互原型模拟真实的产品使用效果，既可以为产品经理、设计师、开发人员、运营人员，甚至老板和市场团队提供熟悉产品的环境，也可以为可用性测试和可行性测试提供更全面的测试空间，避免在开发完成后出现不必要的修改和调整。

可交互原型的交互效果与实际产品的交互效果相比，相关人员可在可交互原型上提前测试某些功能

可交互原型设计规范

接下来，我们看一看如何制作一份优质的可交互原型设计规范。

一份好的原型设计除了要在原型中加入体验思维，还必须有清晰、完整和规范的表达。尤其是交互的规范性，它可以为每个岗位在对接原型的时候提供一套统一共识，让每个人都准确无误地理解交互方案，实现信息同步，降低认知差异带来的负面影响。

相信此时会有读者说："小项目就没必要制作设计规范了，吃力不讨好。"从进度上来看，独立的小项目确实没必要单独制定设计规范，然而随着时间的推移，小项目会变大，随着前期的堆积越来越多，如果不尽早制作设计规范，后期会焦头烂额。

交互原型设计规范应该包含哪些构成要素？又有哪些细节需要注意呢？下面是笔者给出的参考，诸位读者可以在这个基础上结合业务特性做出适当的调整。

交互（原型）说明文档构成要素

交互原型的设计规范应以文档的形式展现，这种文档被称为交互（原型）说明文档。编写交互（原型）说明文档的目的主要是让相关人员能够清晰地理解原型的使用方法和基本规则。一般来说，市场上的交互（原型）说明文档包含了以下六大部分内容。

- 第一部分：文档说明。
- 第二部分：背景描述。
- 第三部分：产品整体结构／框架。
- 第四部分：交互文档全局说明。
- 第五部分：原型图。
- 第六部分：废纸篓。

其中，原型图是交互（原型）说明文档的核心。

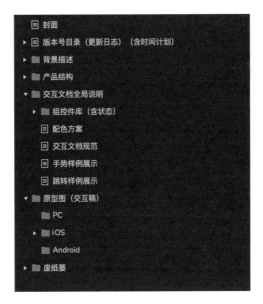

交互（原型）说明文档大纲

第一部分：文档说明

文档说明是交互（原型）说明文档的综述部分，内容包含但不限于产品名称、立项日期和参与人员等。下图展示了一份常规的交互（原型）说明文档的封面信息。

交互（原型）说明文档的封面信息

封面只是文档的首页，文档的内容在封面之后，如版本的追溯信息，它可以细化到对应版本更新了哪些内容、负责人是谁、更新时间等，为产品经理、开发人员和运营人员快速查阅版本变动方面的信息提供便利，避免出现页面重复修改和需求遗漏等情况。

因此，交互设计师对文档只要进行了调整，就一定要将调整的内容同步到"版本目录"中，避免后续产生不必要的争端，这也是对工作负责的表现。

▌版本目录

NEW 新修改的位置都会标记该符号

变更日期	平台	所在页面	变更内容	交互变更人	核定负责人	备注
2020.08.02	iOS	登录/注册模块-流程图（附上对应页面的链接）	模块布局变更	严卓喜		
2020.08.02	PC	登录（包含验证码登录和常规登录两种页面）	登录方便变更为验证码和常规登录两种	严卓喜		

版本目录

第二部分：背景描述

背景描述是项目前期的资料或调研信息的集合，是一份专业的交互原型说明文档必须具备的部分。

该部分为后续相关人员对产品背景进行了解提供了入口，当然，背景描述最重要的价值还是通过背景找到后续内容的核心理论依据。关于背景描述部分，笔者在这里不再赘述，诸位读者可回顾前文（第二章和第三章）的相关内容。

第三部分：产品整体结构/框架

可以说，产品整体结构/框架是建立交互原型的根基，同时它也是产品的基本骨架。针对该部分一定要进行详细说明，这不仅是为了完善规范体系，更多的是因为开发人员和利益相关者会比较关注该部分内容。

产品整体结构/框架

第四部分：交互文档全局说明

交互文档全局说明是为了让不同职能的人员就某些点形成统一认知，如后续场景中涉及不同颜色的使用规则，就需要在全局说明中进行明确。

交互文档全局说明

一般来说，交互文档全局说明会直接引用组件库和交互设计规范（在团队内部有统一封装包的前提下，该部分可以对一些规范中未涉及的内容进行补充说明），当然还会额外对不同状态、文档展现、手势和图例解释等进行说明。

第五部分：原型图（交互稿）

原型图是交互（原型）说明文档中最核心的部分，其重要性不言而喻。

该部分所展示的原型图可以是低保真原型图、中保真原型图或高保真原型图，具体展现的细节需要根据产品进度和业务需求适当调整。不过为了避免对后续流程产生影响，建议最终成稿最好是以高保真原型图的形式呈现。

原型图的内容一般包含对不同平台、不同模块及不同功能的详细描述，如下图所示。在 iOS 平台中通常有首页模块、登录注册模块等。

原型图（交互稿）

对"登录/注册"模块进行细化，首先是对该模块的流程图进行展示——这张图是设计人员及开发人员优先要看懂的图，该模块下所有功能的流转和内容体现都将在这张流程图中展现。

不同于"产品结构"下的"功能流程图"，模块流程图对功能的拆解会更加细致，是一款产品颗粒度最小的功能图集合。

▍登录/注册模块–流程图

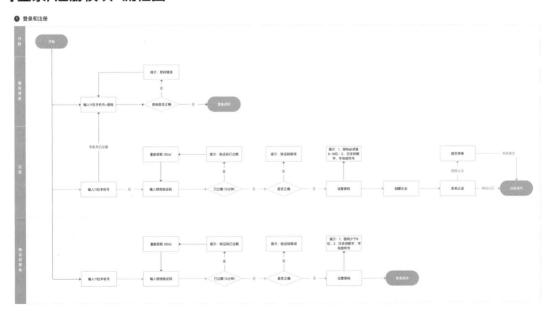

登录 / 注册模块流程图

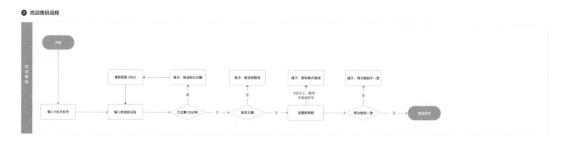

登录/注册模块流程图（续）

有了该模块的流程图，接下来就是根据图中的功能进行页面的逐一展示。

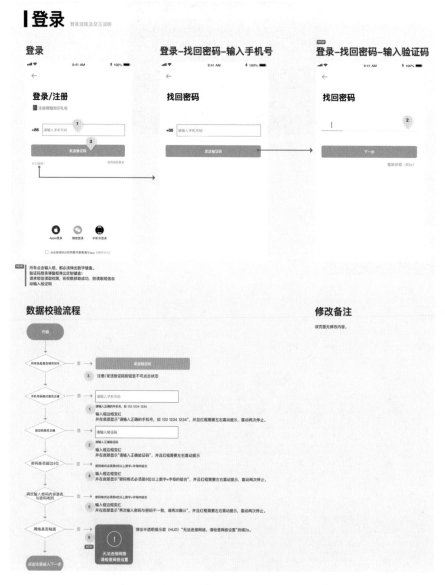

登录（包含验证码登录和常规登录两种页面）

- 模块标题：与目录导航中最高级别的模块呈对应关系。
- 页面标题：该模块下的页面分级，如有必要可对不同的页面进行层级表示，如首页、首页—订单、首页—订单／状态 A、首页—订单／状态 B 等。在页面标题上直接采用面包屑导航的形式便于设计人员和开发人员厘清页面的逻辑关系。
- 原型图：这是文档的核心内容，详细展示了页面的功能、布局和各项属性。
- 交互说明：这是交互文档中不可或缺的部分，主要针对静态原型图无法体现的部分进行补充说明，如文字过多如何显示、数字展示的规则、点击按钮之后会产生哪些微交互和动态交互等。交互说明能直接体现设计师的思维严谨性，同时也是不同交互设计师在专业颗粒度上的比拼——细节决定成败。
- 页面流程／数据校验流程：页面流程中有针对不同页面、不同功能之间的跳转标注，如（在 A 页面中）点击"退出"后，（在 B 页面中）会弹出二次确认的弹窗，如点击"返回"后，会返回至首页，那么在箭头指向的末端就需要附上与之对应的跳转链接，方便设计师和开发人员捋顺多个页面之间的跳转逻辑。
- 修改备注：页面上有修改内容时才会进行标注，旨在让对接的产品和开发能一目了然地知晓页面改动，以便及时跟进。当然，对修改的内容也会向上追溯到"版本记录"中，做好相应的跟踪链接。

第六部分：废纸篓

顾名思义，就是对废弃页面或无用页面进行删除和回收的一个部分。

既然是删除页面，那为什么不直接删除，而是要将其扔进废纸篓呢？其实建立废纸篓的根本目的是方便后续的撤销操作——就像计算机、手机中的回收站，一是方便我们有一个统一的位置收集废料，二是方便逆向追回文件，避免损失。这也是为什么在操作"倾倒废纸篓"时，界面会跳出二次提示。

编写交互设计文档的注意事项

为了方便读者理解，笔者从以下三个维度罗列编写交互设计文档时的注意事项，内容和样例仅供参考。

首先，从全局角度进行分析

页面状态。不同的页面有不同的状态变化，如百度搜索的结果在默认情况下的链接如下图左图所示，当点击链接后，该链接的状态会发生变化（如下图右图所示），目的是提醒用户该链接已被点击。

百度搜索的页面状态变化（文字链接颜色有所不同）

控件状态。控件状态是常见的状态变化，如按钮一般会有默认、选中、悬浮、点击和禁用等多种状态。一般情况下，控件的状态极少会同时出现在页面中，都是在"交互文档全局说明"中进行集中说明。

搜索框的不同状态

反馈提示。当用户执行某些操作后，页面会出现相应的反馈提示，如动效、震动或弹窗等，出现的时机或是否出现都需要根据场景的特性进行适当的调整。

左图为"得到"取消收藏成功提示，右图为"京东"收藏成功提示

特殊状态。一般是指特殊或不常出现的页面状态，如默认页、404 等。

默认页和 404 等可考虑在原型图中单独体现

页面复用。页面中会有很多场景出现某一模块复用的情况，因此可以在交互设计文档全局说明中对 Banner 模块进行统一说明。例如，下图中的 Banner 模块，为了使相关人员专注于后续页面的结构和内容设计，可在交互文档全局说明中对 Banner 模块的规范进行统一说明。

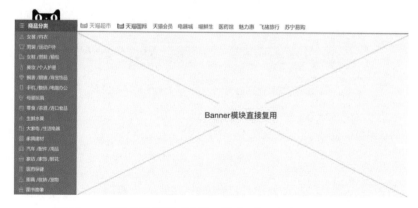

针对 Banner 模块的规范可先进行统一说明，然后在原型图中直接复用

其次，细化到页面展示部分

页面比例和位置统一。页面比例是工作对接中出现的比较大的问题之一。很多产品经理和交互设计师对原型图的画板尺寸定义过于随性，不根据实际的视觉稿画板大小输出原型图。例如，原型图的画板宽度为640px，但视觉稿的实际尺寸为1920px，可想而知这两个画板的转化肯定会出现巨大差距：在原型图中放得下两张卡片，但是在视觉稿中就会出现大面积的空白；反之在原型图中纵向展示的效果还不错，但是在视觉稿中就需要改变布局……

因此，在正式开始转译原型图之前，一定要先和 UI 设计师商量好，制定一套统一的栅格规范，争取交互稿和视觉稿的布局能做到 1 ： 1 还原。

栅格规范的一致性

页面色彩的控制。对色彩的使用规范一般会在设计规范中进行规定，同时这套设计规范可以应用在高保真原型图中，以此表现页面的层级关系。相关人员需要合理控制原型图中色彩的展现形式，尽可能避免对后续的视觉设计阶段产生不必要的配色干扰。毕竟色彩在原型中最大的作用就是体现层级关系，而非体现视觉美感。

不同色彩的使用所表达的信息有所区别

上面三张不同色彩的样图，目的是强化"活动"字段，但是中间的那张样图反而弱化了活动层级，这就是色彩的不合理使用的例子。

最后，是文字的展示和示例

交互说明。文字描述在交互文档中处于辅助地位，但在某些场景中其价值不亚于原型图的价值，如交互说明就依赖于文字表述。

（在未制作可交互原型的前提下）如果原型图是静态展示效果，那么交互说明就是动态展示效果，二者相辅相成。原型图提供了一种可视化的方案展现，而产品某些功能或交互方面的变化需要文案辅助解释。例如，点击"收藏"按钮后页面需要出现"收藏成功"的提示，滑动页面时前后页面的转场动画会从左至右移动……这些交互形式在缺少交互可视化的前提下需要通过文字进行补充说明。

不过，文字并不是万能的，在有条件的前提下，笔者建议通过制作可交互原型替代文字说明，毕竟可交互原型会比文字说明更加生动和直观。

文字说明要避免流水账。相信大家在阅读文章时都看到过一大段文字，密密麻麻一整片摆在眼前难免会打退堂鼓，所以在编写交互说明时，一定要做到言简意赅，建议可以结合必要的图片进行介绍。

拟写标题的规则。除了通过实际操作或流程图展现页面的层级关系，我们还可以通过标题展现页面层级关系。

通过标题展现页面层级关系

常规值和极限值的说明。页面中最常见的就是字段，字段有长有短，交互设计师在设计的时候一定要考虑数值在常规场景和极限场景中不同的展现形式。一般来说常规值有正常数值和范围数值两种。

- 正常数值有文本占位符等。
- 范围数值则是指用户在进行操作时只能在一定范围内进行取值，如日期选择器、音量调节器和页码选择器等。

页码选择器

极限值与常规值相比，属于一种极端情况，这也是开发人员在进行代码编写时必须要考虑到的情况。例如，当金额超过多少位时，会采用什么样的展现形式，是末尾出现"..."还是换行展现。除了最长的情况，开发人员还要考虑到最短的情况，如 PC 端基于浏览器使用的产品，就需要考虑浏览器在最小宽度下的展现形式。

柏翠(petrus)电烤箱 38L家用 搪瓷内胆 上下独立控温 热风多功...	大宇 (DAEWOO) 多功能锅网 红料理锅 家用电火锅电热炒锅...	生活元素 (LIFE ELEMENT) 插电式电热饭盒 保温饭盒 便携式...	飞利浦 (PHILIPS) 空气炸锅 第三代家用无油智能多功能3L电...	东菱 Donlim 电水壶 烧水壶便携式 家用旅行电热水壶 冲奶泡茶...
¥499.00	¥999.00	¥179.00	¥1599.00	¥239.00

文字无法完全展示，超过 13 个字符，文本末端显示"..."

使用真实数据。无论是交互文档还是视觉稿，在进行优化时常常会采用"文本占位符"或"统一的数值"（复制—粘贴）以节省设计成本，然而完整的设计稿中的数值也要做到精确计算。

4 件商品，总商品全额	¥262.10
运费	¥0.00
返现	-¥56.80
应付总额	**¥205.30**

提交订单

真实数据

除了以上所提到的细节和需要规避的方面，还有很多细节需要诸位读者自行探索，如对设计趋势的关注、对页面噪音的控制、动画的展现等，都是需要留心的地方。

受业务影响、思维影响和体验影响等，不同的交互设计师在设计可交互原型时有不同的做法，这些创造性的内容可根据个人习惯进行设计。而一旦落实到交互设计文档中，就必须遵循既定的规则编写文档，目的是让相关人员都能看懂，因此创造性的表达就需要适当收敛了。

从专业角度来看，原型图只是交互设计师价值体现的一个点，交互设计师核心的价值是拥有交互思维和逻辑思维能力，而交互设计文档是体现交互设计师专业水平的最终输出物。

因此，认真编写交互设计文档不仅可以使交互设计师赢得团队成员的尊重，还可以促进团队创造出更优质的产品。

什么才是规范的原型图和交互设计文档，业内没有明确的标准或规定。上至大厂，下至创业公司，在这方面都有自己独特的限制条件和规则，读者可以结合自身情况进行适当调整，最终结果符合项目发展预期即可。

关于本节提到的交互设计文档，可关注公众号"叨叨的设计足迹"，后台回复"交互设计文档"即可下载（RP格式）。

5.1.4　设计评审会

设计评审是产品设计流程中重要的一步，也是设计团队成员比较有共识的一个环节。

在产品研发流程中，各个环节都会有不同类型的评审会，如项目前期的立项会议、产品需求评审会和架构评审会，中期的交互评审会和视觉评审会，以及后期的测试用例评审会等。其中，设计评审会对于设计师来说是非常关键的一次会议，它能决定设计师所输出的设计稿是否有用、可用。另外，设计师还可以通过设计评审会获得多方意见，以便及时更新需求点和功能点。

会前准备

在设计评审会中，设计师遇到较多的现象是需求方或业务方会不断地给方案"找碴"，甚至在对方案进行讨论的过程中还会把方向带偏。这些现象在业内并不是个例。究其原因，并不是设计师能力不足或设计方案未能解决问题，而是设计方案不能服众。

要想让设计方案服众，比较好的解决方案就是设计师和需求方一起梳理需求，共同深入理解方案的适用性，了解方案解决了哪些核心问题，这样才能让他们对方案产生认同感。

设计评审会

在设计评审会开始之前，为了应对各种"碴"，设计师需要在前期做好各项预案。

预沟通。在设计评审会开始前和相关负责人、产品经理沟通相关需求，这有助于设计师明确在后续会议中的讨论方向，并且提前根据相关需求微调设计稿。

准备评审资料。归根结底，设计评审会无非就是看与会人员是否认可设计师的设计思路，所以要想让与会人员认可设计师的设计思路，设计师就需要在会上阐述"为什么这样设计"的理论依据。

稍微有点经验的设计师会这样解释：这样设计有特色、符合品牌调性或者可以提升用户体验等。对于需求方而言，这些理由过于抽象，在设计评审会上很容易被推翻，根本站不住脚。因此为了得到与会人员的认可，设计师就得换个角度——既然不能从定性出发，那么就从定量入手，借助数据或理论说服他们，只有这样，设计师的设计理由才更容易被人接受。例如，按钮为什么在（页面）右边而不在（页面）左边？因为埋点数据表明用户右侧操作的频率比左侧操作的频率高出了89%，故此⋯⋯借助数据证明方案的可行性，可以最大限度地让与会人员心服口服，也就不会再提"天马行空"的想法了。而且，这些论据在一定程度上还可以将会议的讨论方向聚焦方案的内容。

如果没有数据支撑，设计师还可以借助一些资料为方案做背书，如竞争性用户体验研究、用户画像、调研结果、产品结构图、交互流程图、页面布局说明和交互设计文档等。可以作为背书的材料有很多，包括但不限于上述所提到的内容。

评审流程。数据和资料的价值是为设计思路做背书，目的在于让与会人员认可设计师的设计方案。如果想让设计方案更具说服力，还需要运用一些技巧，如对设计评审会流程的把控。通过讲故事的形式介绍方案，借助这种形式可以快速地将与会人员代入设计场景，使他们加深对设计方案的理解。

对设计方案的阐述可以遵循如下顺序（0～1产品）。

- 先简述前期所做的需求分析和拆解工作，再根据分析和拆解的结果整理用户画像，以此来锁定目标用户。

- 接着结合市场上已有产品进行竞品分析或竞争性用户体验研究，整理出对方案有价值的信息。

- 然后结合产品自身特性，在挖掘产品优势的同时，发现产品存在的问题（扬长避短），并针对这些问题提出合理的解决方案，即设计提案。

- 根据以上内容确定方案的核心或结构等。相信围绕这些信息所设计出来的方案会更具有针对性，也能得到需求方的高度认可。

上述对设计方案的阐述是基于0～1产品进行的阐述，如果是对迭代产品的设计方案的阐述，则需要结合实际数据进行阐述，如结合页面浏览量和转化率等进行方案说明，这些实际数据是需求方，尤其是老板乐于见到的方案背书。但有些产品可能没有这些数据，别担心，我们还可以通过竞品分析和用户研究等定性分析为方案做背书。

在阐述设计方案的过程中，难免会出现被打断的情况，设计师需要给予适当的解释并做好评审纪要。不过要注意，一旦讨论内容过于发散，可能导致会议偏离目标，此时就需要设计师进行控场，把握讨论方向。

预判问题。如果时间富余，设计师还可以预判某些可能涉及的问题，提前对其进行思考。笔者建议设计师把设计评审会看作一场小型述职报告。

评审阶段

有了前期准备，接下来就可以"上战场"了。

在产品研发流程中会有不同的评审类型，因此不同阶段的评审有其不同的目标。常规流程的评审一般包括三大阶段：项目初期的概念阶段、项目中期的视觉呈现（含原型）阶段及项目末期的上线查验阶段，这三大阶段分别对应着产品面临的问题、解决方案的呈现和落地效果的评估。下面分别介绍这三大阶段的详细内容。

三大阶段

项目初期的概念阶段

该阶段的评审目标是通过设计评审会挖掘当前产品存在的问题，进而团队会根据挖掘出来的问题制定相应的解决方案。因此，该阶段的设计评审会上会讨论需求方向及为后续功能的开发制定相应的策略，即我们常说的"需求评审会"——讨论需求、流程、功能、框架和结构等，必要时可借助图片和思维导图展现产品思路。

项目中期的视觉呈现阶段

该阶段是呈现设计方案的阶段，如低保真原型图、交互设计文档、可交互原型图、甚至高保真视觉稿等都在该阶段呈现。在视觉呈现阶段，相关人员会分别针对交互稿和视觉稿进行交互评审和视觉评审。

交互评审主要是围绕交互原型、交互设计文档、流程图、页面布局和备注内容展开讨论，目的是确定方案是否贴合在概念阶段的设计评审会中讨论的需求的方向、内容及所设计的功能能否解决问题等。如果设计师的能力强，在有条件的前提下建议展示可交互原型。

待交互评审完毕后，UI 设计师需要根据交互稿绘制详细的视觉页面，为后续的视觉评审提供方案。

视觉评审一般会围绕形、色、字、构、质进行深入探讨，从视觉美观度层面校验视觉稿是否贴合概念阶段的方向，并检查视觉表现是否存在问题，如视觉噪音是否会对产品形成干扰、字号大小是否会对信息逻辑产生影响等。前文所提到的色彩和字号的问题，在这一阶段会被提上议程。

从目的来看，交互评审会比视觉评审会更重要，理由如下。

首先，交互方案是产品研发流程中第一次对抽象问题进行全方位阐述的可视化方案，其价值在于合理表达产品是否具备有用、可用和易用的特点。

其次，交互方案的优劣是直接影响后续环节的关键点，如视觉效果、开发成本、落地效果及运营推广和反馈等。

因此，在交互评审阶段投入更多的耐心和时间，可以避免后续产生不必要的开支。

视觉评审会，往往是设计师较为"苦不堪言"的阶段——每个人的审美观不同，因此需求方和设计师对接视觉表现时往往会出现主观判断，如"我觉得这样好……""这样设计我不赞成……"，其实这些主观想法都是无意义的沟通。设计师可以从专业的角度，借助专业理论维护自己的设计方案。当然，如果在需求侧或功能侧做得不够仔细，那么肯定是需要调整的，针对这些硬性问题，设计师要虚心接受意见，优化设计方案。

项目后期的上线查验阶段

到了这个阶段，开发人员可以开始将各项功能落地了。具体执行由开发人员主导，设计师一般不会参与。

待产品开发完成且未正式发布前，设计师需要对开发出来的产品进行全方位验收。

这个阶段的设计评审会并不会像前两个阶段中的设计评审会一样一群人聚在一起讨论，设计师可以私下和开发人员进行一对一对接。笔者建议设计师和开发人员在对接的时候采用文档进行对接，以便有迹可循，开发人员也可以根据文档的修改建议进行灵活排期。

设计评审的内外兼修

正规企业一般都会配备专业的设计团队，因此为了在设计评审会上使设计方案看起来更专业，设计方案一般都会在设计团队内部先过一遍，内部过稿可以称为设计内审。至于"外审"则是指前文所介绍的由需求方、产品经理和运营人员一同参与的设计评审会，暂且称为设计外审。

设计内审就是针对设计稿（这里特指视觉稿）所进行的内部审核，就像实习生在完成作品后会优先给总监过目一样，待总监肯定之后才会将其给需求方看，这就可以看作设计内审，只不过与正式评审相比显得简单一些。

设计内审与设计外审相比，讨论的颗粒度会更细，所涉及的范围也会更广。一般由设计团队内部自主发起，邀请设计总监等人参会。如有必要，也可邀请部分需求方参评设计稿的需求落实部分（一般评审交互稿时会邀请需求方参与）。一般主要围绕以下几个方面进行讨论。

- 功能是否合理、问题是否已解决（这部分主要是检查需求是否被满足）。
- 检查规范、细节等。
- 查看视觉稿，看看在视觉方面是否会干扰用户对产品的使用。
- 评估创意表现等内容。

根据内审内容进行划分，还可以将设计内审分成两个部分：交互部分和视觉部分。交互部分的内审主要涉及需求和产品层面的审定，至于视觉部分的内审则是推敲设计稿在规范性、品牌调性、视觉表现等方面的内容。

细心的读者会发现，设计内审更多的是针对高保真视觉稿的评审，其核心并不在交互层面。虽然交互稿也包含了一些视觉属性，但究其本质，交互稿更偏向对需求和业务的可视化表现，所以相关人员会在设计外审环节对交互稿进行仔细审核。

设计外审相对于设计内审而言，讨论的高度会更高，颗粒度也更粗。与会人员会从需求、业务、企业和运营等层面看待设计方案。

一般来说，设计外审有两种类型：一种是围绕交互评审展开的外审会，主要是对需求、功能和逻辑进行讨论；另一种是围绕视觉评审展开的外审会，主要是对需求和功能在视觉稿上的展现效果进行讨论。设计外审会更注重对交互稿逻辑关系的评估。

设计外审一般由项目团队负责人发起，参会人员有项目经理、产品经理、设计师、前端工程师、后端工程师和运营人员等。设计外审主要围绕以下几个方面进行讨论。

- 前期发现的问题在设计稿中是否被解决。
- 预估开发成本。
- 综合考虑需求是否需要进行分期落实或优先级排序。
- 制定产品开发周期。
- 讨论设计内容。

在讨论设计内容时需要格外注意，由于设计外审涉及诸多不同专业和不同领域的人，因此每个人都会根据自己的主观审美提出不同的意见，进而设计外审会变成"争论现场"，此时设计师就需要进行干预、控场，及时调整讨论方向。切记召开设计评审会的目的是明确设计方案为产品解决了哪些问题，最终目的是达成共识，而不是各抒己见。

将设计层面的内审和外审分开，本质上是对细节和方向进行了区分，设计内审只讨论设计细节方面的问题，设计外审只讨论需求和业务方向方面的问题。这样区分不仅可使各个环节清晰、可控，还可使相关人员更加高效地利用时间以达到评审的最佳效果。除了上述两个目的，将设计内审和设计外审分开还可以实现小范围内的不断循环重复，以保证不同性质的会议解决有针对性的问题，不过要注意控制次数。

评审结束后，设计师还要做好复盘，以求尽快优化设计方案。

评审方法

从广义上来看，设计评审会其实就是讨论、验证方案可用性的一种方法，因此相关人员可以将一些普适性较强的测试方法运用到设计评审会中。

启发式评估。启发式评估的首要标准是"设计方案需遵循一套设计原则"，如借助尼尔森十大可用性原则、二十一条可用性原则、用户体验问题记录表、系统可用性量表（SUS）等进行分析和评估。

独立设计准则。相关人员会对设计稿进行独立测试，通常以群组对话的方式对设计方案加以分析和评估，从而论证方案是否能达成目标、体验是否友好，常被运用在设计内审阶段。

专家评审。专家评审是指由用户体验设计师或产品专家对设计方案进行可用性评估。

- 不同于启发式评估，专家评审主要借助专家的经验得出一套测试方法，而启发式评估是遵循某些固有原则或方法进行评估的。
- 设计内审的专业人士可以是总监、组员、实习生，而专家只能是在该领域长期深耕的人，在专业针对性、认知高度和思维广度方面是以多年经验为基础门槛的，因此这类专家对问题的抓取会更加精准，可靠性也更强。

设计评审会是设计师希望通过设计稿可视化的形式，让业务方和需求方在业务、需求和目标等层面形成共识，并收集不同职能部门对设计方案的质疑和修改意见的一种方式。

5.1.5 绘制软件 [1]

绘制软件的核心价值是方便设计师更清晰地阐述设计思维。

随着设计市场的不断发展和完善，越来越多的设计软件如雨后春笋般涌现。回想早期的设计软件，以 Adobe Photoshop（PS）、Adobe Illustrator（AI）、Affinity Photo 和 Auto CAD 为主流，那时设计师只要掌握一款设计软件的用法就能"打遍天下无敌手"，但现在已行不通。

以矢量图为例，早期一提到矢量绘图，大家第一时间想到的肯定是 Adobe Illustrator（AI）、Corel、Auto CAD、Xara 或 Inkscape 等软件，随着设计市场的发展，矢量家族越来越"枝繁叶茂"，后续又出现了 Sketch、Adobe XD 和 Figma 等软件。除了核心的矢量绘图功能，部分软件还具有其他功能。以 Adobe XD 为例，

[1] 关于软件详细深入的描述，诸位读者可自行扩展阅读。本书所介绍的内容仅代表笔者个人观点，不代表软件官方的意见。

它既能承担原型设计（对标 Axure RP），也能充分展现视觉效果（对标 Adobe Photoshop），甚至可以在视觉稿的基础上配置出丰富的交互效果（对标 Principle）。除了这些基础功能，Adobe XD 基于 Creative Cloud 开发出了云端同步功能（对标 Dropbox），以便设计师和开发人员进行多位协同。

市场上的软件多如牛毛，设计师又该如何评估和选择呢？下面笔者根据软件的优势领域对其进行分类，诸位读者可根据介绍选择适合自己的软件。

原型方向

原型设计软件的核心在于快速表达抽象的想法，而不是追求画面的美观，因此快速和轻便是原型设计软件的基本特点。

■ Axure RP

在产品设计领域，尤其在前期的思维构思和表现上，Axure RP 可谓鼻祖。

Axure RP 的主界面

从市场的使用数据反馈来看，Axure RP 是产品经理和交互设计师使用非常频繁的原型设计软件。相关人员可以利用它快速创建产品线框图、流程图和原型图，并配以相关的交互设计文档和规格说明文档，进而可以直接进行后续流程的交付工作。甚至针对一些复杂的交互行为，Axure RP 也提供了多种配置，产品经理和交互设计师只需通过 Axure RP 就能灵活实现复杂的交互效果，如点击跳转、Banner 轮播、文本改变的状态等，它都可以"一站式"搞定。

从表面上看，Axure RP 的交互功能确实很强大，但其弊端是交互配置步骤相当烦琐，这在无形中增加了产品经理和交互设计师的工作负担。因此，大部分设计师更愿意使用 Axure RP 的基础功能。

除了交互配置步骤烦琐，Axure RP 在多任务协同、原型预览和分享方面也常被诟病。Axure RP 是一款离线软件，因此其协同功能被限制。至于原型预览功能则需要基于浏览器实现，而且必须先在本地安装相应插件。

Axure RP 中有丰富的交互参数配置

产品特色

- 原型图绘制。
- 支持本地预览。
- 支持交互设计。
- 生成规格说明文档。
- 输出 HTML 原型。
- 版本控制管理。
- 支持多人协同设计（部分版本具备在线功能，需根据服务器响应速度判断协同效果）。
- 具备母版、组件库和元件。
- 支持动态面板和复用模板。

适用性

- 低保真原型图、中保真原型图、高保真原型图。★★★★
- 视觉稿。★
- 协同性。★
- 易用性。★★★
- 便携性。★★★
- 交互性。★★
- 适用系统。（无限制）

收费制度

- $348/ 人 / 年。（可免费试用 30 天）

弊端

- 其费用比同类软件的费用高。
- 交互配置步骤烦琐。
- 基础功能简单，适合新手使用，但进阶功能的学习成本高。
- 分享、协同等在线功能不稳定。

■墨刀

墨刀作为国内企业开发的在线原型设计和协同软件，在国内设计软件发展市场中具有里程碑式的意义。其清爽的界面、规范的布局、丰富的内置素材、强大的原型及交互功能，备受国内设计师喜爱。墨刀还支持 Sketch 的一键导入元属性，方便设计师在两款软件之间实现"无缝"编辑。但其对于 Adobe Photoshop 和 Adobe XD 等其他主流软件并不友好，仅支持导入图片格式。不过，它可以在图片的基础上添加热区以实现一些基础的交互操作。

墨刀的主界面如下图所示。

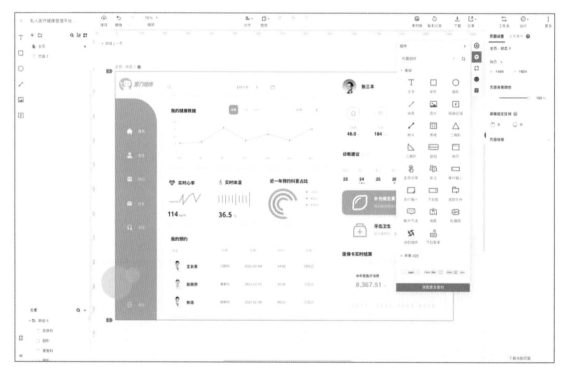

墨刀的主界面

尤其值得称赞的是，墨刀在交互功能的交互设计方面可谓别出心裁——用户可以通过拖曳的方式创建简单的交互配置，这为后续的页面展示提供了清晰的交互逻辑。

在协同方面，墨刀显然做得比 Axure RP 优秀。它为产品经理、设计师和开发人员提供了高效的协同帮助——设计师可通过墨刀进行页面设计并实现自动标注，开发人员在后续的工作中可以直接通过墨刀导出切图，进行落地开发。在近期更新的版本中，墨刀团队还加强了协同管理功能，满足了大规模团队的协同管理需求。团队成员可以在墨刀平台上进行协同编辑和实时讨论，还可以对公共素材库实现多人协同管理。协同的强化固然是好事，但随之而来的是风险系数的增加，因此墨刀在人员权限的分配方面设置了严格的标准。

随着市场的发展，越来越多的产品开始趋于轻量化的发展。墨刀也紧跟时代，除了可以进行原型图的绘制和编辑，墨刀还支持在浏览器上进行在线编辑和预览，大大提升了相关人员的工作效率。

产品特色

- 绘制原型图。

- 支持离线和在线预览。

- 便捷且易理解的交互配置。

- 大型项目协同管理，打通了产品经理、设计师和开发人员之间的对接壁垒。

- 母版、组件库和元件的预置多样化。

- 支持链接或二维码等形式的加密分享。

适用性

- 低保真原型图、中保真原型图、高保真原型图。★★★★

- 视觉稿。★★★

- 协同性。★★★★

- 易用性。★★★★

- 便携性。★★★★★

- 交互性。★★★★

- 适用系统。（无限制）

收费制度

¥349/ 人 / 年。（小微型企业）

弊端

- 部分 Bug 对工作产生了影响，有待修复。

- 免费功能有限。

- 对标专业的设计软件，优势领域不够突出。如原型设计比不过 Axure RP、绘图比不过 Sketch。

■ Proto.io

Proto.io 是国外一款针对移动端原型的设计软件，设计师可以在这款软件上建立全交互式的移动原型。相对于 Axure RP 和墨刀的平台普适性而言，Proto.io 只专注于移动端原型设计，具有明显的局限性。不过好在它轻便的在线设计功能使它在原型设计领域中占得一席之地，并且它还集成了移动录屏软件的 Lookback 的大部分功能，适用于绝大多数的测试场景，而且它还支持协同功能，但限制较多。

除此之外，其交互配置也颇为复杂，细节不易实现，学习成本高。

■ Adobe Fireworks

这款软件是由 Macromedia（在 2005 年被 Adobe 收购）推出的一款网页设计软件，支持 Web 端的设计和开发，属于一款创建并优化 Web 图像和快速构建网站、Web 界面原型的原型绘制软件。

Adobe Fireworks 不仅具备编辑矢量图形和位图图像的灵活性，还提供了一个构建资源的库。除此以外，Adobe Fireworks 还可以配合 Adobe Photoshop、Adobe Illustrator、Adobe Dreamweaver 和 Adobe Animate（Flash）等软件实现一键转译、导入和导出操作，当然也可以实现反向操作，如在 Adobe Fireworks 中先将设计图迅速转变为模型，然后利用 Adobe Illustrator、Adobe Photoshop 和 Adobe Animate 进行过渡，最后直接导入 Adobe Dreamweaver 中进行设计、开发和部署工作。

■ Adobe Dreamweaver

Adobe Dreamweaver（DW），最初由 Macromedia 开发，后与 Fireworks 等软件被 Adobe 一并收购。DW 是一款集网页制作和代码编辑于一体的网页代码编辑器。

相关人员可通过点击界面顶部的两个 Tab 进行网页和代码的切换，同时两个功能模块可实现同步渲染——在网页模块进行设计布局，在代码模块可同步实现现代码还原，也就是说，无论是视觉表现还是代码还原，这款软件都可以做到"所见即所得"（对 HTML、CSS 和 JavaScript 等内容的支持）。使用这款软件，设计师和开发人员可以实现设计稿落地的"零误差"。

仿真（交互）方向

仿真设计，也就是交互设计，其实无非就是在高保真原型图或视觉稿的基础上加入动态交互效果，我们常说的 Demo 就可以通过专业的交互软件实现。

例如，Banner 轮播、点击跳转和弹窗提示等交互效果对于专业的交互软件而言不在话下，甚至比较高级的交互效果使用专业交互软件都可以配置出来，如多设备同步、传感交互和陀螺仪等都可以一一实现。

■ ProtoPie

ProtoPie 将交互动作重新定义：交互 = 对象 + 触发 + 反应。

- 对象：要让谁动。
- 触发：何时让它动。
- 反应：怎么动。

ProtoPie 对交互动作的定义

举一个简单的例子。

一个按钮，我们想通过点击的触发方式让它按照既定路线进行移动，如点击按钮后，按钮会根据提前制定的原型路线进行移动，3 秒之后又回到原地。那么只需先在 ProtoPie 中选择触发动作"单击"，然后配置行进路线，也就是反应动作"移动"（输入相应坐标）即可。通过这两个配置步骤就可轻松实现我们想要的交互效果。

下图展示了 ProtoPie 的绝大部分触发动作和反应动作，我们可以通过对这些动作进行不同方式的组合配置出不同的交互效果，这也是 Proto Pie 最大的亮点之一。

触发动作						反应动作		
单击								
下击		自动加载	3t					
抬起		推拉	声音			文本	移动	
双击	拖曳	联动	罗盘		滚页	颜色	大小	
长按	鼠标悬浮	夹捏	范围	倾斜	振动	排序	圆角	旋转
快掷	鼠标移出	旋转	接收	距离	转场	发送	透明度	3D旋转

ProtoPie 主要动作合集

通过 ProtoPie 配置完成的交互原型可上传至云端（付费）进行共享。接收人可基于 PC 端浏览器进行在线操作预览，也可以通过移动端（需要下载 App）进行操作预览。

Axure RP、墨刀等软件支持在软件内部进行设计之后制作交互原型，那 ProtoPie 可以吗？如果只是制作简单的几何图形，ProtoPie 完全可以胜任，但如果要绘制原型图就有点力不从心了。

ProtoPie 的核心功能是交互设计，而原型图需要通过第三方软件导入，因此 ProtoPie 支持通过 Sketch、Adobe XD 和 Figma 等多款软件实现一键导入原型图和设计稿。针对所有通过第三方软件导入的原型图，ProtoPie 都可以最大限度地保留图层信息，方便相关人员在软件内进行二次编辑。

值得一提的是，ProtoPie 将"编辑"窗口和"实时预览"窗口分离——在"编辑"窗口调整的内容，可在"实时预览"窗口查看，该功能的设计就是对交互设计进行即时测试的一大利器。

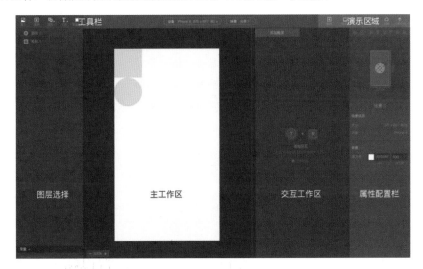

图层选择　　　主工作区　　　交互工作区　　属性配置栏

ProtoPie 的主界面

产品特色

- 容易理解，新手学习成本低（复杂配置涉及参数和代码，需要进阶学习）。

- 支持通过各大主流软件涉及的原型图的一键导入，并最大限度地保留图层信息，移植成本低。

- 系统支持全面，Windows 系统、OS 系统均可。

- 云端 + 本地存储。

- 强大、炫酷的交互效果实现，如陀螺仪、声音触发、罗盘等。

- 时间轴功能，轻松实现交互顺序的记录。

- 允许离线编辑。

适用性

- 低保真原型图、中保真原型图、高保真原型图。（不支持）

- 视觉稿。★

- 协同性。（不支持）

- 易用性。★★★★★

- 便携性。★★

- 交互性。★★★★★

- 适用系统。（无限制）

收费制度

- $129/ 人 / 年。（个人版）

- $499/ 团队 / 年。（团队版）

弊端

- 新生产品，需要更多的时间优化和完善。

- 对时间轴的配置不够友好，如无法进行批量拖动等。

- 收费高，需采用美元支付。（8.0 之前的版本支持纯中文版购买，目前已取消该付费项目）

- 画板过多时，容易造成卡顿。

- 共享链接时，若文件过大，会出现加载过慢的情况。

■ Principle

如果说 Adobe Photoshop 的最佳搭档是 Adobe After Effects，那么 Sketch 的最佳搭档很有可能是 Principle。

Adobe Photoshop 和 Adobe After Effects 同属一家公司，在快捷键、界面布局、图层概念和属性配置等方面有很多共性。毫不夸张地说，熟练运用 Adobe Photoshop 的设计师绝对可以无缝衔接 Adobe After Effects。同理，Sketch 和 Principle 在快捷键、界面布局、图层概念和属性配置等方面也有很多共性，如果一位设计师对 Sketch 很熟悉，那么相信其可以迅速掌握 Principle。

既然 Principle 和 Sketch 有这么多的共性，那么 Principle 必然支持一键导入 Sketch 文件，这样设计师在 Principle 内也可以进行二次编辑，相应的交互动作设计起来也相对简单、轻松。

相关的交互配置包含但不限于点击、拖曳、长按、滚屏和轮播等，一些复杂的交互效果也可制作，如 3D

Touch。相比 ProtoPie 在动画配置方面的效果，Principle 可在元素之间自动生成补间动画，这是二者在功能细节方面最大的差别。

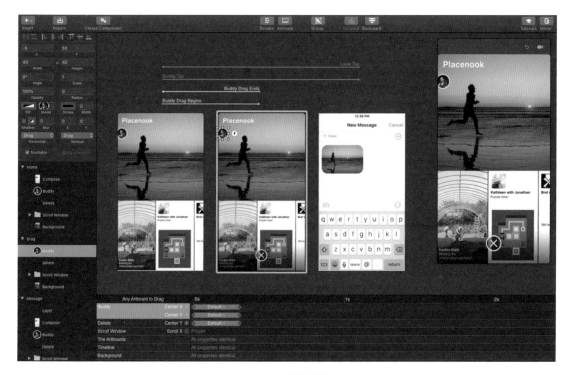

Principle 的主界面

产品特色

- Principle 是 Sketch 的最佳搭档。
- 学习成本低，适合熟悉 Adobe After Effects、Keynote、Flash 基础的新人。
- 交互友好，易上手，可实现零代码出 Demo。
- 一些内部预设的动画属性配置非常精妙，可以拿来直接用，简单快捷。
- 手动获取参数，为可交互原型的完美落地提供更多的数值参考。

适用性

- 低保真原型图、中保真原型图、高保真原型图。（不支持）
- 视觉稿。★
- 协同性。（不支持）
- 易用性。★★★★
- 便携性。★
- 交互性。★★★★★
- 适用系统。（仅限 iOS 系统）

收费制度

$129/ 人 / 年。

弊端

- 动画效果虽然丰富，但大多是小动画；而且从数值输出来看，若想与开发人员进行对接仍需要进行更多的补充。
- 涉及大型项目时，每一个变化都需要新建画布，因此后续在制作复杂逻辑和动画地图时将会异常麻烦。
- 仅支持 Mac 系统。

■ Keynote（PPT）

很多读者会惊讶，连幻灯片都能做交互原型了？确实可以！

Keynote（PPT）的主要功能是利用幻灯片展示内容，其中不乏一些有趣的动画效果，如出现、飞入、放大、缩小等，这些动画效果可以为交互设计提供一定支撑。例如，在某页面中，过场动画设置好参数"单击时"，并根据设计效果设定页面中某些元素的出现变化，这样在播放 / 预览模式下就会根据提前设定好的内容进行交互效果的展现。要注意的是，在设计交互逻辑时一定要考虑到返回或极限情况。

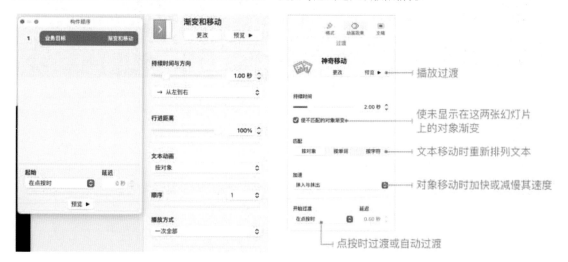

Keynote（PPT）支持一些简单的交互效果

补充一点，Keynote 中的"神奇移动"效果可以逼真地模拟 Android 系统下界面转场、过渡等动画，简化了当对象从一张幻灯片上移到下一张幻灯片上时动画效果的创建，方便表达清楚界面之间的空间与层级关系，并且可以实现跨界面传递信息。

虽然 Keynote（PPT）也可以实现交互效果，但它毕竟不是专业的可交互原型制作软件，它最大的用处就是方便设计师在页面上展现交互思维，向需求方和开发人员展示最终效果。至于详细的动画曲线和速率等参数，建议利用专业的交互软件进行对接。

■ Adobe After Effects

相信大部分读者都认识 Adobe After Effects（AE），它是 Adobe 旗下专业制作视频特效的软件之一。毫不夸张地说，产品设计中的交互效果用 AE 实现简直就是"大材小用"，毕竟它是用来制作电影特效的软件。

AE 值得称赞的功能创新莫过于"时间轴"的设计。正因为有了时间轴,单个元素才能"动"起来,如按钮的点击效果,在视觉上会出现点击时缩小(受压)、释放时恢复等形状变化。这一系列的变化在 AE 中只需调整"大小"参数并进行时间轴的调整——通过调整贝塞尔曲线、帧数和最终形状即可轻松实现。

不过对于交互设计师来说,AE 是一款只能看却不能操作的软件,纵使有着炫酷的外表,却无法完美落地。而且它作为专业的视频制作软件,最终生成的只能是动态演示视频,这更像是交互设计师采用演示文稿在讲述产品的交互效果。

除此之外,利用 AE 制作简单动效也不够方便。虽然其"时间轴"的设计为日常工作节约了时间,但总归在一些细节的调整方面过于耗费时间——为了保证效果真实,需要微调贝塞尔曲线、图像的大小和坐标参数等。另外,AE 的最终输出物大多以视频格式为主,如 .mp4、.mov 等,如果想导出 .gif 格式的输出物则需要借助 Adobe Photoshop 进行转译配合相关插件。

■ Adobe Animate

Adobe Animate 是由 Adobe Flash Professional 更名而来的。它是在保持原有功能的基础上还额外支持外增 HTML5 Canvas、WebGL 的创作软件,还可以通过可扩展架构支持包括 SVG 在内的绝大多数动画格式,为开发人员提供更适应现有网页应用的音频、图片、视频和动画等创作支持。

旧版 Flash 最大的亮点在于"补间动画"功能的创新,该功能可以说是目前主流动效产品的鼻祖,正因为有了补间概念,才有了当前市场上各种各样流畅的动画过渡效果。

视觉方向

在出现专业的体验设计软件(这里的体验设计特指交互设计和 UI 设计)之前,大部分的设计工作主要借助 Adobe Photoshop 和 Adobe Illustrator 展开。然而从工作特性方面来看,这两款软件并非为体验设计量身定制。

先说 Adobe Photoshop 的位图特性,在适配方面就需要考虑分辨率的问题,因此设计师和开发人员在对接时往往需要导出多套不同分辨率的设计稿和切图;至于 Adobe Illustrator 的矢量绘图,从名称的翻译就可以看出(Illustrator 即插画画家),这个功能主要是为插画或与绘画相关的工作而设计的。

从专业的精细程度和纵向深度来看,Adobe Photoshop 和 Adobe Illustrator 确实可以胜任体验设计的部分工作,但对于实际工作而言并不是特别便利,甚至在某些地方还存在着不可忽视的弊病。所以在这样一个巨大的市场需求背景下,体验设计师急需一款为体验设计而生的设计软件。

于是,市场上就有了更多、更新甚至更轻便的设计软件,如近期热门的 Figma,还有老牌设计神器 Sketch,当然 Adobe 也不甘示弱,为迎合市场趋势,Adobe 推出了家族新款 Adobe XD,对标 Sketch。

图形处理软件可以将所有视觉细节展现得淋漓尽致,因此这些专业的图形软件在静态页面的设计方面完全能够替代 Axure 这类原型软件,甚至某些软件同时兼顾了交互设计功能,如 Figma 和 Adobe XD。相信在不久的将来,也许有一款软件可以完全将原型设计、交互设计和视觉设计"一站式"搞定,甚至能直接根据视觉稿生成相应代码,开发落地。

■ Sketch

Sketch 是由一个小型团队开发的,从网上我们可以看到它的更新日志(见下图)。不难发现,它的更新迭代,尤其是对市场的反应非常迅速,这和小而精的团队不无关系。

Sketch V69.1更新日志 2020.10.20

📅 2020-10-20   👁 927   ↩ 分享

发布于 2020年10月20日

- **新的iPhone 画板预设**
  为了庆祝新的iPhone本月发布！我们为iPhone 12 Mini，iPhone 12、iPhone 12 Pro和iPhone 12 Pro Max 添加了画板（Artboard）预设。

- **崩溃和错误修复**
  此版本包含许多针对较小的崩溃和错误的修复，包括在macOS Big Sur Betas上发生的崩溃。

改进了什么？

- 我们引入了一些更好的错误消息，以帮助我们（和您）了解在使用Sketch Account详细信息和Teams订阅注册Mac App时遇到问题的原因。

Sketch V69.1 更新日志

与 Adobe Photoshop 和 Adobe Illustrator 相比，Sketch 算得上是一款轻量、高效的矢量设计软件：轻量主要体现在 Sketch 的主界面拥有清爽的调性；而高效主要体现在矢量图编辑的基础上，具备了部分位图样式的编辑功能，如模糊、色彩校正、矩形、文字、布尔运算等功能。

考虑到大部分设计师是从运用 Adobe Photoshop 和 Adobe Illustrator 转为运用 Sketch 的，因此为了符合用户习惯，Sketch 在某些布局和快捷键的配置方面延续了 Adobe 产品家族的操作，极大地降低了用户转换软件的学习成本。

而且，无限画板的创新也为页面设计提供了更高的自由度，为设计师审视产品提供了全局视角。

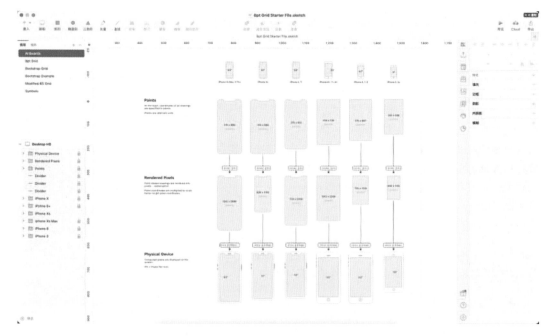

Sketch 的主界面

产品特色

- Sketch 的界面显得更加清爽、简洁和高效。
- 一些设计符合用户习惯，降低了用户的学习成本。
- 对细节的处理很到位，尤其是像素级校准更加值得称赞。
- 对元素的编辑不具备破坏性，可重复调整（与 Adobe Photoshop 的"智能对象"相比）。
- 组件库可实现重复套用，在内部可创建自己的组件库。
- 设计稿更新可实现在线云端同步。
- 标尺测量功能，可快速测量元素之间的间距。
- 切图配置更加多样化，可做到一键导出所有预置切图。
- 强大的插件社区生态为 Sketch 撑起了半边天。

适用性

- 低保真原型图、中保真原型图、高保真原型图。★★★★★
- 视觉稿。★★★★★
- 协同性。（目前处于测试阶段）
- 易用性。★★★★
- 便携性。★★★
- 交互性。★
- 适用系统。（仅限 iOS 系统）

收费制度

$99/ 人 / 年。

弊端

- 对硬件的利用率低，响应速度慢，文件或画板过大时极易出现卡顿。
- 总体来说学习成本低，但是在某些操作细节方面用户仍需重新学习。
- 具备少部分交互设计功能，但普遍不易用。

■ Adobe XD

Adobe XD 作为 Adobe 旗下的一款原型设计软件，有着 Adobe 平台自带的"天然温室"，用户可以无缝衔接 Adobe 旗下的任何产品，如 Adobe Photoshop 和 Adobe Illustrator 格式的文件可以一键转换成 XD 格式的文件，同时也支持 XD 格式的文件一键导入 Adobe After Effects 和 Adobe Animate 中进行视频和交互设计。

除此之外，各个软件之间的转译成本也极低，甚至连快捷键、页面布局都一模一样。从界面中来看，Adobe XD 与 Sketch 相比更加轻量化：左侧为 9 个常用功能的按钮（按 Tab 键可切换），右侧为"共享 / 协同 + 属性配置"，除此之外，没有多余的功能区。

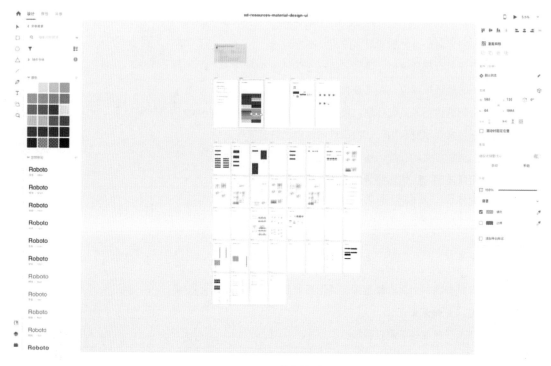

Adobe XD 的主界面

Adobe XD 较为亮眼的功能要数"重复网格"的创新，这为 UI 设计师节约了很多时间。当页面中出现重复的模块，如电商的图文列表，此时就可以选择第一个图文，点击"重复网格"按钮，鼠标向下拉动就可以无限复制同样内容的图文列表。

操作步骤

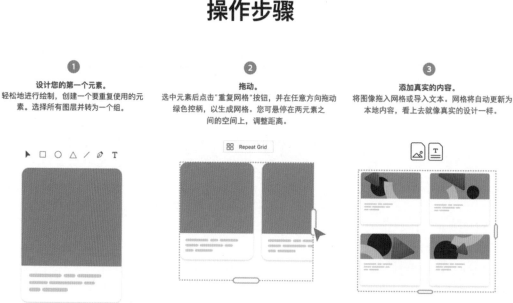

①设计您的第一个元素。
轻松地进行绘制，创建一个要重复使用的元素。选择所有图层并转为一个组。

②拖动。
选中元素后点击"重复网格"按钮，并在任意方向拖动绿色控柄，以生成网格。您可悬停在两元素之间的空间上，调整距离。

③添加真实的内容。
将图像拖入网格或导入文本。网格将自动更新为本地内容，看上去就像真实的设计一样。

Adobe XD 的无限网格操作步骤

除了在操作和界面方面进行了大胆创新，Adobe XD 还为设计师提供了基础组件库、平台组件库和少量图标库等，设计师可以进行组件库的快捷创建。

如果仅依靠 Adobe XD 官方进行功能维护，显然心有余而力不足，Adobe Photoshop 和 Adobe Illustrator 就存在这样的弊端。因此，Adobe XD 还支持第三方插件扩展，如 UI 设计师常用的 UI Face，可针对选中的标准图形进行一键填充头像……

除了原型图和视觉稿的绘制，Adobe XD 同样支持交互设计：通过切换头部的标签导航，即"设计 / 原型 / 共享"按钮，可对当前页面进行拖曳操作，创建交互方式，如简单的转场动画、页面跳转等，甚至可以针对某些共有元素实现"神奇移动"的效果。

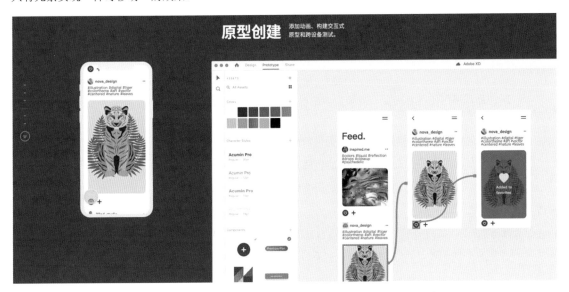

Adobe XD 的原型创建和交互设计功能

在更新频率方面，Adobe XD 保持着一月一更新的高频率更新，每次更新都能让设计师眼前一亮，如强大的协同工作、3D 变换、自动生成补间动画等。

产品特色

- 轻量化的界面，为设计师排除了一些干扰。
- 多系统支持，可在 OS 系统、Windows 系统中流畅运行。
- 强大的组件库，提升设计效率。
- 背靠 Adobe 家族，为产品后续创造无限衔接的可能。
- 支持 Sketch 转译，既降低了文件转译成本（部分细节无法实现完美转译），也降低了设计师选择软件的成本。
- 设计细节优化到位，提升了设计效率。
- 支持有线和无线两种形式，可在移动端或 PC 端预览设计稿。

适用性

- 低保真原型图、中保真原型图、高保真原型图。★★★★★

- 视觉稿。★★★★★
- 协同性。★★★
- 易用性。★★★★★
- 便携性。★★★
- 交互性。★★★
- 适用系统。（无限制）

收费制度

$120/ 人 / 年。（目前为免费推广阶段）

弊端

- 新产品，国内使用者尚少，需要更多的时间、场景不断成长和发展。（设计文件的转译成本是重要因素）
- 目前暂时是免费的，后期可能会变为付费产品。
- 插件的社区生态还未成型，部分功能仍需完善。
- 支持共享和上传云端，但受网络质量影响严重。

■ Figma

Figma 可以说是目前市场上为数不多的基于浏览器而实现在线协同的设计软件之一。也就是说，只要有浏览器的地方，使用 Figma 将会突破系统限制——设计师再也不用担心换一台计算机就需要重新下载并安装软件了。

Figma 的主界面

由于是基于浏览器实现在线协同的设计软件，因此设计文件相应地会被存储在云端。当设计师换了一台计算机进行工作时，只需点击相应的链接就可以继续编辑未完成的设计稿。不过云端存储与本地存储相比，其加密性和安全性还有待商榷。

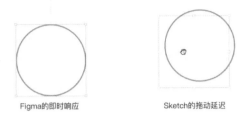

Figma 和 Sketch 的响应速度对比

Figma 在功能方面和墨刀很像，是集原型设计、交互设计、UI 设计、标注、版本控制和协同等于一体的平台型软件。但 Figma 和墨刀最大的区别在于技术的开放性。Figma 为设计师和开发人员提供了 Web 接口，这为 Figma 的社区生态提供了强大的扩展性。毕竟群策群力总比自己独当一面更为高效，从这一点来看，与 Sketch 和 Adobe XD 相似。当然，插件的社区生态对软件使用者的数量有极强的依赖性，毕竟 Figma 的使用者大部分是国内用户，与 Sketch、Adobe XD 相比，其使用者较少。

Figma 集多项功能于一体

除了上图中罗列的功能，Figma 还具有 Team Library（团队组件库）、Craft-Freehand（实时讨论）、Liveshare（实时分享）、Web 的第三方接入、蓝湖的切图标注等诸多功能。

产品特色

- 高效的多人在线协同办公。
- 清爽的界面，设计师学习成本低。
- 云端存储文件，在任何设备上都可以轻松访问。
- 基于浏览器的跨系统支持。
- 内置版本控制功能。
- 内置原型设计功能。
- 拥有强大的组件库，可修改任何属性而无须将其分离。
- 交付、对接更容易。
- 优化 UI 配置，提升设计效率。

适用性

- 低保真原型图、中保真原型图、高保真原型图。★★★★
- 视觉稿。★★★★★
- 协同性。★★★★★

- 易用性。★★★★
- 便携性。★★★★★
- 交互性。★★★
- 适用系统。（无限制）

收费标准

$144 / 人 / 年。（部分功能免费）

弊端

- 新产品，需要更多的插件支持。
- 针对目前的设计文件，需要进行转译，移植成本高。
- 断网会影响部分功能的使用，受网络稳定性影响大。
- 部分功能需要进一步完善，如等比例缩放、阴影扩展、动态按钮等。

■ Adobe Photoshop

关于 Adobe Photoshop，笔者在这里就不过多介绍了，它是最常见的位图图像处理工具，同时它也是目前市场上老牌的使用率较高的设计软件。

■ Adobe Illustrator

Adobe Illustrator 填补了 Adobe 的短板——矢量图形处理工具，常被应用在插画、建筑设计稿、书籍包装和品牌设计等领域，和 Adobe Photoshop 并称设计师的"两大神器"。

运用设计软件的目的是更清晰地阐述设计思维，尤其是交互思维更需要借助原型图等可视化形式的表达。因此，我们只需要找到适合自己或者适合团队的软件并熟练运用即可。

关于用户体验设计领域内会用到的一些主流设计软件及其特点，笔者制作了一份表格，仅供参考。通过这份表格，相信诸位读者可以更直观地看到主流软件在功能方面的些许区别，并能更好地挑选适合自己的"神器"。

诸位读者关注"叨叨的设计足迹"公众号，后台回复"2020 年工具对比图"即可下载。

5.2　交互思维

5.2.1　导航系统

导航系统通常吸引了用户较多的注意力。

导航系统关乎用户对产品的第一印象

以"在超市购买三文鱼"为例，消费者会经历如下场景。

- 在不熟悉路线的情况下，消费者会先尝试寻找导航标识（在寻找无果的情况下会进行询问），然后根据导航标识的指引，从当前位置穿过百货区，绕过酱料区，最终来到海鲜水产区。
- 如果消费者熟悉超市的整体布局，则会凭借经验直接来到海鲜水产区，甚至会找到一条最快的路径。

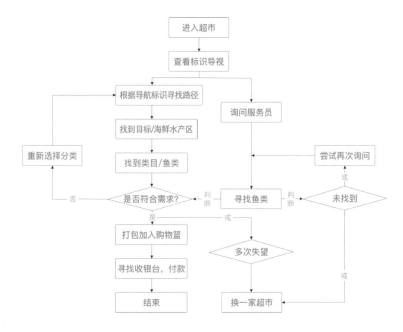

超市购物的导航判断流程

不仅在超市会出现这样的判断流程，甚至在日常生活中的一个不经意的询问都是和导航相关的。

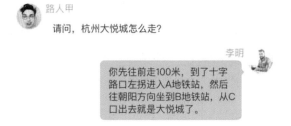

问路

在陌生的环境中，为了快速到达目的地，我们通常会采用询问的方式进行导航。

试着回忆一下，如果你也身处陌生的环境中，你会通过什么方式或方法进行导航？此时，你的"心路历程"大概是这样的：我对这个环境很陌生，得先观察一下周围的环境，（观察）怎么走，（分析）这样走是否能到达目的地（满足需求）。

上述这些心理变化其实就是用户在使用产品时的心理变化：当用户接触到陌生的产品时，首先会将注意力集中在"产品是什么"上（观察），其次考虑"它能做什么"等问题（分析和满足需求）。

由此看来，导航系统并不是单纯地从出发地到目的地那样简单——导航系统的设计是全局设计，用户对它的依赖更多的是对系统的整体感知，如行人需要通过身边的建筑物判断其当前所处的位置，用户需要通过产品的多个功能判断该产品的功能分类等。

简单来说，导航系统其实就是对产品信息进行分类的系统。如果这套系统做得好，那么用户对产品的第一印象就好，这也是导航系统对于产品而言为什么那么重要——它不仅可以表达产品信息，更重要的是它为用户提供了解决问题的路径指引。

从线下导航系统到线上导航系统的使用习惯

从结构和流程上来看，线上导航系统和线下导航系统具备诸多共性，但是用户在使用线上导航系统和线下导航系统时，会出现诸多不协调的习惯。

- 用户没有大小、质感的概念。如果是在线下，我们可以通过观察判断超市的大小、物品的质感，但是在线上不行，因为线上平台缺少一个全局视角辅助用户对事物进行综合判断。
- 用户缺少参照物，感受不到当前位置。例如，在线下，我们知道海鲜水产区在绿柱子后面，在线上我们却找不到参照物。
- 线上导航缺少方向感，但是在线下有明确的导航标识。
- 在线上，我们可以在层级的深入过程中找到自己需要的内容，但在线下，所有商品都处于同一层级。

对比下面两张图我们能轻易地感受到，二者同属对内容的分类和指向，但是所表达的含义不同。线下导航表达的是"某某区域在哪个方位"，而线上导航表达的是"某某产品在某某分类下"。产生这种现象的主要原因是用户缺少方向感，也就是在不同媒介（线上、线下）和场景中，用户的购物体验和习惯也产生了相应的变化。

▲ 线下导航

▲ 线上导航

线下导航和线上导航的区别

为了保证用户在线上也能够拥有线下的购物体验，设计师需要对某些体验细节进行优化。借助用户在线下使用导航系统的习惯设计线上导航，这需要设计师更细致地观察生活中的方方面面，利用潜在要素引导用户，帮助用户实现线上导航系统和线下导航系统的零成本转换。

导航的构成要素

小型产品或许并不需要配置导航系统，这就像在自家一样，闭着眼睛都能在房间里行动自如。但如果把导航系统放在体量较大的范围，你就会发现它的神奇之处——它能提供给用户两大必要功能，即定位和导航。

试想一下，当你在一片森林中迷路了，在失去方向感的前提下怎样寻找出路？首先肯定是确定当前位置，如抬头看看北极星，然后基于当前位置，利用北极星进行导航，直至走出森林。所以，定位和导航诠释了用户在使用导航系统时的三大要素：第一是确定当前位置，也就是定位起点；第二是确定终点，也就是定位终点；第三是确定两点间的线路。

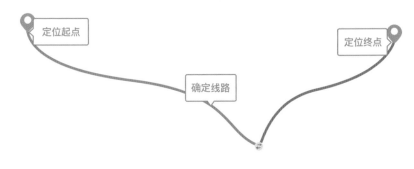

导航的三大要素

有了核心三大要素，导航系统基本就能运行起来了，如去超市买鱼，我们可以先根据标识、置物柜和货架这些参照物快速对自己所在的位置进行定位，然后开始寻找目标，锁定目标后确定行进线路，最终抵达目的地。当然如果有捷径，也是可以的。

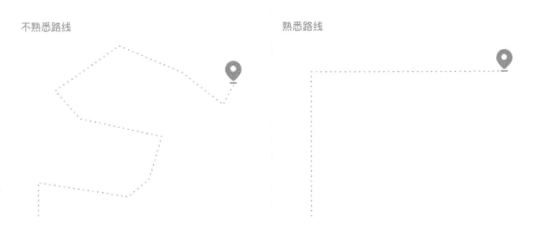

在确定两点的前提下，最大的区别在于行进路线的不同

然而在线上场景中我们会失去参照物，此时就需要借助导航系统中的其他要素进行定位。

下图所示为设计师借助线下购物场景中用户的习惯打造的线上购物场景中的导航系统。

购物网站的导航系统

首页是用户进行定位和导航较理想的要素，用户在任何场景、任何时间都可以判断自己所处的环境是否发生了变化，同时可以通过点击"首页"重新回到主菜单。

顶部导航则属于**全局导航**，无论产品如何变化，这些导航栏都始终如一地固定在那个位置，只不过随着场景的变换或深入，导航的内容和框架会有所变化。全局导航可以体现产品的大小。当然这个大小只是针对产品的内容和功能而言的。

部分产品的信息展示会出现变化，但并不影响用户借助它进行导航

最左侧的内容是**栏目**，就像超市会对各类商品进行分类一样，线上购物平台也会对商品进行分类。它直观地体现了产品层级的概念，只不过在线上场景和线下场景中分类的颗粒度有所不同——在线上场景中商品的分类会更细致、更精确，而在线下场景中则只进行大类目的划分，如下图所示。

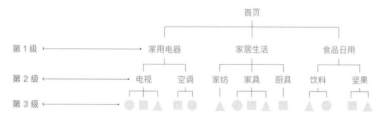

树状分类

在部分场景中，"栏目"也会被置于"全局导航"下作为全局导航的细分结构。

全局导航和栏目可以合并使用

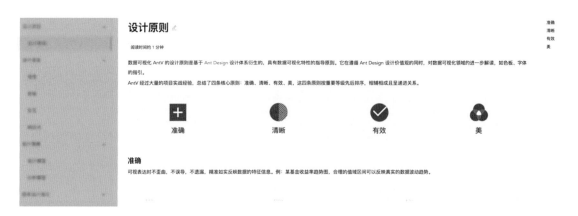

除了横向的展现形式，纵向的展现形式也常常被使用

除了以上导航要素，**搜索**功能也是重点之一，甚至可以说，搜索功能是线上产品必须具备的核心导航功能。通过搜索功能，线上产品会根据我们所提供的内容对全局信息进行搜索。

搜索功能可以帮助用户进行快速定位

从本质上来看，无论是通过层级导航或"栏目"进入目的地，还是通过搜索功能抵达目的地，二者的目标一致，只不过形式和路径不同。通过下图不难发现，通过搜索得到的结果没有"层层递进"的路径，所以会直接展示结果，其虽然足够便利，但会弱化层级信息，导致结果不完整，如缺少进出口信息等。

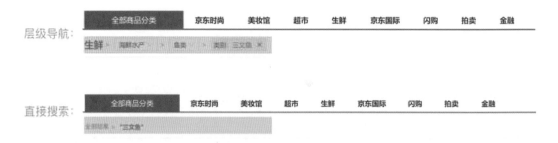

通过层级导航和搜索功能抵达目的地的路径不同

而且从商业角度考虑，用户"逛"得越多，路径上的产品的曝光率就越高，因此线上平台会提供更详细的导航以刺激用户执行"逛"这个动作，如下图的筛选条件其实就是对"栏目"的演变和深入扩展。

筛选条件示例

线上导航不同于线下导航，线下导航可以依靠参照物做位置的锚定，而线上导航则缺少参照物，因此线上导航需要在页面的相关位置表达当前位置的信息，也就是常说的"从哪来，在哪里，到哪去"。面包屑导航正好可以解决这个问题。

面包屑导航示例

信息架构和导航系统

介绍到这里，也许有读者会产生困惑：从上面的表述来看，导航系统和信息架构难道不是同一个东西吗？它们都对产品的各类信息进行了结构梳理和分类，二者又有什么区别呢？

很多设计师在最初绘制原型图中的导航系统时会直接照抄信息架构，认为这就是导航系统。其实它们并不相同：信息架构是帮助产品链接各个要素和功能的一种结构形式，它为导航系统的设计提供了指导意见；而导航系统则是帮助用户更高效地查找信息和使用信息的路径集合，是对内容进行组织、收纳和整理的一个系统。例如，用户想在购物平台上购物，其首先要知道某个功能在哪里，这时（在界面中）导航系统就可以起到承载信息和传达信息的作用。用户知道了入口在哪，就会层层深入，直至找到目标。

信息架构的设计会根据产品的特性而定，而导航系统则是将产品背后"看不见"的架构，通过一种可视化的方式展现给用户，从而提升用户在和产品进行交互时的效率。

线下购物给予了消费者极强的空间概念。如果有人问你："三文鱼在哪里？"你可能会借助参照物给予引导："看到那个绿色的柱子了吗？就在那个柱子的后面！"

但反观线上购物，此时如果还有人问"三文鱼在哪里"，也许你就会换一种更为保守的方式回答："你看看水产类下面有没有，实在不行搜索一下。"

信息架构是将产品信息结构化，而导航系统则是在信息架构化的基础上对信息进行归纳和整理，帮助用户轻松实现目的的一种高效的方式。这种高效带给用户比较直接的使用体验就是在浏览产品时，用户感受不到时间的流逝和空间的转换，因为线上的导航弱化了空间概念，进一步强调了购物体验，也就是沉浸式体验——导航系统弱化了产品的信息架构，以至于用户在不断深入探索的过程中忽略了空间转换。

导航系统的特性

导航系统的主要作用是帮助用户快速获取信息并进行定位，因此它必须具备以下特性。

易识别性

导航的展示必须一目了然、清晰可见，因此导航要设计得可以轻易地被用户感知到，也就是减轻用户的认知负担。部分网站会对全局导航进行数量限制，尽量贴近人类记忆特性的"7±2 法则"，如果超出这个数字范围，可以考虑在最后加上下拉菜单。

导航系统中的"7±2 法则"

易用性

在易识别的基础上，还必须确保明确、可被轻易使用，即导航系统可以帮助用户随时找到其想要的信息。从笔者经手的部分产品数据埋点来看，用户的浏览路径起初是线性深入，但随着逐渐深入，用户的行为往往会表现出更多的随机性。如果把随机性作为易用性的悖论，那么搜索就是调和二者的最优功能，它可以为用户提供更好的产品体验，帮助用户快速找到自己想要的内容。

连贯性

信息和信息之间绝不允许出现跳跃性，如页面 A 到页面 B 要在某些属性上具备关联性，因此在逻辑方面一定要设计出符合用户心理模型的信息层级。如下图所示，用户点开三文鱼的卡片链接，那么跳转出来的信息一定是和三文鱼呈正相关的内容。

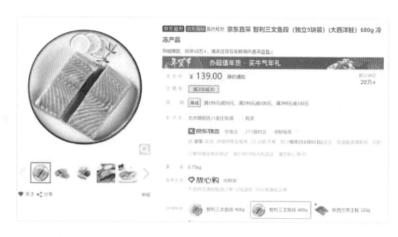

信息与信息之间应具有连贯性

一致性

不同的页面需要采用同样的导航系统，如全局导航、栏目导航等，切忌出现横向导航、侧边导航相交叉的产品。而且一致性不仅体现在导航结构上，文案、位置和组件也要具有一致性。

Ant Design 把一致性作为设计原则之一

除了视觉方面的一致性，在规则方面也要具有一致性——部分产品会跨平台使用，考虑到场景的复杂程度不同，产品内部的规则必须保持高度一致，如卡片的大小、间距等需要在符合不同设备、平台的相关规定的情况下保持一致。

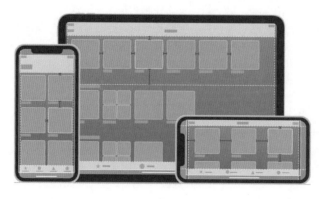

iOS 系统在跨设备使用方面制定了明确的一致性体验规则

导航的几种展现形式

导航的展现形式有很多，常见的有标签导航、面包屑导航，从布局方面来看还有抽屉导航、宫格导航、列表导航、舵式导航和复合导航等。

标签导航

标签导航在导航系统中称得上是隐喻应用极强的例子之一。对比下面两张图不难发现，二者在导航切换方面有极高的相似度，以至于用户在切换时根本无须明白"什么是标签导航"即可上手使用。市场上大部分的产品都会使用标签导航，它的使用场景广泛而丰富。

标签导航

标签导航的演变样式

在移动端，标签导航也十分常见，可以说市场上 99% 的产品底部的四个 Tab 都属于标签导航。除了底部的 Tab 场景，还有头部的横向导航场景。

标签导航在移动设备中的使用场景

面包屑导航

面包屑导航的由来源于一个小故事。

> 汉斯被父母抛弃在森林中，为了找到回家的路，他将父母留给他充饥的唯一的面包撕成面包屑，指引自己回家。

故事中的汉斯利用面包屑指引自己回家，设计师从中受到了启发，在适合的场景中也加入了"面包屑"作为路径指引。

面包屑导航除了可以辅助用户进行快速定位，还可以直观地展现用户所经路径的层级关联性，方便用户在各个层级之间进行跳转操作。

基础用法

首页 / 活动管理 / 活动列表 / 活动详情

图标分隔符

首页   活动管理   活动列表   活动详情

面包屑导航的不同展现形式

面包屑导航的设计应该始终遵循"弱注意力"的原则。一个合格的面包屑导航不会和全局导航争夺用户的注意力，它往往出现在用户需要的场景中，并且常常作为全局导航的补充要素。

某电商平台上全局导航和面包屑导航的组合

经过不断的实践，面包屑导航还衍生出了多种展现形式，如进度条、流程等。物流信息的更新可以称得上是面包屑导航的扩展形式，用户可以根据物流信息的更新直观地知晓快递当前所在的位置及运输流程。

物流信息的更新可以称得上是面包屑导航的扩展形式

面包屑导航突出的作用在于快速定位和层级信息的展现。从适用场景来看，面包屑导航更适合 PC 端，因为移动端的产品结构偏向扁平化，对层级的需求较弱。受屏幕大小的限制，面包屑导航会占用过多的屏幕空间，在移动端寸土寸金的屏幕上使用面包屑导航太过奢侈。凡事无绝对，在某些移动端产品中也有面包屑导航的一席之地，如移动版钉钉就利用了面包屑导航。

抽屉导航

顾名思义，抽屉导航就像抽屉一样，打开后可以展现更多的内容。因图标常为三条杠，所以抽屉导航也被称为汉堡包导航。

抽屉导航和现实中的抽屉的功能类似，通常作为信息或功能的收纳模块，如"设置""通用"等功能通常会放在抽屉导航中作为扩展功能。

抽屉导航示例

宫格导航

宫格导航是将内容不同但具备关联性的功能做独立处理的形式，如美图秀秀的首页就采用了宫格导航设计。现在大部分的产品会将宫格导航作为主要导航形式之一，如支付宝、微信等大型互联网产品都在使用宫格导航。

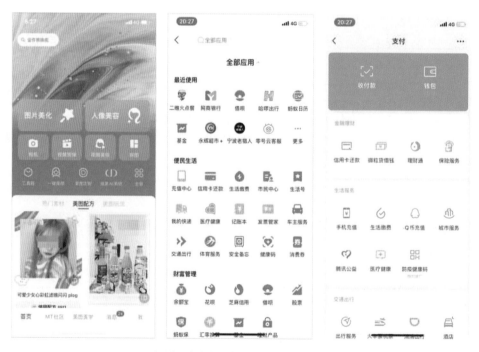

不同产品的宫格导航的展现形式有所不同

列表导航

列表导航是较常见、也是较原始的导航形式，手机的设置模块大多采用列表导航。产品不同，列表导航的形式也不同。

列表导航的不同展现形式

舵式导航

从本质上来看，舵式导航与抽屉导航相类似，都是对信息或功能的一种组织收纳形式。现在市场上已经很少见到使用这类导航的产品了。

舵式导航示例

复合导航

复合导航就是将多种导航形式进行组合的一种导航形式，如腾讯新闻将标签导航和列表导航进行组合、新版携程将标签导航和宫格导航进行组合等。

复合导航示例

上述介绍的导航形式并没有一成不变的使用场景，也没有强制性的使用规则，设计师可以根据产品特性和场景适应性进行导航形式的合理搭配和设计。

可行性导航测试

一套成功的导航系统应该是什么样的？产品经理、设计师、开发人员和运营人员说了都不算，最好的测试办法就是邀请目标用户亲自使用。

产品设计者在测试的时候往往会从主页开始测试，因为他们认为用户会遵循既定线路进行产品的使用。然而实际数据显示，用户除了通过首页进入产品，还会通过第三方链接或相应场景中的其他操作和产品进行交互。此时导航系统就发挥出了它的巨大价值——无论用户打开哪个页面，导航系统都可以在页面中清晰地展现用户当前所处的位置，帮助用户迅速做出位置判断，同时辅助用户通过这些信息找到"回家"的路。

没有对比就没有伤害，只介绍好的导航并不能看出其优势在哪里。下面再来说说差的导航。

市场上许多 B 端产品中的导航设计往往借助于对物理逻辑的理解（少部分 C 端产品中的导航也是如此），也就是说，导航是根据数据之间的层级进行设计的。

总结一下，导航系统其实就是对产品信息进行分类、组织、归纳、整理的系统，它是产品（信息架构）和用户之间沟通的桥梁，让复杂的信息架构变得可视化、易理解，让用户对产品的识别和操作更流畅。

利用产品本身的数据结构设计导航系统并没有错，但考虑到产品是给用户使用的，因此设计师在设计导航系统时要始终从用户的角度评估导航系统的有效性、可行性和易用性，尽量使导航系统贴合用户的心理模型。如有必要，设计师可邀请用户亲自梳理他们认为好的产品的导航系统应该是怎样的——卡片分类活动是一个不错的调研活动，通过这个活动，既可以构建用户的心理模型，也有助于设计师设计出符合用户心理的导航系统。

5.2.2 设计规范

制定设计规范的过程其实就是在无序中寻找有序的规则。

很多人都将设计和艺术混为一谈,都说设计和艺术属于美学范畴。严格来说,艺术是提出问题,而设计是提出解决方案。艺术家可以赋予一件作品特定的意义,但是在设计方面必须使作品合理。这就是它们之间的区别。

设计规范提供了理性和严谨的思考框架,指导着设计师的设计行为。

设计规范在某些场景中更像是一种指导方案,既然是指导方案,那么肯定还有很多空间是留给设计师发挥其价值的,如交互细节、用户体验优化等。因此设计师在设计时不能墨守成规,而应该基于设计方案拓宽设计边界。

横向来看,设计规范有视觉品牌规范、交互设计规范和 UI 设计规范等;纵向来看,就是将前面提到的规范进行细化和深入。既然这些规范都统称为设计规范,那么在横向内容方面肯定有很多的共性,如视觉品牌规范中的色彩和字体,在 UI 设计规范中可以直接引用或完善,只不过二者的适用场景可能不同——前者用于指导企业级别的品牌视觉设计,后者用于指导产品设计。

设计规范的种类有很多,本节主要讲的是和用户体验设计师密切相关的交互设计规范和 UI 设计规范。

为什么要制定设计规范

对于用户体验设计而言,保证产品体验的一致性是至关重要的,这是对外的;而对内会涉及多人协同和多场景的覆盖。因此,组件库和设计规范的建立可以在一定程度上规范一些内容,如组件的统一可以提升整款产品的研发效率及复用率。

设计规范的价值如下图所示。

设计规范的价值

高效性。从时间角度切入,互联网时代背景下的产品更新迭代速度快,慢则一个月、快则一周就需要发布一版。而设计师在进行页面设计时,其中的信息、组件等构成要素大多是统一的,如果有现成的设计规范,那么无疑可以提高设计师的工作效率。

从业务层面来看,当业务体量增加之后,页面内容也会随之增多,这会导致设计师在进行设计时容易忽略细节问题。此时如果有一份设计规范把各项细节都规范到位,那么设计师在工作时只需将各项规范进行拖曳就可以最大限度地避免细节的遗漏。

从开发层面来看,(分两个维度,第一个维度是设计维度)会出现多名设计师协同设计同一款产品的情况,如果没有一套统一的设计规范,那么相信每位设计师所产出的页面将会是"五花八门"的,这些页面肯定会给前端工程师的页面落地工作带来压力。因此,如果有一套统一的设计规范,多名设计师在进行协同设计时只需按照规范进行页面设计,同时对前端工程师进行相应的培训,那么在工作内容的对接方面就可以做到"如丝般顺滑"。

从第二个维度——开发维度入手,如果对组件进行了封装,那么前端工程师只需引用组件库代码即可轻松实现页面落地，既可以提升开发效率，又可以解决代码冗余的问题。

复用性。一家企业有人留、有人走，人员的流动对项目和产品会造成一定影响。例如，设计师 A 是老员工，其一旦离职，后续新入职的设计师 B 并不一定能在设计师 A 的基础上继续进行设计创作。此时若有设计规范，无论人员变动多么频繁，相关人员只需要对设计规范有所了解并灵活运用，就能快速接手项目，继续跟进工作。对于整个项目团队来说，这无疑减少了因工作交接而带来的冗余成本。

一致性。一致性是设计规范核心价值的体现。前文也提到，在大型项目中多个设计师往往协同工作，有了设计规范，处于体验和视觉层面的用户在使用产品时的感受通常也会一致。此外，大型企业往往是一款产品（或一条业务线）由多个子产品（或多个子业务）组成，统一的设计规范也可以确保多条业务线的统一。

市场上其实已经有很多现成的设计规范了，这些开源的设计规范已经足够设计师完成日常工作了，如 Ant Design，在绝大多数 B 端场景中可直接使用，省去了设计团队重新制定一套全新的设计规范的成本，达到了节省成本的目的。

有些平台性质的产品，后续会有很多第三方设计师进行产品上线，为了确保第三方设计师设计的产品符合平台的统一标准，就必须搭建一套适用于平台的设计规范。以苹果的"Human Interface Guidelines"（iOS 系统设计规范）为例，如果第三方想在 App Store 中上线产品，那么在设计、代码等方面就必须符合"Human Interface Guidelines"的设计规范，这就是平台规则，是强制性的。除了苹果，还有 Google 的 Material Design、Microsoft 的 Fluent Design 和阿里云设计规范等。

市场上有很多产品都是参照这些规范进行设计的。产品设计符合这些规范虽然是为了通过平台审核，但是随着时间的流逝，同一套规范下的不同产品的内容越来越趋于同质化。这就对设计师提出了更高的要求——在进行产品设计时不仅要符合平台规范，还需要做到在规范中创新，争取在产品设计中融入更多的创意，加强用户在使用产品时的记忆点和体验感，借此和市场上的同类产品区别开来。为了实现这一目的，设计师就需要在平台规范的基础上制定适合自家产品、场景特点的设计规范，甚至可以在新的设计规范中融入品牌基因，制定适合自己业务属性的设计规范，以应对市场挑战。

设计规范、设计原则、设计语言和设计规格的关系

明白了设计规范的价值所在，下面再来介绍设计规范的构成。

笔者认为，设计规范是对设计概念和使用规范的一种统称，属于"上层建筑"的维度。既然是"上层建筑"，那么肯定是由底层的"经济基础"来支撑的，因此厘清规范中的构成要素将有利于我们全面理解设计规范的价值和意义。

从笔者个人的理解出发，设计规范的组成部分包括设计原则、设计语言和设计规格。设计原则是抽象化的，是设计规范中的核心，同时也在指导着设计语言和设计规格的形成；而设计语言是整套设计规范的基础，只有先确定底层的东西才能在此之上扩展更多的内容。

如果将设计规范看作人体，那么设计原则就是人的大脑，设计语言就是人的骨骼，设计规格就是人的血肉，只有三者同时具备，设计规范才算是一个成型的独立个体。

设计规范、设计原则、设计语言和设计规格的关系

市场上成熟的设计规范都有其**设计原则**，如苹果"Human Interface Guidelines"的清晰、依从和深度，Google"Material Design"的隐喻、鲜明形象、有意义的动画效果，蚂蚁"Ant Design"的亲密性、对齐、对比和重复等。

Ant Design 的设计原则

市场上的设计规范种类繁多，大致可分为三种类型，即平台型、指导型和模板型。

平台型设计规范主要是从平台角度制定的设计规范，如苹果的 iOS、Google 的 Material Design 和 Microsoft 的 Fluent Design 等。

指导型设计规范主要从一种指导设计的角度给出参照，如 Ant Design 和 Element 等。

模板型设计规范则是套用一套现成的模板以节省成本，如墨刀内置组件和 Mockplus 等。

将语言的基础要素映射到设计规范中就是"多个单一色彩构成了色彩系统""多个基础文字构成了文字系统""多个页面的布局构成了布局规范"，再由这些系统向上组合，进而构成了设计规范中的**设计语言**。

在设计规范中，**设计语言**必须具备普适性和包容性，这也决定了它必须要兼顾设计稿的方方面面。

设计规格是指针对设计配置的详细描述。设计规格就像是设计规范的使用说明。如果从更高的视角出发，前期的设计原则和设计语言其实都是在设计规格中得到落实和可视化的。

制定设计规范的前期准备

俗话说有备无患，准备得越充分，执行起来才越顺畅，制定设计规范也是这样的。如果想从 0 开始制定设计规范，前期的准备肯定是越充分越好。

相关人员要看准制定设计规范的时机。制定设计规范不宜过早，也不宜过迟：早期相关人员对项目的了解还不够深入，此时盲目地制定设计规范会出现设计稿无法适应业务场景的情况；当然设计规范的制定也不宜过迟，待项目达到一定体量时才去制定设计规范，就会陷入团队内部同时使用多套设计规范的尴尬境地。

那么，什么时候才是制定设计规范最合适的时机呢？

一般来说，当相关人员对项目进行了深入了解后就可以开始考虑制定设计规范了。不过要注意的是，相关人员如果能够预见后续的产品体量成长有限，那么就不建议制定设计规范，毕竟设计规范对于小产品而言，其价值和意义都不大，如对一些简单的工具型产品——番茄时钟、备忘录等，不需要制定设计规范。

不过根据笔者的经验，即使市场上大部分的工具型产品体量都很小，未来成长空间也有限，但为了提高利润，利益相关者和产品经理都愿意把产品体量做大。因此随着小产品体量越来越大，在产品中投入的人力成本和时间成本就会随之增加，此时相关人员需要根据实际需求及当前资源的情况，配合团队制定一套适用于当下业务场景的设计规范。

经过前期的设计沉淀，一些色彩、字体和组件等都有了大致的使用规范，在制定规范的时候我们只需要将这些构成要素规范和统一起来，确保所制定的设计规范能够完美地贴合业务场景即可。

"站在巨人的肩膀上看世界，你会少走很多弯路"，这句话在设计规范中同样适用。关于设计规范，市场上已经有了很多成熟的案例，我们可以基于这些成熟的案例制定适合自己的设计规范。

要注意的是，笔者在这里说的是借鉴，直接照抄肯定是不行的，毕竟很多设计规范只适用于"巨人"本身。提倡"站在巨人的肩膀上看世界"是为了让设计师所站的高度更高，但是在实际的应用过程中依然要结合自家产品的业务属性制定适合自己的设计规范。

除了上述准备，相关人员还需要在团队中争取针对设计规范的话语权，毕竟制定规范仅凭一己之力是无法实现的，而是需要整个团队的发力。为了方便后续的设计规范落地，建议设计师在团队中向利益相关者进行汇报，让他们意识到设计规范的价值所在和对团队的好处，这样才能引起大家的重视。毕竟从产品经理的角度而言，设计规范是一款由设计师主导的设计产品，也是设计价值的集中体现。

从 0 制定设计规范

通过阅读前文可知，设计规范包含设计原则、设计语言和设计规格三部分。我们一起来看看如何制定设计规范。

设计原则

设计原则比较抽象，相对于其他两个具象化的内容而言，它可以称得上是设计规范中较难定义的部分。我们可以从产品类目或属性入手，如针对社群类的产品可以考虑亲密性和舒适性原则，针对 B 端产品可以考虑高效性和自然性原则……

总之，制定设计原则一定要从产品策略、定位、市场和目标人群等要素入手，挖掘贴合产品特征的顶层价值观。

有了制定设计原则的方向，接下来就是一步步地拆解和分析。

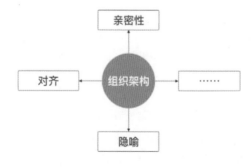

设计原则需要紧密贴合产品特征

设计语言

一些涉及全局概念的要素都可以看作设计语言的子单元，如栅格规范、布局规范、色彩系统、字体系统、图标系统和导航系统等。

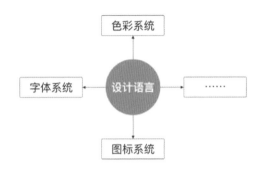

设计语言

制定设计语言本身并不困难，困难的是如何让设计语言适应业务场景。以制定色彩语言为例，想要制定一套成熟的色彩语言并不是单纯地规定几种颜色就可以了，还需要考虑多场景的扩展和观感。

要想建立一套完善的设计语言，靠"一口吃成胖子"肯定不行，我们需要循序渐进地优化设计语言。

第一步是制定设计语言。这一步需要结合产品特征，有针对性地制定设计语言。例如，可以利用情绪板分析目标人群的色彩倾向；可以根据产品调性设计合适的字体；可以结合业务特点确定栅格的疏密……

第二步是优化，在上一步的基础上，结合复杂的业务场景做出更合适的优化。例如，色彩需要根据可视化效果、设备的呈现原理和场景复杂性做出相应的修改，字号大小也需要根据不同场景进行调整……

通过以上两步可以确保设计语言能够不断适应日益复杂的业务场景。当然更多的细节不仅需要结合实际业务场景，还需要结合业务属性和市场环境等做出相应的调整。

设计规格

关于设计规格，也就是组件库，笔者借助原子设计理论介绍如何制定一份完善的组件库。原子设计理论是由布拉德·弗罗斯特提出的，其灵感源自化学领域中的"原子理论"——由原子构成分子，再由分子构成物质。原子对应着设计规范中颗粒度最小的组件，也就是组件库中的元组件；而分子则对应着基础组件；至于组织则对应着更为复杂的复合组件，甚至包含了业务型组件。

原子设计理论

元组件、基础组件和复合组件的分类和处理规则是笔者从设计师的视角进行拆分的。如果从开发人员的视角来看，依然会参照市场上常见的 input、form 的规则进行落地。

这和乐高积木的玩法如出一辙——采用几个甚至几十个最小单位且规格一致的积木，通过排列组合建成一个巨大的模型。

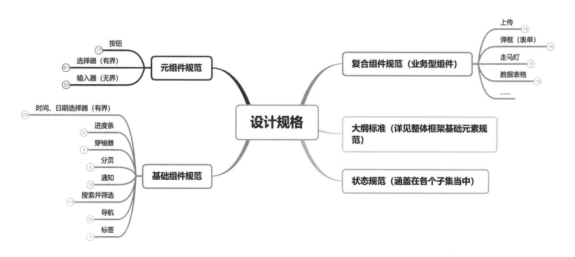

设计规格的组成（部分）

下面以 PC 端组件库的建立为例，介绍如何从 0 ～ 1 建立组件库。

以原子设计理论为参考，首先将目前产品设计中所涉及的全部组件进行收集、整合并记录下来（可利用 Excel 表格或思维导图进行记录）。下图是笔者罗列的一部分组件，仅供参考。

部分组件的罗列

接下来，就是把记录下来的组件用渔网图或树状图进行归纳分类。笔者在进行分类的时候遵照"最小可行性原则"将具备最强复用性且最基础、最常用的几个组件作为元组件。元组件包含按钮、选择器（有界）和输入器（无界）。

这里多说一句，在设计时笔者刻意将有界输入和无界输入分开，目的是区分限制性信息和非限制性信息。考虑到在实际场景中存在数据的前后交互，因此相对而言，有界的选择往往比无界的数据对后台形成的压力更大，而且在数据交集方面也更倾向于"高内聚低耦合"。

经过分类，我们发现有很多组件无法被放在现有分类中。考虑到元组件的复用性，我们发现有很多的组件其实是由元组件衍生而来的（基础组件），如分页器由按钮的不断复制扩展而来、日期选择器由选择器扩展而来等。常见的基础组件包含时间 / 日期选择器、进度条、穿梭器、分页、通知、搜索、筛选、导航（非导航系统）和标签等。

到目前为止，元组件和基础组件相结合已经可以适应大部分的产品设计工作了。还有一部分组件需要结合业务场景进行微定制化，如上传、弹框和数据表格等复合组件需要根据业务场景进行定制化设计。

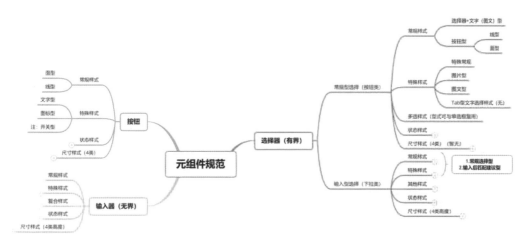

元组件（部分）

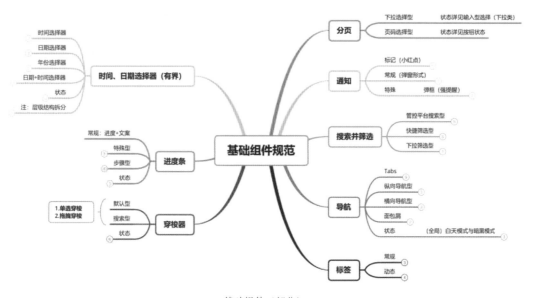

基础组件（部分）

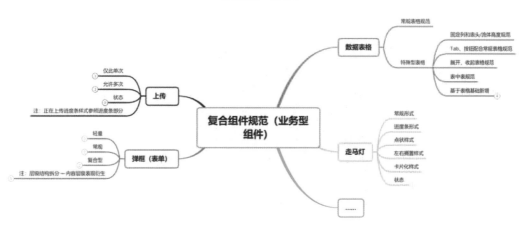

复合组件（部分）

从设计工作的支撑角度来看，这些复合组件肯定不足以支撑复杂的产品设计，因此在后续的设计工作中，设计师需要结合自身经验沉淀相关组件并同步优化设计规范。尤其是 B 端产品的功能受业务限制比较明显，在一些复杂的场景中可能会重复出现同一个功能，此时将有价值、可复用的业务型组件组件化，在一定程度上可以为产品积累雄厚的研发基础，让设计赋能企业利润的增长。

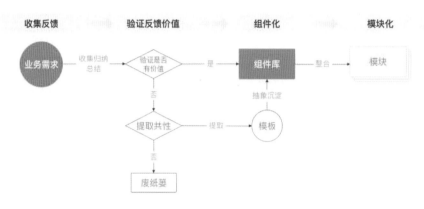

将可复用的业务型组件组件化

设计规范的其他要点

自查

设计完组件库后还需要进行自查。组件库的自查主要是围绕组件的状态进行的，包含点击、悬浮、禁用和常规四种状态；当然还有下拉样式、弹窗样式等特殊的状态也需要进行自检自查。关于自查和评估可参考本书附赠的数字资源第二章中的相关内容，此处不再赘述。

设计规范落地

以上关于元组件、基础组件和复合组件的拆分是笔者从设计师的视角进行的，落地时依然需要从开发人员的视角进行考量。

因此，将完备的组件库再次打散并重组，和前端工程师进行密切的沟通，询问他们在对组件代码化过程的分类依据，有助于设计师和前端工程师打通其专业壁垒，更利于组件库的建立。

不同的团队对 UI Library 的代码落地的分类不同

设计规范评审会

召开产品需求评审会和设计稿评审会的目的都是在团队内部对信息做到互通有无，召开设计规范评审会的目的也是如此。

建议在完成设计规范后，但还未进行统一包装前召开设计规范评审会。设计规范评审会由设计师主导，利益相关者、产品经理、开发人员和运营人员等参会，目的是听取大家对设计规范的看法和建议，并由专人收集与会建议。会议结束后，设计师要根据收集来的建议对设计规范进行细节方面的调整。

设计规范评审会可多次召开，以尽量确保设计规范适应大部分的业务场景。

形成文档

为方便设计团队内部的设计协同，也为了开发人员落地封装时的一致性，设计规范必须落实到相应的文档中。尤其是设计规格（组件库）一定要精确到使用功能、注意事项和不同状态的表现等细节，同时要配备相应的代码说明，以减少设计稿与代码之间的误差。如果有条件，建议在相应的规范中加入实例说明，从而帮助使用者更加明确对应内容的使用规范。

品牌蓝主题js

```
module.exports = {
 '@primary-color': '#2679f4',
 '@success-color': '#1db86d',
 '@info-color': '#27b5f5',
 '@warning-color': '#f5ae0a',
 '@error-color': '#e44541',
 '@highlight-color': '#e44541',
 '@body-background': '#fafafa',
 '@icon-color-hover': '#2679f4',
 '@heading-color': '#262626',
 '@text-color': '#595959',
 '@text-color-secondary': '#8c8c8c',
 '@text-selection-bg': '#2679f4',
 '@border-color-base': '#d9d9d9',
 '@border-color-split': '#e8e8e8',
 '@layout-body-background': '#fafafa',
 '@layout-header-background': '#262626',
 '@font-size-base': '12px',
 '@border-radius-base': '4px',
 '@disabled-color': '#bfbfbf',
 '@background-color-base': '#fafafa',
};
```

测试紫主题js

```
module.exports = {
 '@primary-color': '#8341e2',
 '@success-color': '#1db86d',
 '@info-color': '#27b5f5',
 '@warning-color': '#f5ae0a',
 '@error-color': '#e44541',
 '@highlight-color': '#e44541',
 '@body-background': '#f5f5f5',
 '@icon-color-hover': '#8341e2',
 '@heading-color': '#262626',
 '@text-color': '#595959',
 '@text-color-secondary': '#8c8c8c',
 '@text-selection-bg': '#8341e2',
 '@border-color-base': '#d9d9d9',
 '@border-color-split': '#e8e8e8',
 '@layout-body-background': '#f5f5f5',
 '@layout-header-background': '#262626',
 '@disabled-color': '#bfbfbf',
 '@background-color-base': '#f5f5f5',
};
```

在规范中加入部分代码说明可最大限度地减少封装误差

文档具体的可视化媒介可根据团队的实际情况进行选择。文档中涉及开发部分的内容需要提前和开发人员进行沟通，在这个阶段设计师需要密切配合开发人员进行设计规范的落地，务必定期进行设计验收以确保落地效果的真实性。

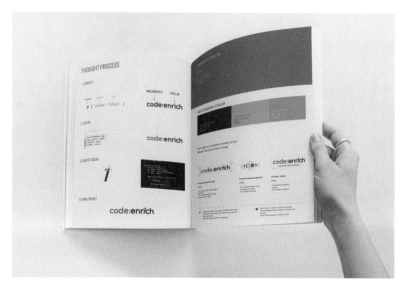

文档可视化媒介可根据实际情况进行选择

用户体验设计师是一个贯穿产品研发全流程的职位。除了做好本职工作，用户体验设计师应多去了解一些上、下游的工作内容，如可以建议前端工程师先将色彩系统进行单独编码并放入库中，再由各个组件以"引入颜色编码库"的方式实现色彩使用的规范化。如果后续色彩需要进行大幅调整，那么此时只需单独调整色彩编码即可做到一次性全局更改（高内聚低耦合）。

交互设计规范

交互设计规范是市场上常见的设计规范之一，其主要内容涵盖页面流转、交互层面的组件（与设计规格重叠度较高）和内容加载等一些常见的交互行为文档。

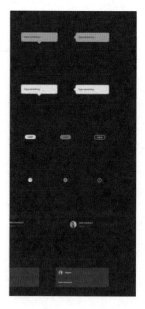

交互设计规范一般作为设计规范的一个子单元而存在

更新和迭代

设计是一门感性和理性相交叉的学科，设计师是一个集研究、分析、设计、验证于一体的闭环职业，这也决定了设计规范需要在实际工作中不断更新和迭代。

在设计规范建立的初期，设计的内容难免会受不同职能人员的影响，导致内容受众群体不全的情况发生，如设计师制定的设计规范仅限于设计团队内部使用。虽然设计内部的协同是设计规范直观的体现，但是设计规范的最大价值是为团队赋能——提升团队的规范性和高效性。因此，设计师应该号召产品经理和开发人员一起理解和使用设计规范，这样才能实现设计规范价值的最大化。

设计团队内部制定的设计规范并不是终点，而是一个全新的起点，是提升团队效益的起点。因此，相关人员应共同理解并使用设计规范，这有助于团队成员建立起共同的产品观和设计观。

在"叨叨的设计足迹"公众号中回复"设计规范"可获取文中所提及的大厂的详细设计规范。

5.2.3　拟物化、隐喻化和习惯用法

好的设计无须认知门槛。

——苹果首席设计师，乔纳森·艾弗

什么是认知负担

随着电子产品的不断普及，产品界面逐渐从早期以文本信息结合拟物化风格为主的时代逐渐过渡到了忽略文字并以扁平化风格为主的时代，最终发展到如今隐喻化和习惯用法二者并行的设计局面。

从技术和设计的双重视角，从最开始的以映射技术为基准的实现模型过渡到以用户语言为基准的视觉表现，风格的不断演变寓意着"以用户体验为中心"的设计趋势正在迅猛发展。

从拟物化到扁平化，再到隐喻化和习惯用法，不难发现，每个阶段的演进只为解决一个共同问题——用户负担。用户负担包括用户检索信息所需花费的时间、精力和费用，是评价信息检索工具或系统的一项基本指标。

用户负担分为很多种，包括模态负担、认知负担、能供性负担等。其中，和设计师（严格来说是和用户体验设计师）紧密相关的莫过于认知负担，这是一种影响用户行为判断最直接的负担类型。

关于"认知"一词，网上的解释有很多，心理学认为人们会将认知与情感、意志相联系。认知也被称为认识，是指人认识外界事物的过程，或者说是人的感觉器官对外界事物进行信息加工的过程，它包括感觉、知觉、记忆和思维等。

通过下图，我们简单理解一下什么是认知。

遮挡文字信息后的前后对比

如果将图标的配文取消，你还能通过观察图标理解其含义吗？往深了说，一个界面如果不加任何学习引导，能否让用户通过其本身所具备的固有认知自行设计操作呢？

这些都需要人控制某些感官，并对外界事物所传递的信息进行加工处理，最终转化成行为。这就是一种认知过程。

因此，认知负担在产品中，尤其是在界面中意味着信息反馈能否有效传达，帮助用户易于理解且不对其造成理解压力的一种负担类型。

拟物化严重的时代

在早期很长一段时间内，用户的固有认知主导了用户对数字界面的理解。以苹果 1984 年推出的 Macintosh 计算机为起点，人们对数字界面的解读开始发生了翻天覆地的变化——虽然当时的显示界面仍以黑、白两色为主，但这并不影响使用者凭借固有认知理解屏幕上的各种拟物元素。拟物化的设计强化了用户早期对数字世界的理解。

拟物是借助用户所熟悉的事物，进一步转化到数字界面中所发生的一种物理映射——当界面中的元素与现实世界中的某些具体事物相匹配时，用户就可以根据形态或某些属性强化对界面的理解，进而提升认知效率，最终与设备产生交互行为。最直观的例子就是拟物开关——用户明确知道现实世界中开关的含义和作用，这样的形态映射到界面中就是拟物按钮。设计师可以通过光影和大小的变化反映开关的状态，这会促使用户为达到目的而与界面产生交互行为。

最完整的复刻拟物化设计的例子要数电子游戏，它是拟物时代实现商业价值最好的佐证。当新手用户进入游戏时，为了得到完整的游戏体验，玩家必须控制角色进入建筑物，点击相应的 NPC（非玩家角色）才能进行购买或交流操作。游戏世界做到了虚拟空间和现实物理世界中的映射完全一致。它有效地降低了新游戏的复杂度，也满足了用户在玩游戏时的沉浸感与体验感。

再如一些模拟类场景，如驾照的模拟考试、赛车游戏体验厅等都需要贴近现实世界，利用直接拟物的方式降低用户的理解难度。

拟物化设计最初的目的是降低用户在使用数字界面时的认知成本——通过拟物的方式快速增强用户对产品功能的理解。

拟物化的好处确实很大，它在一定程度上可以帮助新手用户理解产品，但新手用户始终有一天会成长为中级用户甚至专家级用户，这时如果继续依赖拟物化设计，那么就会大大降低此类用户的操作效率。毕竟拟物化设计是强依赖于视觉效果的，是牺牲了一定的空间和布局得来的认知结果，而且这种认知结果在当今以效率为主的市场环境下并不合适。

试想一下，你在使用办公软件，每一个功能都是拟物化的表现，是否会对你的使用产生一定的影响呢？

凡事都有例外。有一种工具型软件，其视觉界面的表现完美复刻了现实拟物，却并未对效率产生过多的影响。这种结果源自其超脱了拟物本身的固有思维。

Cubase、n-Track 和库乐队这类音乐创作型产品，其产品界面完美模拟了钢琴键、架子鼓、合成器旋钮和拉杆式开关等，并以手势的交互方式呈现出逼真的模拟效果，最终实现了数字世界和现实世界一致的操控感。

这些拟物控件对于习惯了现实操作的用户来说很有意义，甚至对于专家级用户来说也有一定程度的帮助，更难能可贵的是，这类产品的拟物化设计并没有以牺牲效率为代价。

库乐队界面

通过上图不难看出，拟物化直观体现在图标（按钮）这些元素上——图标是拟物化的最好例证。

1983 年 1 月，苹果推出名为 Lisa 的个人计算机是全球首款采用图形用户界面（GUI）和鼠标的个人计算机。从此，市场上的大部分产品开始陆续采用图形用户界面辅助用户进行识别界面的操作。随着时代的发展和科技的进步，尤其是处理器及屏幕色彩呈现质量方面的提升，图标的细节刻画变得越来越精致和细腻。

得益于硬件的突破，苹果在 2000 年完成了对 Mac OS X Public Beta 系统的升级，全新的图形用户界面运用全局拟物化设计——窗口投影、图标纯拟物等被完美"附着"在了新系统上，给用户带来了全新的操作体验。同样的拟物化设计也被运用到了移动设备上。

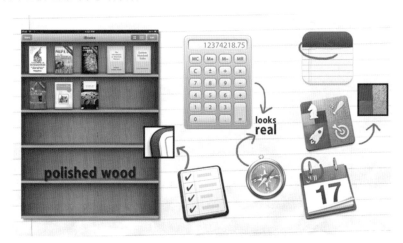

拟物化设计在细节方面无限贴近现实

为什么要把图标设计得如此精致，甚至比现实世界中的具体物体更具质感呢？主要有以下两个原因。

- 降低用户对界面功能的学习成本，也就是前文所说的减轻用户的认知负担。
- 模拟现实世界的环境，让用户沉浸在数字界面中。

这也是电子游戏的画面刻画得细致入微的原因——玩家在游戏世界中，获取信息的主要来源是视觉，因此把游戏画面（如建筑物、人物等）设计得和游戏背景的现实世界一模一样，就可以有效提升玩家在玩游戏时的快感。随着科技的发展，越来越多的技术也被运用在电子游戏中，如手柄的震动、全景声环绕带来的"听声辨位"等，加入这些技术的目的只有一个，就是为了让玩家沉浸在 1∶1 复刻的游戏世界中，营造沉浸式的体验感。

《古墓丽影 9》游戏界面截图

不过当用户不再是一个新手时，过于复杂的拟物化界面会在一定程度上给用户带来视觉和认知方面的压力，如果此时依然盲目追求极致的拟物体验，可能会出现物极必反的情况。

例如，通讯录、时钟和相机这些基础应用，当用户理解并学会了它们的基本用法后，甚至不需要去理解图标本身的含义就可以直接使用，此时拟物化设计就有点多余了。因为用户已经通过前期学习完全掌握了这个图标对应的所有操作（适应性）。

从用户等级上来看，他们已经从新手上升到了中级用户乃至专家级用户，此时拟物化设计对于他们来说已经形成了视觉负担。不仅如此，拟物化设计还会限制新的交互方式的诞生。

当然，游戏的拟物化设计除外，毕竟游戏本身就是为了营造一种和现实世界相类似的体验，持续使用拟物化设计反倒可以增强用户的体验感。

隐喻化设计时代的来临

随着时代的发展，各大厂商在图形用户界面的设计方面开始弱化拟物效果的表现，单纯的拟物化设计时代已经过去，越来越多的产品开始注重用户的使用效率。例如，便捷的网络购物可以弱化视觉表现，让用户更加聚焦于购物本身；AR 实景看房可以弱化操作按钮的功能，达到沉浸式"现场看房"的效果等。这些产品和功能的优化，都在提升着用户的使用效率。

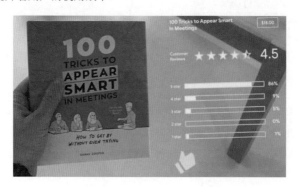

AR 功能为用户带来了更加高效、便捷的体验

下面笔者通过一个案例，对比一下在拟物化时代和后拟物化时代用户使用效率的差异。

在界面中，当用户需要通过便笺记录事情时，会执行如下操作：走进书房→拿起书桌上的便笺本和笔→进行记录。

如果一款产品设计成这样也无可厚非，毕竟这样的操作设计和现实世界中的操作一模一样，符合用户对现实世界的物理认知，可以有效地贴近用户行为逻辑，图所示的"Magic Cap"应用的界面设计就是直接借鉴了现实世界的元素。有趣的是这款产品的首页直接"照搬"了街道场景，如用户想进行金融服务操作，要先在首页中找到和银行有关的建筑物，点击进入银行后才可继续进行金融服务操作。

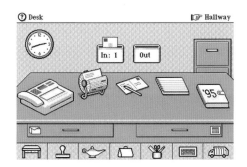

Magic Cap

不难看出，Magic Cap 在一定程度上弱化了拟物化设计的视觉表现力，其流程却依然参照现实生活场景中用户的行为过程进行处理。从流程上来看，这确实减轻了用户的认知负担，但对于中级用户或专家级用户而言，这样的设计就会影响其使用效率。为什么不设计一个更高效的路径帮助用户实现这个简单的目标呢？

这时，也许很多读者都会联想到手机上的"备忘录"或"便笺"。这两款应用本质上其实和 Magic Cap 一模一样，只是在流程上做了简化：用户只需打开手机界面找到"备忘录"，然后进行编辑操作即可。

对比两款产品，后者在视觉表现和操作路径方面做了极致优化，提升了用户的使用效率。后者的极致优化就是后拟物化时代的新风格——隐喻化设计。严格来说，Magic Cap 也是隐喻时代的产物，只是它并未像备忘录一样充分发挥隐喻特性罢了。

隐喻化设计是指用户通过直觉推理，尝试在两个完全不同的事物之间建立相应的联系。这有助于用户理解界面中元素的含义——需要用户通过主观判断，将界面中的可视元素与自身所熟知的事物相结合。简单理解，隐喻化设计其实就是利用用户所熟悉的事物在数字界面中建立物理映射，并需要用户加以推理的一种设计方式。

读到这里，相信有读者会产生疑惑：我们追求的是减轻用户的认知负担，而隐喻化设计又需要用户主动推理才能完成交互，这不是相矛盾的吗？

其实，隐喻化设计是拟物化设计的必然产物。如果没有前期拟物化设计养成的用户习惯，隐喻化设计就失去了基础。也就是说，拟物时代的拟物化设计在用户和产品之间建立了某种联系，习惯的养成已经使用户的认知上升到了一定的高度，此时他们就提前把推理这一步完成了。之后，设计师只需要在进行隐喻化设计时为用户和产品创建新的联系即可。

隐喻化设计的运用范围非常广泛，如计算机、手机等电子设备的外观——产品的圆角设计源于生活中舒适、安全的隐喻。如下图所示，桌角的防撞设计和电子产品的圆角设计就运用了隐喻化设计。

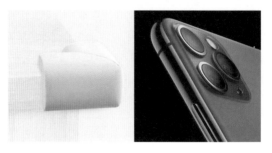

防撞桌角和电子产品的边缘设计

还有网易云音乐的乐签功能——基于日历营造仪式感；在 iOS 系统中选中多个文件时会出现堆叠效果——借鉴了现实中多份文件的堆叠即视感……

左图为网易云乐签，右图为 iOS 系统中的文件堆叠效果

目前，在设计规范中加入隐喻化设计是符合市场趋势的。

先说说 iOS 设计规范。

在 "iOS Human Interface Guidelines" 中，对隐喻化设计有这样一段说明："People learn more quickly when an app's virtual objects and actions are metaphors for familiar experiences—whether rooted in the real or digital world."。（"当一个应用程序的虚拟对象和动作是对熟悉体验的隐喻时，人们学得更快——无论是来自真实世界还是来自数字世界。"）

案例一 苹果公司一次较大的隐喻化设计更新是在 iOS7 系统中呈现的扁平化风格。这次更新完全摆脱了拟物化设计的影响，尤其是在图标上做足了功夫——它打破了以往注重细节质感的视觉表现，只截取了相关事物的主要特征，如"信息"的图标是简单的聊天气泡、"电话"的图标是一个听筒图形等。

iOS 系统图标更新前后的对比

案例二　长按某 App 会调出 3D Touch 功能。为了实现这种 3D 效果，也为了让用户的视觉更加聚焦，系统会出现毛玻璃效果隐喻人类聚集事物时的场景——人眼聚焦于某物时大脑会下意识地虚化背景。这种虚化背景的处理方式还可以达到吸引用户注意力的目的。

案例三　短信时间间隔的隐喻化设计——短信时间间隔越短，短信的间距越近，短信时间间隔越长，则短信的间距越远。

视觉聚焦的隐喻和时间线隐喻

案例四　过场动画通过调整贝塞尔曲线的参数以贴近现实世界中实际物体的运动规律。

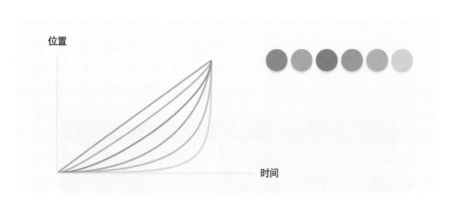

通过对贝塞尔曲线的调整，实现动画效果的真实性

再来说说 Material Design。

如果说 iOS 设计规范在细节方面做到了隐喻化设计，那么 Material Design（以下简称 MD）就是从全局入手，从宏观角度实现了隐喻化设计。

如果想从全局角度入手，MD 团队必须找出一条使每个人都能产生相似联想和观点的隐喻主线，因此摆在 MD 团队面前的首要工作就是"一致性"的促成——设计团队必须找出一个看得见、摸得着并且在每个人的潜意识中都有共性的点，基于这个点指导并规范众多产品设计者的设计行为。

MD 团队通过对全球关于隐喻表现的研究发现，"纸张卡片"这种具象化的事物在全球用户脑海中都有一个统一的认知。因此，在 MD 的隐喻化设计部分，纸张的隐喻化设计占据了绝大部分篇幅。

MD 的设计理念是希望将物理世界的体验带入屏幕中，因此在设计语言里加入了纸张隐喻。因为纸张可以随意地变换形状、填充颜色等，而且卡片（纸张）作为容器可以自由伸缩且模块化。

因此，"材料概念"就成了 MD 唯一的一条隐喻主线。

为了让设计细节更加逼真，MD 在隐喻主要特征的基础上，还增加了质感、加速度、投影等隐喻方法，这些都会让 MD 更容易地被用户认知和理解。

从投影的应用来看，它在页面与页面、模块与模块、内容与内容之间的层级表现是 MD 中较为典型也是应用得恰到好处的隐喻方法，这一灵感源于现实世界中关于纸张的层叠效果。

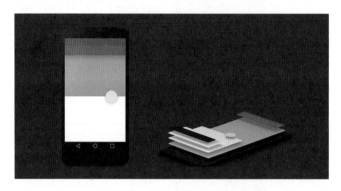

纸张层叠的隐喻化设计是 MD 的一大亮点

为了表达页面、模块和内容的层级关系，并借此突出内容，在 MD 的卡片中会加入阴影以实现悬浮效果——通过控制阴影的远近和明暗关系表达目标元素在屏幕中的层级关系——越靠近用户的模块，阴影越深，层级自然也就越高。这种设计非常符合用户对实际纸张的认知。

当然，在动画效果方面，MD 也并不逊色于 iOS 设计规范，只不过二者所提倡的动画原则及在表现力方面会有所区分。感兴趣的读者可自行了解 MD，这里不再赘述。

同样地，MD 有一套专属的图标系统。同样是隐喻纸张，MD 将其特点做了高度抽象化处理——将质感、投影等特性运用在图标中，如下图所示。

不难看出，MD 也在尝试以扁平化设计风格迎合市场趋势。

Material Design 的图标效果

我们来看一下 iOS 图标和 MD 图标的共性：对老旧的拟物化图标进行特征提取——只抽象出了可识别效果最佳的要素，并将抽取的要素进行了扁平化设计，这种设计在一定程度上可以看作是隐喻化设计的表现。

除了 iOS 设计规范和 MD 中加入了隐喻化设计，市场上还有许多其他产品团队在设计时也会考虑加入隐喻化设计，以减轻用户的认知负担并提升用户体验，如网易云音乐知名的隐喻化设计就是借喻了 20 世纪风靡一时的黑胶唱片设计。同样，在音乐领域比较出名的隐喻化设计还有虾米音乐的横置复古卡带设计等。

左图为网易云音乐的黑胶唱片，右图为虾米音乐的横置复古卡带

隐喻化设计的必要前提是用户具备灵活的直觉推导能力——用户可以凭借经验和直觉快速判断眼前事物与现实事物之间的联系。这种设计虽然灵活，但也需要注意它有着无法突破的局限，如类目和索引等抽象词汇，利用隐喻化设计就很难表达出来。除此之外，一定要隐喻常用的或在这个场景中常见的要素，因此在隐喻时一定要根据场景结合目标人群综合考虑是否采用隐喻化设计。毕竟让专业度不同、文化程度不一的用户理解同一事物，很容易发生隐喻要素无法快速与用户建立起紧密联系的情况，从而导致隐喻失败。

拟物化设计和隐喻化设计的区别如下所述。

- 前者借助用户对现实世界的固有认知，将拟物的具体形象映射到数字界面中，让用户对数字界面产生熟悉感以降低其学习成本，最终目的是加强用户对界面信息的理解并促进其对功能的使用。
- 后者必须基于前者已经成功培养了用户习惯的前提弱化拟物负担。隐喻化设计可以是具象的也可以是抽象的，通过提取事物的关键特征，并将关键特征植入相关的设计中，从而在不加重用户负担的前提下实现信息的有效传递。

从时间线来看，隐喻化设计其实就是拟物化设计被优化后的产物，它是为了适应当下市场趋势而诞生的。就像拟物图标向扁平图标过渡的趋势一样，如果没有拟物化在前面做铺垫，也不存在扁平化能够如此快速地被用户所接受。

超越隐喻的习惯用法

隐喻化设计的目的是减轻用户的认知负担和理解负担。如前文所述，对现实世界的隐喻即使做到了对具象事物的完美借喻，我们也无法利用隐喻建立起用户和抽象事物之间的联系。

为了解决这类问题，设计师可以大胆地发挥数字产品天生的优势——不受物理世界规则的限制，大胆地突破边界。

假设现在我们去商场买衣服，流程如下：走进商场→查看地图索引→定位服饰类目所在楼层→乘坐电梯前往服饰类目所在楼层→逛店铺→挑选→选定衣服→交费。

在这期间也许还会出现其他情况，如电梯坏了需要走楼梯、进入商场前需要出示健康码等。如果照搬这种操作路径，在将其复刻到数字产品中时我们可以稍微将其优化一下——借助隐喻化设计缩短路径。

思考一下，难道我们一定要基于现实世界的规则设计一个商场，并复刻到产品中吗？其实在数字世界中，虚拟产品可以不受物理规则的限制。

说到这里，相信各位读者应该已经联想到相关 App 了吧。没错，如淘宝、京东等电商类产品就是在产品中设计了一座"商场"，只不过这个虚拟商场和现实商场有很大的区别。这个区别的本质在于习惯用法的应用改变了不同场景中用户的行为习惯。

我们不妨通过图书馆的例子理解一下"什么是习惯用法"。去图书馆借阅图书时我们不难发现，所有的藏书都被分门别类，按照标签或索引摆放在不同的书架上。那么，我们能否借助图书馆的这种图书收纳方法设计电子商场呢？答案是肯定的！

图书馆海量的藏书

淘宝、京东这类电商产品其实就是借用了"楼层的层级和图书的分类"的理念进行平台设计。只不过设计师在借用的时候适当加入了一些习惯用法——将楼层概念模糊，强化了标签和类目。

如下图所示，左侧和顶部的导航栏象征楼层和区域，点击相应的"楼层"就会看到该"楼层"下详细的类目和标签，也就是商场的门店。

京东首页

以上就是产品中习惯用法的体现——电商平台的内容导航（导航系统）其实就对应着商场的楼层导航，只不过在前期建立信息架构时，设计师会人为地对信息重新定义，以便"移植"产品的导航系统，即产品框架。但是这样就会存在一个问题：用户怎样理解这些被重新定义的框架呢？这就需要设计师将用户的使用习惯和导航系统相结合，它们衔接并且弱化了产品背后的物理逻辑和用户对实际事物的认知误差。

也许用户在刚开始接触时，会对这样的功能或界面感到无所适从，但在使用期间会逐渐受习惯"驱使"，从而完成一系列学习的过程。这是一种比较巧妙的设计方式——习惯用法。

习惯用法的应用有一个首要前提，那就是用户必须经过学习才会使用，而这个学习行为由于受用户使用习惯的影响会特别容易被用户感知。因此，**好的习惯用法只需学习一次，用户必然会终身记住这样的行为模式**。

表面上听起来好像习惯用法很深奥，其实它无处不在，如看电视时前面有人挡住了我们的视线，我们会习惯性地向侧边挥挥手示意其挪一挪位置或者身体会下意识地偏移，以重新寻找合适的位置进行观看。这样的行为映射到界面中就是简单的手势操作，如手指向上滑动意味着界面上部的内容被移出了可视区域范围，而底部的内容则被拖曳至可视范围。

最早使用手势控制的要数 iOS 的"多手势触控板"。

交互手势

从时间方面来看，严格来说，习惯用法要早于隐喻化设计。收纳功能就是例证的其中之一，此处以 iOS 系统为例。

在现实中，当我们需要存放一份纸质文件时，通常的操作是：找到文件柜→打开相应的抽屉→将文件放进对应的文件夹。"文件夹"这个词和系统中的用户语言一致，相信大家很容易理解。但是试想一下，在现实中会出现一份被放在 10 层乃至 20 层抽屉中的文件吗？在现实中不可能发生的事情，在数字世界中却轻而易举地实现了！

所以，习惯用法是一种基于现实的行为习惯，但又超脱现实的逻辑发生。

在实际工作中，有些内容既无法通过拟物化设计进行表达，又无法通过隐喻化设计进行体现，这时借助习惯用法，或许可以通过低成本的学习辅助用户联想到更多的内容，如电灯图标从拟物化设计和隐喻化设计的角度来看就是灯，但是在习惯用法的指导下它也可以代表智慧、思维或灵光乍现等抽象事物。

甚至在某些场景中，习惯用法还可以超脱视觉维度，从触觉、听觉和嗅觉的维度感知产品，如手机震动、手机发出轻柔的声音……在这些场景中，设计师只需要配合习惯用法就可以高效地向用户反馈相应的信息，这比视觉设计来得更加便捷和直接。

在未来，当习惯用法发展到一定水平的时候，用户可能根本不需要学习，基本上凭借以往的认知和经验就可以快速入门乃至进阶。毕竟人们在接触一个新事物之前，都会基于自己以往的经验判断该事物的属性和功能。如果这款产品的交互模式或其他内容和用户隐含的期望完全相符或部分符合，那么产品就处在用户能够接受的认知范围内，这样就可以最大限度地减轻用户的认知负担。

5.2.4 注意力争夺战

宜家商场里从来都没有窗户，你可以暂时忽略外面的一切干扰。商场里的工作人员也从来不会主动向你推销，毕竟，这是在中断用户的沉浸式体验，分散用户对产品和环境的注意力。

注意力的变化

我们为什么要明确产品定位的概念？答案是为了更好地吸引用户的注意力！

在 20 世纪五六十年代的中国，那时还是粮票、布票等票证 [①] 盛行的年代，受各种因素的影响出现了商品供不应求的现象。

粮票

如今，我们之所以会在市场、产品中谈及定位问题，是因为时代在进步，产品需要满足消费者的需求。而为了大范围地吸引消费者（在本书中，消费者就是指用户），商家只有不断地投放广告，做各种各样的营销活动，进而才能吸引到大批消费者的注意力。

这就好比可口可乐和百事可乐，它们之间的争夺战从未停止。归根结底，这场争夺战的本质就是吸引消费者的注意力——只要消费者更偏爱我们的产品，我们就能赚到更多的钱。

---

① 票证是中国在特定经济时期发放的一种购买凭证。就像现在的买房限购政策，是需要达成某些特定条件，才能进行购房的一种优化资源调配的政策。

注意力和体验设计

回到本节的开头，我们之所以要明确产品定位，就是为了更精准、更高效地吸引甚至捕获用户的注意力。只有用户感兴趣的东西，才能轻松地吸引其注意力。

值得注意的是，吸引用户的注意力是一把双刃剑。用得好可以提升用户体验——刷抖音就是最好的例子，在用户无意识状态下，创造一种沉浸式体验，让用户进入心流状态，而且这种状态并不会影响用户的操作体验，却能延长用户使用产品的时间。但如果用得不好，反而会引起用户的反感，进而失去用户。从产品层面出发，这种反感更多地体现在信息干扰方面，如设计师采用强制操作，把用户的注意力吸引过来——弹窗就是一个很好的例子。

关于"干扰"和"心流"① 这两种形式的注意力争夺，在《思考，快与慢》一书中有一种比较系统的说法——系统一和系统二。

- 二次确认功能就是当用户点击之后，产品强制性弹出弹框，突然中断用户的系统一的运行，让系统二执行判断。这是一种被动的"调动用户注意力"的方式，以达到强制吸引用户注意力的目的，避免造成无法挽回的损失。

- 而心流的产生会让用户的系统二难以调用，用户也就不容易被目标事物以外的内容所吸引——从系统一的视角来理解，抖音就是让用户调用了系统一，从而让用户产生了心流。

注意力和商业

当注意力和经济挂钩时，它就合理地变成了获利工具，即注意力交易。例如，一篇公众号推文，只要多一个人阅读，编辑的工资就多加 1 元。此时用户的注意力对于编辑来说就等同于 1 元的价值交易，公众号也相应吸引了一位用户的注意力。

当你在逛服装店时，导购员进行推销，其目的就是吸引我们对商品的注意力，对我们灌输商品合理化的思想，从而促使我们产生购买行为；计算机中的动态图片和静态图片相结合，往往动态图片更容易吸引我们的注意力；进入产品首页第一时间弹出的推广内容、优惠券（转化率）就是一种吸引用户注意力的营销方式……以上吸引用户注意力的方式，从用户体验角度来看其实是一种和设计原则相悖的做法，这会给用户带来干扰性极强的体验感。然而从运营和商业角度来看，注意力又是一个很有价值的东西，因为对相关人员而言，销量、流量就是业绩，就是利润。而用户体验设计师通常扮演用户体验和商业利益之间的"和事佬"，需要在二者之间进行平衡，发现两者之间的平衡点。

留意 Dribbble 主流风格及设计趋势的读者相信能够清晰地感受到，Dribbble 界面的视觉风格越来越朝着轻量化方向发展，这些作品大多保持着简洁、清爽的风格——极简的配色，并针对核心功能进行重点突出，这些弱化和强化都可以有效地促使用户聚焦重点信息（对信息的聚焦就是对注意力的聚焦）。

同时，在梳理结构层级时，设计师也在尽量地减轻用户对结构的认知负担，降低学习成本，使用户更易于集中注意力看到其所需要的内容。

---

① 心理学家米哈里·契克森米哈赖认为心流是个体将注意力完全投注于某种活动时的精神状态。当心流产生时，个体会产生高度兴奋和充实感，以至于沉浸在对一件事的处理和思考过程中，从而忘却时间的流逝和周遭事物的变化。心流是体验设计中常说的"沉浸式体验"的代表理论之一。

设计作品越来越趋向于强化重点信息，弱化辅助信息

这种趋势其实都是在为商业铺路——在保证商业价值不变的前提下，尽量提升用户的体验，让用户的注意力可以更好地集中在价值的实现上，而不是将注意力浪费在那些不该浪费的地方。

注意力的利用

在实际的产品设计中，我们该怎样合理地利用用户的注意力呢？

反馈是一个不错的手段——有效的反馈可以强制吸引用户的注意力，而无效的反馈则会分散用户的注意力。在《设计心理学 1：日常的设计》一书中有这样一句话："产品的反馈必须是即时的。"假如我们点击了一下"上传"按钮，但页面并没有发生任何变化，这就是没有任何反馈。纵使出现了反馈，但出现了反馈延迟，即使延迟 1/10 秒也会令用户感到不安，这就是反馈不及时。好的反馈必须是即时的、有效的，因为状态变化的反馈可以让用户知道系统正在处理哪些数据，从而知道其操作正确与否。

在用户体验设计中（产品中）设计师可以加入反馈机制，以吸引用户的注意力。例如，视觉表现其实就是一种反馈机制——美丑和舒适与否是一种反馈、信息层级的排布合理也是一种反馈。

而最好的反馈就是符合用户心理的反馈，在合适的场景中使用合适的反馈，如动画效果的自然过渡、在合适的时机出现用户提示等。

反之，如果是糟糕的反馈则会分散用户的注意力，甚至会打破用户对固有概念模型的认知，让用户在使用产品时产生焦虑和恐慌。例如在刷抖音时，电话铃声突然响起就会中断用户使用抖音的过程，甚至会影响用户使用手机的体验。

此外，反馈不能过于密集和频繁。正如页面中每个元素都重点强调，往往和没有重点是一样的。反馈机制的设置一定要合时宜。在恰当的时机引导用户，才能最大限度地吸引其注意力，同时不会对用户造成困扰，这才是优秀的体验反馈。

除了合理运用反馈机制能够有效地吸引用户的注意力，还有很多方法能够吸引用户的注意力。

对比。大小对比在视觉上是极其容易吸引用户的注意力的。回想一下你在看报纸时，是不是最先看到的就是又大又黑的标题，如果你对标题所表达的内容感兴趣，那么就会深入了解这篇报道的内容，这也是"标题党"

为了吸引用户的注意力常常会运用的小手段。除了大小的对比，色彩的对比往往也可以吸引用户的注意力。

变化。当你在浏览 Feed 流时，突然有张卡片出现了异形，你是否会被吸引？不过产品结构的紧凑和松散（主要针对的是视觉动线的变化）对于产品吸引用户注意力有利有弊，具体的异形和起伏需要根据具体场景进行调整。

内容　●　视觉动线

左图为异形同构，右图为视觉动线

跟随。MD 中明确指出："动效有利于集中注意力，并通过微妙的反馈和连贯的过渡保持连续性。"就像 Keynote 的"神奇移动"效果一样，同一元素在不同页面之间的连贯移动可以起到吸引用户注意力的作用，并且让用户感受到页面内容之间的连贯性。

创新。作家 Antoine de Saint-Exupéry 曾说："达到完美，并不是好得不能再好，而是好得一点都不多余。"这句话运用在 Windows 10 系统独创的"磁贴式卡片设计"中非常合适——摆脱一切并非绝对必要的信息，减少了内容混乱，从而增强了用户对信息的理解——让产品不再是内容的入口，入口即内容本身。也就是说，磁贴式卡片直接展现主要信息。为了便于用户注意力的聚焦，磁贴式卡片的设计删减了一切不必要的装饰性元素，如高光、纹理等，仅展现用户需要的信息。

Windows 10 的磁贴式卡片设计

就连 iOS 14 系统中也加入了不少桌面小组件，用户无须打开 App 即可查看所需的内容。

iOS 14 的桌面小组件

对于设计师，尤其是用户体验设计师来说，用户的注意力无疑是一种非常宝贵的资源，只要用得好，就可以有效提升用户的黏性。不过，设计师对注意力的思考和探索不能仅停留在产品维度，更多的时候要开阔视野，充分调动全局思维，如一些外部环境、品牌宣传等，都可以快速吸引用户的注意力。如果能够把这些内容和用户体验相结合，相信用户体验设计师会大有收获。

如今，用户的需求已经不再限于满足温饱，他们希望获得更多的满足感和幸福感。我们该如何让用户获得满足感和幸福感呢？这就需要各大企业的相关人员对用户的注意力加以运用——利用大数据可以有效且精准地捕获用户的注意力，并对其加以运用。如果我们不能快速地让用户知道我们的产品能够提供的价值，那么用户很可能掉头就走。

5.2.5　情感化设计

情感化设计是着眼于人类内心深处的情感需求和精神需求而产生的一种设计共鸣，目的是在情感层面与用户建立联系。

什么是情感化设计

Accenture（一家咨询公司）调查显示，44% 的（美国）消费者（用户）对企业提供的产品和服务感到沮丧和缺乏信任，同时有 41% 的消费者因为企业提供的产品缺乏个性而选择放弃使用。这些数据从正面证明了消费者的个性化需求和定制化需求越来越迫切。在千人千面的大数据背景下，如何才能将大批量生产的产品打造得像量身定制的呢？

关于上述问题，笔者认为情感化设计是一个不错的解决方案，它的好处就是能够为产品所提供的服务"加温"，让消费者体会到产品不再是一个冷冰冰的物件。或许在某些特殊的日子里，产品还可以提供给用户不一样的情感，如怀旧、关怀、祝福和仪式感等。这些细节方面的情感关怀可以让用户感受到这是产品为自己提供的独一无二的定制化服务。

只有当产品所提供的服务触及用户的内心深处时，用户的情感才可能被调动起来。此时冰冷的产品将不再冰冷，即便是批量提供的服务也会让用户"在寒冬里感受到温情"。

情感化设计是指"用户在与产品互动时产生一种情感诉求，这种情感诉求需要通过某些特定的设计才能满足，从而使产品和用户在情感上形成共鸣，引导用户产生符合自身意愿的一系列交互行为，最终达到吸引、留存、转化、促活和提效的目的。"

简单地说，情感化设计是以用户的情感为出发点的一种感性的表达方式，目的是让用户和产品在情感层面产生某种联系，进而为用户体验赋能。

设想一下，我们在社交平台上聊天，如果只是发文字信息，是不是就会显得过于冷漠？这时在文字信息中加入俏皮的表情，文字信息就像具有了灵魂，在沟通的时候能够更直观地感受到彼此内心的变化（个性化体现）。另外，皮肤和聊天背景的更换功能，同样可以让用户根据自己的情绪、个性或喜好随时定制产品的某些属性（个性化＋定制化的体现）。这些设计其实就是情感化设计的有力体现。

情感化设计的作用

现在大部分产品都力求做情感化设计（尤其是 C 端产品），那么情感化设计对产品来说又能起到哪些作用呢？

首先，情感化设计可以缓解用户的负面情绪。在合适的场景中，情感化设计的出现可以有效地缓解用户在使用产品时产生的负面情绪。比如，404 页面中如果加入幽默风趣的插画，可以缓解用户由于判断失误（和预期出现的页面不符）而产生的失落情绪；在用户卸载产品时，iOS 系统中的图标都会摆出一副求饶的姿态（抖动效果）以挽留用户；Loading 页面中的动效设计，可以缓解用户由于等待而产生的焦虑情绪。

其次，情感化设计可以引导用户的行为。优秀的情感化设计会在合适的场景中提升用户黏性，如理财类产品，会在用户账户盈利时跳出点赞、好评的弹窗，如下图所示。

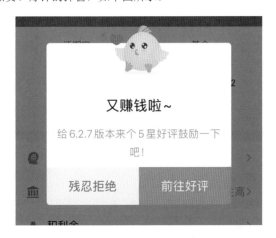

"天天基金"会在用户当天收益为正值的场景中推送评价弹窗

再次，情感化设计可以借助 IP 形象进行表达，以增强用户对品牌的认同感。吉祥物的拟人化设计可以直接折射出产品的理念和定位，而且拟人化设计更容易拉近产品与用户之间的距离。

最后，情感化设计还可以提升用户对产品的忠诚度。如果一款产品总是能够满足用户的需求，那么必然会得到用户的青睐，长此以往也会拥有一批忠实的用户。不过忠诚度的提升是一个漫长的、潜移默化的过程，需要设计师乃至整个团队做好打持久战的准备。

当然，情感化设计也有其弊端，如用户进入首页时出现的弹窗会影响用户的体验。从用户体验的角度来看，这是不可取的做法，但是从商业和运营的角度来看，这样的设计可以提高产品的曝光率。

情感化设计的起源

"情感化设计"一词最早源于美国认知心理学家唐纳德·A. 诺曼的《设计心理学 3：情感化设计》一书。在这本书中，作者将情感化设计分为三个层次，分别是本能层、行为层和反思层。这三个层次系统性地阐述了用户情感在设计中的重要地位和关键作用。

本能层中更多的是隐藏在用户潜意识中的情感，如人的七情六欲。

行为层则是指用户在和产品交互时产生的行为。在这一层，更多考虑的是产品的可用性原则和易用性原则，以及能否解决用户需求等相关问题。

至于**反思层**，则更多体现在思维层面，如产品的价值观、产品对自己或生活产生的影响，甚至会思考产品创造了哪些价值等。

情感化设计的三个层次

情感化设计的三个层次引发了我们对情感化设计方向的思考，那么应如何深挖具备情感化设计的场景呢？

情感化设计灵感的来源

设计的目的是解决问题，满足需求。因此，在进行情感化设计时，不妨从细节着手，对现象进行观察，或许我们能从这些现象中剥离出可行的情感化方案。这就是我们常说的"艺术（设计）源于生活"。

仪式感

说到仪式感，相信有数不清的例子可以运用到产品中，如每日一翻（撕）的日历、网易云音乐的"乐签"功能都是基于仪式感而进行的设计。

左图为网易云音乐的"乐签"，右图为手撕日历

情景化

基于 iOS 系统的天气 App 会根据实时的天气，在界面中进行动效模拟，如晴天就是太阳当头、下雨就是狂风暴雨、雷暴就是雷电交加。其实不仅基于 iOS 系统的天气 App 是这样的，市场上很多产品都运用了这种情感化设计，如墨迹天气等。

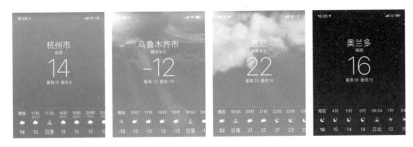

不同天气的动效（背景）不同

除了天气 App，其他软件（如高德地图、滴滴打车等）也会根据用户的当前位置，在产品界面中展示当地实时的天气情况，甚至滴滴打车还可以根据时间判断用户是否已经下班，以提供相应的场景化服务。

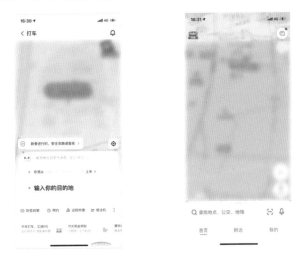

左图为滴滴打车的界面，右图为高德地图的界面

彩蛋

正因为有了彩蛋，才有了备受期待的结局。知名的彩蛋莫过于漫威系列的电影中的彩蛋。制作方在每部电影的结尾都会加入各种各样不同线索的彩蛋，观众可以凭借这些线索揣摩下一部电影会讲述怎样的故事。

电影《哪吒》片尾彩蛋

再如，Google、苹果在 Logo 上进行的创意表达，即 doodle[①]。有些产品甚至会在搜索页上配合不同的节日，给用户营造一种节日的氛围（"百度搜索"搜索页的节日运营也很有创意）。

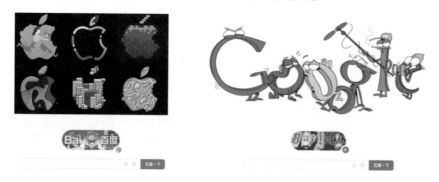

左上为苹果的 Logo，右上为 Google 的 Logo，左下为百度的春节营销，右下为百度的元宵节营销

娱乐化

在产品设计中加入各种各样的小游戏能够吸引用户的注意力、提升用户的黏性，如每年春节支付宝都会推出的"集五福"游戏。

支付宝的"集五福"游戏

紧迫感

紧迫感从心理学方面解释就是当人有负面情绪时，会集中注意力解决当前的困境。当人有正面情绪时，思维会更开阔，也更有创造力。

在紧迫感的压力下，人们往往会产生"急中生智"的行为。对紧迫感的利用，在电商场景中能够找到很多例证，如饥饿营销、限时秒杀等。

---

① 特指 Logo 设计中的一种创意表达手法，Google 是最早实践 doodle 设计的企业。

左图为京东秒杀，右图为淘抢购

安全

在 B 站移动端的登录界面输入密码时，页面头部的卡通人物会捂住眼睛，这在视觉上给予了用户安全可靠的心理暗示。

左图为默认状态，右图为输入密码状态

拟人化

拟人化是比较容易让用户对产品乃至企业产生同理心和共情的表达形式。最直观的拟人化表现莫过于"吉祥物"的设计。目前市场上很多大型企业为了吸引和维护用户，都会搭建一套成熟的 IP 设计，如 LINE FRIENDS，它不仅作为一款即时通信软件的衍生品而存在，甚至自成一脉，成为独一无二的卡通品牌。

LINE FRIENDS 衍生品

除了 LINE FRIENDS，比较出名的还有日本熊本县的熊本熊、Pokémon 的皮卡丘和阿里巴巴动物园等。

阿里巴巴动物园

拟人化还可以通过一些表情符号加以体现，如表情包等。使用较为频繁的当数社交平台的聊天表情了——在发送文字信息时搭配俏皮可爱的表情（表情包），显得更亲切。

聊天表情

文案设计

除了通过卡通或者插画传递情感，简单的文案也可以传递情感。例如，当上班族忙碌了一天好不容易可以下班，（在深夜用"钉钉"打卡）此时产品页面上就会显示"最困难的时候是你最接近成功的时候"，通过文案给予用户一定的温暖。

有温度的"钉钉"打卡

在音乐软件中，当软件没有某首歌曲的版权时，不同的播放器会采用不同的文案缓解这种尴尬的氛围，如网易云音乐就是通过文案告诉用户，它一直在努力。

网易云音乐在没有音乐版权时的界面文案

文案用得好，可以使用户产生情感共鸣；文案用得不好，就会让用户对产品产生抵触情绪。例如，某视频App在一次会员推广的弹窗中使用了"不要了，我爱看广告"的文案，这很可能会让用户产生不好的体验。

文案用得不好会让用户反感

或许设计者的初心是为了引导用户开通会员，但是这样的文案描述反而会使用户反感，最坏的结果可能就是用户会毫不犹豫地卸载该产品。

微交互

微交互具有代表性的要数动效设计了，除此之外，还有震动和声音的反馈等。

QQ 的微交互

安全

方形、菱形常常给人一种尖锐感，而圆形、弧形常常给人一种柔和感。因此在进行产品设计时，设计师常常会在产品的边或角的位置加入弧形设计，以提升用户在安全方面的使用体验，同时也可以提升产品的亲和力。

价值观 / 文化传达，社会贡献

将情感化设计布局在观念和思想层面，也许比布局在产品中的效果更好，比较容易设计的就是公益主题的产品。例如蚂蚁森林的低碳环保，通过对环保理念的支持不仅可以表明产品的理念，回馈社会和对广大消费者的关怀，还可以间接地帮助用户实现自身价值，积累一定的"碳值"就可以以个人名义捐赠绿植，为环保事业做出贡献。

蚂蚁森林

加入社会层面的情感化设计，对于消费者而言，产品将不再是冰冷的赚钱机器，它有温度、更具亲和力。除了蚂蚁森林，百度等各大平台的寻找走失儿童的公益活动也极具社会价值。

反思

在各大电商平台上搜索"象牙""穿山甲"等关键词，平台会自动跳转到与"绿网计划"相关的页面，对用户进行野生保护动物的科普宣传。

淘宝的"绿网计划"界面

前文介绍了很多有关情感化设计的场景，需要注意的是在产品中植入情感化设计是有一个前提的，那就是用户的需求能够被满足。

在 2.3.1 节，我们介绍了用户对高层次需求的追求建立在基础需求被满足的前提下。所以，用户情感的产生源自产品对用户已有需求的满足，即产品具备可用性、易用性等特点，从而才会催生出用户对情感的追求。

因此，"情感化设计如何在满足用户需求的前提下植入产品"是设计师的又一个课题。由菲利普·斯塔克设计的外星人榨汁机（Juicy Salif）可以说是经典的、在产品中植入情感化设计的案例。在满足用户榨汁需求的前提下，这款榨汁机还是一款富有创意设计的产品，使其在不用的时候也可以作为装饰品。

Juicy Salif

情感化设计的注意事项

情感化设计虽然好用，但也不是万能的。在进行情感化设计时，设计师还需要考虑其他影响因素，这样才能合理地规避风险。

情感化设计具有时效性。以百度搜索的节日运营为例，它是基于固定的节日而产生的一种情感化设计，节日过完了，该情感化设计就"过期"了。此外，具有时效性的情感化设计需要具备一定的创意，一旦某些创意过时了，也就不能再吸引用户的注意力了。

过多的情感化设计容易分散用户的注意力，影响产品的可用性。就像设计重点一样，如果页面中所有元素都是重点，那就没有重点可言了。因此情感化设计不在于多而在于精，只有恰到好处的情感化设计才能给用户带来惊喜。

情感化设计带有极强的主观性。受限于用户固有认知和对事物的理解，情感化设计也许并不能被全体用户所接受。举一个简单的例子，K 线的颜色在中国是"红涨绿跌"，然而在西方国家则是"红跌绿涨"。如果产品是全球化的产品，设计师在进行情感化设计时一定要考虑不同国家和地区的文化、习俗等影响因素。在不了解用户认知背景的前提下滥用情感化设计或许会造成巨大的负面影响。

我们需要通过调研活动验证情感化设计的可行性，这样才能为目标用户提供良好的用户体验。

例如，外星人榨汁机，如果它不实用，就算设计得再具有个性，也只是一个艺术品，永远得不到消费者的青睐。因此，情感化设计必须基于需求被满足才能进行情感创作。

要提醒诸位设计师一点：设计方案不能本末倒置，不能为了进行情感化设计而进行情感化设计。

纵观市场上的产品，其都有存在的意义。那些让用户念念不忘的产品，不仅满足了用户基础的功能需求，而且给予了用户足够的温暖，让自身本身不再冰冷，进而和用户在情感方面产生共鸣。

2021 年元宵节前夕，凯迪拉克发布了宣传片《你是我特别的光》。该宣传片以温情为情感主线，宣传凯迪拉克可以"照亮世界，一眼找到你"的产品理念和人文关怀。

视频短片从头到尾都没有提及凯迪拉克这个品牌或某款车型如何优秀，更多的是借助产品特性与用户在情感层面产生共鸣，并配合"新年　让我们继续彼此照亮　追光前行"的文案设计升华凯迪拉克能带给用户的不仅是高效的出行体验，同时它还是人与人之间的情感纽带。

在公众号"叨叨的设计足迹"后台回复"你是我特别的光"可在线观看凯迪拉克宣传片

5.2.6　交互设计七定律

除非有更好的选择，否则就遵从标准。

——《About Face 4: 交互设计精髓》，艾伦·库珀

设计师不仅需要具备抽象的思考能力，如对心理、行为这些抽象事物的理解，还需要掌握科学的方法论，如那些经过时间检验的定律和方法，并将这些方法论作为设计方案的背书。

方法论能够帮助设计师对作品内容进行科学的评估，进而使设计师发现其中对可用性或易用性有影响的问题。此外，设计师还可以根据这些方法论从更高的维度评估产品的使用效率和用户满意度，在进行设计提案时更加有理有据，为自己在团队中赢得尊重。

在设计领域中，有许多方法论可以被使用和借鉴，这其中不乏推陈出新、别出心裁的指导观点，如交互四策略、二八法则、拇指法则等。

接下来要介绍的是一种实用性较强、适用性较广的设计指导原则——交互设计七定律。交互设计七定律是从产品设计者的角度评估产品界面中各元素的布局是否合理的定律。设计师可以借助该定律发现产品在使用过程中的可用性和易用性方面的问题，如点击位置、显示状态和组织结构等。

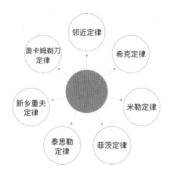

交互设计七定律

定律一：邻近定律

邻近定律又称亲密性原则，属于格式塔组织八大原则之一。亲密性原则是指当两个及以上对象相互接近时，人脑就会下意识地认为它们是具备相关性的。

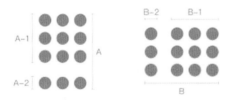

亲密性原则图解

观察上图我们会发现人脑会下意识地将 A-1 和 A-2、B-1 和 B-2 作为组别进行区分，如果在这个基础上加上颜色或形状等属性，则会进一步加强人脑对组别的判断和区分。

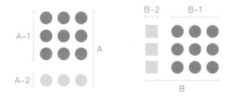

加上颜色属性或形状属性，会强化人脑对组别的判断和区分

由此可见，当对象具备相同或不同的属性时，人们会下意识地将可视对象进行区分，或许是颜色，或许是距离，

无论哪个属性发生变化都会对人们的判断产生影响。

亲密性原则正潜移默化地影响着人们的日常生活，进而影响人们的判断。下面来看看该原则在生活中的体现。如下图所示，图书馆从空间概念上可以划分出两大区域——借阅区和阅览区。

图书馆中的亲密性原则

从图书馆的细分颗粒度方面来看，借阅区还可以根据藏书的属性对藏书进行分类，如艺术类图书会集中摆在一起、科学类图书会集中摆在一起。

同样的原则在地图中也有体现：拿出一张地图，我们可以通过（俯视角度）观察建筑物的亲密性，以便对地域进行区分。

下面来看看亲密性原则在设计中的体现。

亲密性原则是对设计活动影响较大的原则之一，以至于连设计规范底层的栅格系统都是基于亲密性原则（众多原则之一）而制定的。

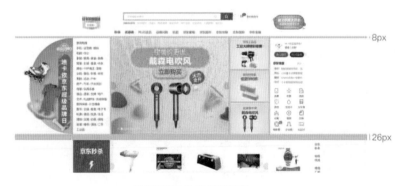

栅格系统中的亲密性原则

在界面中除了利用间距变化引导用户对内容进行模块化区分，对页面空间的处理也可以引导用户对功能区域进行快速区分，如导航区域、个人信息区域或订单区域等。

根据模块与模块之间的间距进行内容的区分

在页面细节的处理方面，卡片的设计也同样运用了亲密性原则。如下图所示，在信息条目中我们可以一眼发现标题、图片和配文属于同一类信息，因为它们彼此之间的距离相近，在视觉方面具备整体性。而卡片与卡片之间的距离相对较远，则会被看作另一部分内容。

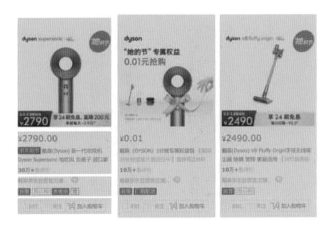

卡片设计中的亲密性原则

登录界面的设计同样运用了亲密性原则。试想一下，如果登录按钮置于页面底部，用户在操作时又会出现怎样的体验呢？

登录按钮会根据键盘的调用实时调整亲密距离

定律二：希克定律

希克定律是指当用户面临的选择越多时，其做出决定所花费的时间就越长。

试想一下，当我们进入一家餐馆时，看着菜单上种类繁多的菜品，是不是就会犹豫吃什么。然而，如果我们进入一家面馆，菜单上只有牛肉面和羊肉面两个选项，相信我们可以快速地做出决定。

将这个例子映射到设计中，设计师应当给予用户简洁、直接的选择，以降低用户的决策成本。毕竟在人机交互的界面中选项越多，用户做出决策所需要的时间就会越长。

希克定律在生活中的体现

《简约至上：交互式设计四策略》一书中对遥控器的优化案例是恰当的——对遥控器按键的数量和布局进行科学删减，可以有效地避免用户的无效操作和重复操作。

左图为传统电视遥控器，右图为小米电视遥控器

希克定律在设计中的体现

在设计方案中要想遵循希克定律，简单的做法就是只提供两种选择，如登录和注册、确定和取消、同意和拒绝等。

弹框中的"确定"和"取消"

二选一的场景属于少数，在大部分设计场景中，选项通常为多项，如表单（流程）的设计，可以采用分步填写——对相似的内容进行组织，采用逐级向下的填写顺序依次展开。

流程设计其实是亲密性原则的进阶用法，同时也是希克定律的体现

关于填写数据表，笔者建议如果后台数据足够充分，系统可以直接进行用户信息的自动填充。例如每年的个人所得税年度汇算，用户大部分都不清楚，此时可以基于系统后台数据帮助用户进行数据的自动填充。

基于系统后台数据帮助用户填写信息可以大大提升用户的使用体验

系统还可以根据用户的使用习惯，保留用户退出时的结果（类似于浏览器的缓存），方便用户下次进入此页面时继续进行上一次的操作。例如在网页中填写注册信息，当页面突然无响应时（非闪退）系统也会将已填写的信息进行缓存，方便用户下次继续填写。

定律三：米勒定律

米勒定律和希克定律在某种程度上存在共性——都是对数量的描述。区别在于前者注重识别效率，后者更偏重识别后的实操性。

乔治·米勒发现人脑处理信息的能力有下限和上限，即受 7±2 信息块的限制——人脑能同时处理 5 ～ 9 个信息块的信息，随着处理数量的增多，记忆效率开始下降。因此，米勒定律也被称为 7±2 法则。

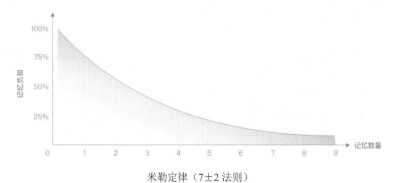

米勒定律（7±2 法则）

人的记忆受记忆储存空间的限制，人脑的短时记忆量如果没有在 7±2 个信息块的范围内，记忆出现错误的概率将会大大提升。

米勒定律在生活中的体现

比较直观的例子就是人脑对数字的记忆。例如，我们接触的银行卡号的数字都是乱序的、无规律的，并且数字的个数往往大于 9，那么人脑怎样才能将这些乱序的数字进行清晰的记忆呢？这就需要通过短时记忆技巧辅助进行记忆。

相关单位在制作银行卡时会刻意地将卡号进行间隔，我们只要分段进行记忆就能轻松地记住银行卡号了。

银行卡号的编排

同样，我们在日常生活中也会刻意地对电话号码进行分段记忆；在记忆身份证号的时候也会采用一定技巧进行记忆，如地方区号＋出生年、月、日＋尾号。

这些记忆技巧都是科学地利用了米勒定律，从而降低了短时记忆成本，提升了人脑对信息的识别度和记忆时长。

因此在设计产品时，设计师应尽量根据用户的记忆习惯、认知习惯和行为习惯设计信息的展现形式，这样有助于用户轻松地获取信息，让产品更好地被用户接受。

除了米勒定律，首因效应和近因效应也会影响人脑的记忆效率。

当内容过多时，大脑对新记忆的事物的记忆更清晰。试着回忆一下我们近三天吃了什么，相信此时我们对最近一次就餐时吃了什么的记忆是最清晰的。

回想一下我们在初识一个人的时候，我们对他（她）最深的印象是不是第一印象，这就是首因效应的体现。

约会前男孩的一番精心打扮，多少会获得女孩的好感（第一印象）；约会刚开始时，难免会有些尴尬、冷场；随着约会中互动的增多，两个人逐渐熟络；约会结束后男孩主动送女孩回家，给女孩留下了良好的印象。

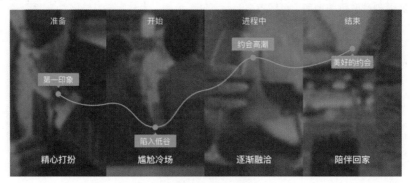

约会过程中的情绪可视化

由此可见，想要带给对方一段好的体验，就需要给对方留下良好的第一印象。

设计师可以将恋爱体验流程映射到用户体验设计中，并配合一些刺激，让用户的体验达到峰值。

米勒定律在设计中的体现

根据米勒定律，我们可以把现实生活中对数字的记忆方法移植到绑定银行卡、用手机号进行登录 / 注册的操作场景中。

左图为云闪付绑定银行卡页面，右图为京东手机号登录页面

除了将米勒定律用于对数字的记忆，我们还可以将米勒定律运用在对元素或模块的认知处理上，如导航栏中的栏目尽量控制在 5 ～ 9 个，如果内容确实太多，建议加入"更多"选项对多余的栏目进行收纳处理。

站酷导航和苹果导航

结合首因效应和近因效应，我们还可以设计出更多高级的体验场景，如宜家的购物体验地图等。

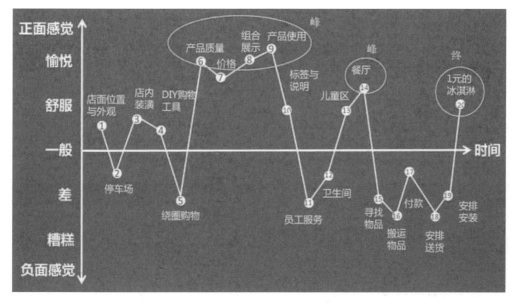

宜家的购物体验地图

定律四：菲茨定律

菲茨定律是保罗·菲茨在 1954 年提出的，用于预测从任意一点到目标位置所需花费的时间，常被运用在人机交互（HCI）和设计领域，其计算公式如下。

$$T= a + b \log_2(1+D/S)$$

根据上面的公式理解菲茨定律比较难，我们在利用上面的公式时只需要考虑下图中的三个变量（三大要素）即可。

菲茨定律图解

从上图中可以观察到，从任意一点到目标位置所需花费的时间（T）由三个变量决定。

- 距离（D）：手指目前所处位置与目标位置的距离，两者距离越近则时间越短，距离越远则时间越长。
- 目标区域面积的大小（S）：目标区域的面积（范围）越小则时间越长，目标区域的面积（范围）越大则时间越短。
- 综合因素（$a + b$）：用户的认知能力、环境因素和工具选择等都会影响从任意一点到目标位置所要花费的时间。

菲茨定律在生活中的体现

菲茨定律是七大定律中唯一一个涉及实质性交互行为的定律。与其他六大定律对用户的影响相比，菲茨定律对用户的影响是非常明显的。

纵观人类交互方式的变迁，你会发现人类各项发明的目的只有一个——找到省时、省力的交互方式，这才有了方便切割的刀具（与原始人的锤石相比）、以燃油为燃料的汽车快速移动（与走路相比）……

这是人类社会发展的必然趋势——一切发明都是为了提升效率，而效率则是由交互方式决定的。

在工位喝水的场景中，我们会下意识地将水杯就近放在手可以够得着的范围内，并且会（下意识地）把杯把儿朝向自己。我们可以套用上面公式中的三个变量：手距离杯子近（D）；杯把儿的朝向决定了目标区域面积（S）的大小；我们对杯子的熟悉程度（$a+b$）。以上三大变量会影响我们在使用杯子喝水时的效率。

在工位喝水的场景中 S、D 和 $a+b$ 的图解

在刹车、油门和离合器的设计中也有菲茨定律的身影。

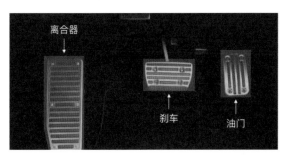

在刹车、油门、离合器的设计中体现出的菲茨定律

从上图中可以看到，刹车踏板和油门踏板之间的距离短，是为了方便驾驶员以脚跟为原点进行快速切换，且刹车踏板的横向距离更长，以便驾驶员快速地完成制动动作。同时，在紧急制动场景中，驾驶员往往会下意识地用力踩踏，刹车踏板设计得更大也是为了使驾驶员踩踏的效率更高。如果是手动挡车型，离合踏板与刹车踏板之间的距离会比刹车踏板和油门之间的距离更大，这是为了方便驾驶员的双脚踩踏，避免产生误操作的情况。

菲茨定律在设计中的体现

在抖音观看视频和直播时双击点赞，就是菲茨定律的例证。

抖音双击点赞

我们在抖音上看到一个视频，很喜欢，想点赞，就可以在屏幕的任何位置直接双击，完成点赞操作。这就是以非常短的交互距离实现交互目的的例子。

除了抖音点赞，还有前文中提到的 QQ 登录界面的例子。如果登录按钮被放置在页面底部，用户输入登录信息后，还需要移动手指（长距离移动）才能完成登录点击，无形中降低了用户的交互效率。

一段文字之后，显示一个可点击的蓝色字——查看详情或更多，这也是运用菲茨定律辅助用户进行快速操作的例子。这项功能的设计也运用了亲密性原则，暗示用户显示信息和操作信息具备关联性。

在目前市场上的浏览器产品中，夸克浏览器算是将菲茨定律运用得最恰当的产品之一。

左图为夸克浏览器，右图为 Safari 浏览器

将夸克浏览器与 Safari 浏览器相比较，二者搜索栏所处区域有所差别——夸克浏览器的搜索框位于页面底部，也就是在用户手握手机的姿势下，拇指非常容易触摸到的区域；而 Safari 浏览器的搜索框位于页面上方，这一位置是用户非常不容易触摸到的区域。

除了利用菲茨定律中的三大要素提升效率的案例，在产品设计中也有利用这些要素降低效率的案例（当然这里的降低效率是为了减少操作失误），如 iPhone 的关机操作就采用了"长按锁屏键＋长距离滑动"的交互设计，以避免由于误操作而造成的损失。

京东金融 App 的弹窗的关闭按钮在页面的右上角——距离核心内容区域远，目的是延长用户对弹窗的信息阅读时间并提高转化率（因为严重影响用户体验，在新版本中已进行更改）。

左图为 iPhone 的关机界面，右图为京东金融弹窗

值得一提的是设备的交互设计，尤其是对设备屏幕边界的交互设计：从移动端的小屏到 PC 端的大屏，在屏幕空间变大的同时交互效率的高低也被成倍放大。随着屏幕边界的变大，光标需要移动的距离会增加，而且光标是跟随路径移动的——它不像手指可以直接在屏幕上进行点按。

随着手机屏幕越来越大，用户在单手操作时容易触及的屏幕区域占比变得越来越小，操作方式也从一开始的单手握持操作变成了双手扶持操作，最终发展成双手操作。受工业设计的物理（屏幕）限制，当用户在使用手机时，75% 的交互操作（尤其是在采用手握姿势的场景中）都是用拇指进行操作的。

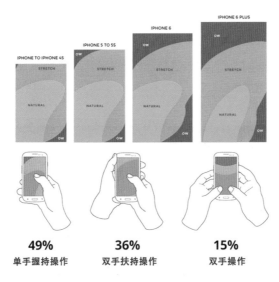

用户手握姿势下可触及屏幕的区域占比

由于 PC 端的屏幕较大，而且光标是沿路径移动的，因此 Windows 系统和 iOS 系统中的"任务栏"就直接被设计在了页面边缘。在 PC 端，屏幕的边界反而更容易被确定，屏幕的显示区域限制了光标的移动范围。

屏幕边界的物理限制

因此，根据屏幕边界的物理特点，光标可以敏捷且精准地移动到边缘区域并进行快速定位。例如在 Windows 系统中进行操作时，当想关闭一个全屏展示的页面时，我们通常会将光标向页面的右上角移动，无须检查定位是否准确，直接点击"关闭"按钮（盲关）即可。

在 Windows 系统中，在全屏展示页面的状态下，关闭按钮会直接出现在屏幕的右上角

iOS 系统的"活跃的屏幕角"也合理地利用了屏幕边界的物理特性，方便用户在锁屏场景中对计算机进行快捷设置。

iOS 系统的"活跃的屏幕角"

现在越来越多的厂商开始研发大屏触控设备，就像科幻电影那样——可以用手势进行屏幕操控（部分厂商已经实现并上市了此类产品）。

科幻电影中的交互

从视觉和感受上来看大屏触控设备确实很炫酷，也很大气，但实际操作过的用户是清楚的——使用起来非常吃力。吃力不是源于硬件支持，而是源于体能的消耗。假设设计师未来使用大屏触控设备进行制图，想一想，挥动一天的胳膊会有多累！

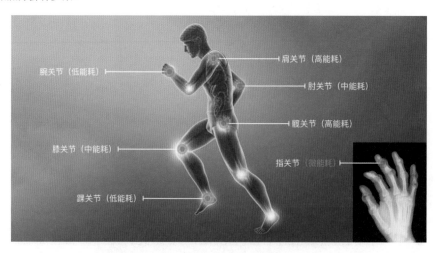

人体七大关节能耗（含指关节）

大屏触控设备不同于移动触控设备，用户只需要动动手指就可以操控移动触控设备，而大屏触控设备的操控却需要挥动胳膊，可见这样长距离的交互方式的效率不高。

前文也提到了，人类的各项发明都是为了提高效率，因此才有了鼠标这样靠动动手就能实现目的的高效产品。当然，笔者也不是在否定大屏办公的形式或媒介，只是从使用场景的角度进行考虑。

总体来讲，在进行产品设计时如果想促进用户和产品的交互行为，笔者建议设计师认真考虑如何降低用户在使用产品时的交互成本。成本越低，用户和产品产生交互的可能性就越强，反之则越弱。当然设计师还是要根据具体场景进行具体分析，如我们现在每天花在手机上的时间变多了，手机已经变成了人们生活的必需品，甚至完全变成了内容消费产品，因此对于人们来说，大屏手机的手持是否舒适已经不那么重要了。

定律五：泰思勒定律

泰思勒定律又称复杂性守恒定律，该定律认为每个操作过程都存在固有的复杂性，而这种复杂性所对应的复杂度有一个阈值，一旦超过了这个值，操作过程就不能再简化。如果想要实现某个操作过程极致的简化，设计师只能将这种复杂性转移。

泰思勒定律图解

该定律主要被应用于交互领域，以帮助人们更高效地控制某个事物。换句话说，用户不需要知道事物背后的运行规律，只需要知道怎样操作、结果如何即可，至于事物如何运行可交给设备或后台。

泰思勒定律在生活中的体现

如今，人类有了很多发明，很多事情我们都可以交给机器，如洗衣服可以交给洗衣机、刷碗可以交给刷碗机、扫地可以交给扫地机器人等。这些发明在提升人类处理事情效率的同时，也在转移着某些工作的复杂性。

前文所介绍的遥控器优化的例子，其实就是利用了转移概念——为了让用户的操作简单、流畅，可以对目标采取组织、删除和隐藏策略，必要的时候还可以对复杂性进行转移操作。

除了遥控器优化的例子，还有刹车和油门的例子也是如此。试想一下如果没有刹车踏板，驾驶员想要紧急制动，必须要进行多项操作。借助泰思勒定律，驾驶员只需要踩踏刹车踏板即可对汽车进行制动。

泰思勒定律在设计中的体现

作为一名用户体验设计师，面对错综复杂的需求和场景，如何在保证业务和功能不受影响的前提下提升用户体验是一个永恒的课题。

例如，邮寄地址的填写，对于寄件人来说填写的过程是无法省略的，也就是复杂性无法被转移，此时产品层面的复杂性就可以通过技术手段解决——系统自动获取用户的当前位置或者通过"智能填写帮助"功能用户快速完善地址信息，以降低用户填写地址的复杂性。

不过，这样的设计会将复杂性从产品层面转移到技术层面，无形中增加了研发成本，因此设计师要合理地把握复杂性的阈值平衡。

寄件时的"智能填写帮助"功能

针对复杂性的优化，除了对事物本身进行优化，我们还可以寻找破界的方法进行"突破性优化"。那么，什么是破界呢？

破界就是突破当前的边界限制，去界外寻求帮助，即从硬件层面或技术层面进行突破。一般来说，硬件层面或技术层面的突破往往会使交互方式发生革命性的改变。例如，按键手机与 iPhone 相比，iPhone 在硬件技术方面进行了突破创新，进而创造了用户与手机之间全新的交互方式。

硬件层面或技术层面的突破往往会使交互方式发生革命性的改变

以前在通讯录中找一个联系人需要重复按上、下、左、右键才能成功定位，现在用户不再依赖实体键盘操控屏幕，通过快速滑动屏幕即可实现通讯录中联系人的精准定位。

破界的方法完全颠覆了复杂性的守恒，把阈值的调整带上了全新的"高速通道"。同时，VR 技术和 AR 技术也为产品赋能，如在贝壳 App 上用户可以直接进行 VR 看房，大大节省了用户的时间。

VR 看房

在技术未得到突破前，设计师只能在被圈定的范围内不断地尝试做减法；当技术实现跨越性突破时，设计师可以利用技术创新为产品赋能。

关于泰思勒定律，无非就是设计师在做各项要素的平衡，要么产品复杂，用户用起来费劲，但研发省力；要么技术复杂，用户用起来轻松，但研发成本较高。

定律六：新乡重夫定律

新乡重夫定律（也有人称之为新乡道夫定律），又称防错原则，是由日本的 Poka Yoke（丰田精益生产专家）提出的。新乡重夫定律和尼尔森十大可用性原则中的"容错原则"有异曲同工之妙：前者注重提前预防，而后者针对错误具有包容性，允许用户犯错。

新乡重夫定律在生活中的体现

新乡重夫定律认为大部分的意外是由设计师的疏忽而导致的，而不受人为操作的影响。

如下图所示，设计师可以通过对插头和插孔的大小进行调整，避免用户插错。因此在某些细节方面，通过对设计的合理优化可以有效避免错误的发生。

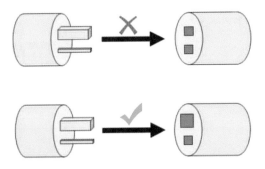

新乡重夫定律示例

新乡重夫定律最早被应用于 20 世纪 60 年代的汽车制造业。随着时代的发展，新乡重夫定律开始逐渐对交互设计领域产生影响。例如，旧版安卓手机采用的是 Micro-USB 接口，当用户在充电时需要检查插口的正反。在随后的改进中，安卓手机开始逐渐采用 Type-C 接口，这就避免了因为接口正反的问题而导致的插口不易被插入的情况，iPhone、iPad Pro 和 Mac 的接口也采用了类似的处理方法。

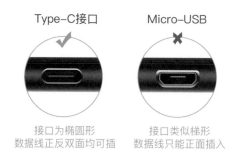

接口为椭圆形　　　　　接口类似梯形
数据线正反双面均可插　　数据线只能正面插入

插口的设计既可以从产品侧防止错误，又可以从用户侧防止错误

新乡重夫定律在设计中的体现

在界面的交互设计中也有新乡重夫定律的身影，笔者将防错的形式总结为以下五类。

限制。在登录界面，当前提条件没有被满足时，登录按钮处于不可点击状态，该状态有效地避免了因用户误触而导致数据和后台发生多次交互的情况的发生，同时在视觉上也给予了用户适当的功能反馈。

即时。在日常办公时，软件的闪退是令人崩溃的。因此相当多的软件都会提供"自动保存"或"云端保存"功能，可以有效地避免因不可控因素导致的软件闪退，但输入内容未保存的情况仍会发生。尤其是具有在线协同功能的软件，更需要实时自动保存，从而为多个用户的协同任务提供保障。

腾讯在线文档的自动保存功能

提示。在输入框中，可以给予用户适当的提示，如"账号格式有误""密码强度提示"等，这些提示可以避免用户在与产品交互时无效操作或产生无用数据。不过在某些场景中弱文案提示也起不到警示作用，因此微信针对删除聊天记录的交互行为设置了"二次确认"功能，以避免用户误操作。类似的功能还有弹窗、tast 等强提示。

微信删除聊天记录时的"二次确认"

可逆。即使当用户真的进行了错误操作，产品也需要具备可逆功能。例如，Windows 系统和 iOS 系统的"删除"功能，就是将所删除的内容放入"废纸篓"（可撤销）。

不过，有些产品在发生错误时却不给予用户任何可逆性提示，如 Photoshop 在将文件存储为 Web 格式时发生错误，弹窗只提供"确定"按钮，用户除了点击"确定"按钮，没有任何实质性的解决办法。

左图为 Photoshop 存储错误弹窗，右图为 iOS 系统使用手册

定律七: 奥卡姆剃刀定律

奥卡姆剃刀定律与其说是定律，不如说是一种思路，是在面对未知事物的诸多解法中，提供快速选出概率最大的解法的一种思路。它可以保证在现有已知事实的情况下，避免相关人员进行无谓的思考。这也是奥卡姆剃刀定律的核心原则——简单有效原则。

奥卡姆剃刀定律图解

奥卡姆剃刀定律在生活中的体现

老师：一滴水从高空落下，请问会砸死人吗？

学生（思考中）：需要考虑阻力吗？是力学定律，还是其他的物理定律？

老师（沉默了一会儿）：你们难道都没见过下雨吗？

学生（震惊）：哦，原来如此！

有时，我们对某些事物的思考往往过于复杂，就像对"一滴水从高空落下会砸死人吗？"的思考一样。也许我们跳出思维定式，换个角度想想，可能答案就不会那么复杂了。

无论是在生活中还是在进行产品设计时，可能有些时候我们把事情想得过于复杂了。当然，进行深入思考并不是坏事，笔者也赞成要思考得透彻一点，但一定要学会适可而止。

奥卡姆剃刀定律在设计中的体现

聚焦。在保证大前提不变的情况下，奥卡姆剃刀定律的应用可以确保设计师在满足已知需求的情况下进行页面设计的简化，让用户不进行无谓的、多余的思考。也就是说，页面要简单、直接地展现核心内容，不能让其他不重要的内容分散用户的注意力。

下图展示的是百度首页和雅虎首页，它们是对核心内容进行聚焦的切实案例。

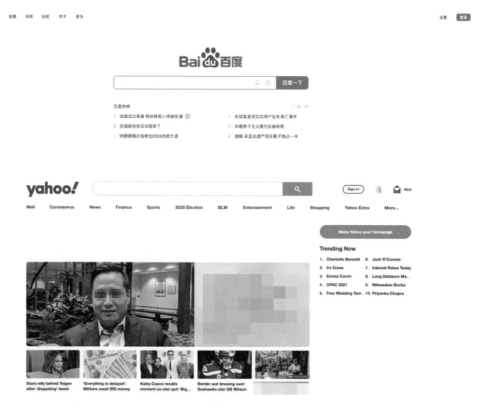

百度首页和雅虎首页

不难看出，百度的核心功能一目了然，而雅虎却做得有些"杂乱"。毕竟复杂的事物会带来复杂的理解，页面中的元素过多就容易使用户产生复杂的思考。

优化。在用户执行某项任务时，给予用户最快捷的操作路径，可以为用户节省大量的时间，因此在产品结构的设计方面要尽量做到直截了当。

当然，路径的优化并不是绝对的，尤其是在商业背景下，设计师在编写设计方案时还需要考虑到外部环境的诸多因素。

减少。选项少了，决策的效率自然也就提高了。那么，如何验证一款产品是否简单有效呢？最好的办法就是让新用户或者老年用户参与产品的测试。

尤其是老年用户，对于这个群体而言，想要让产品适合他们，产品的内容和结构等必须是极简化的。既然老年人都会用了，也就意味着产品间接地符合了简单有效的原则。

适用范围越广的产品就越需要简单有效。就像微信和支付宝，每天都有上亿个用户在使用，其中不乏老年用户。因此为了解决老年用户使用支付宝的烦恼，支付宝推出了"长辈模式"，其特点是字大、图标大、使用更简单。

关于奥卡姆剃刀定律需要重申一点：它只是一种方法论，并不是一种真理。这种方法论存在的目的是帮助人们（不仅是设计师）将思考简单化。在大多数场景中把事情简单化反而可以快速地解决问题。

至此，交互设计七定律全部介绍完毕。整体来看，在同一个设计方案中，设计师往往会将不同的原则或定律重复利用。以导航栏为例，它的存在符合米勒定律，也符合希克定律；又如QQ登录界面的设计也同时符合多个定律或原则。

如果诸位读者对这些理论感兴趣，可以自行扩展阅读，如和菲茨定律类似的转向定律、古登堡图法则，还有一些通用方法，如帕雷托定律（也就是常说的二八定律）、黄金分割法等。

但从实际出发，这些方法论仅起到了启发思维的作用。作为用户体验设计师，最好不要生搬硬套这些方法论，因为实际的设计场景往往更加复杂和多变，设计师依然需要结合商业、时间和成本等因素进行综合考量，最终才能设计出可落地的设计方案。

支付宝的"长辈模式"

5.2.7　交互设计四策略

完美不是加无可加，而是减无可减。

随着市场竞争日趋激烈，相关人员为了抢占更多的资源，将产品做得越来越复杂，甚至连微信也做得越来越复杂，在某些时候甚至显得有点"臃肿"。那么在理想情况下，设计师应该如何对这些"臃肿"的功能进行简化处理呢？交互设计四策略给出了几个比较实用的技巧。

交互设计四策略源于贾尔斯·科尔伯恩的《简约至上：交互式设计四策略》一书。交互设计四策略主要是围绕产品的核心功能进行优化的处理方法。交互设计四策略具体内容如下所述。

- 删除多余的：去掉所有不必要的按钮，直至减到不能再减。
- 组织同类的：按照有意义的标准将按钮分组。
- 隐藏不常用的：把那些不是非常重要的按钮安排在活动舱盖之下，避免分散用户的注意力。
- 转移复杂的：只在遥控器上保留具备基本功能的按钮，其他控制通过电视屏幕上的菜单、语音或手势实现，从而将复杂性从遥控器转移到电视上。

多数的设计方案会采用以上四个策略中的一个或多个。例如今日头条头部的导航栏，会根据用户的场景进行实时替换；Keep在用户进入跑步状态时，会对页面上的元素进行简化处理等。不过，无论产品采用哪种优化策略，其目的是不变的，那就是为了使用户拥有更好的体验。

值得一提的是，交互设计四策略中的任何一个策略，都需要基于用户行为和心理模型进行合理运用，围绕产品核心功能执行简化策略。

下面分别介绍这四个策略，并结合遥控器案例进行详细说明。

删除策略

《简约至上：交互式设计四策略》一书中提出简化设计最明显的方式就是删除不必要的功能，因此对功能的优化首先需要考虑的是哪些内容可以"删"。

删除，就是对产品做减法，越是简单的产品，往往可以删除的功能就越多。不信可以看看市场上热门的工具产品，它们大部分只提供了基础功能，以确保用户的正常使用（部分衍生功能会配合核心功能而存在）。

在实际工作中大家常说的"砍功能"其实也是在运用删除策略。由于时间或资源的限制，某些功能无法如期上线，项目组只能"弃车保帅"，以确保产品核心功能如期上线。

下面以传统的电视遥控器为例，详细介绍一下删除策略在电视遥控器中的运用。

我们可以看到老式遥控器按键很多，也许产品设计者的初衷是希望给用户"一个控制器就能操控电视"的高级体验，然而效果却适得其反——如此多的按键摆在用户面前，反而增加了用户的使用难度。那么，该如何对这样的遥控器进行优化呢？很简单，就是删除，能删除就删除！

例如，遥控器中部的四个颜色的按键（红、绿、黄、蓝）完全没有提示信息，可以说，这样的按键没有发挥其应有的作用，删除！还有底部的"睡眠""3D"等按键的使用频率也不高，删除……经过一系列的删除，最后遥控器上就只剩下一些被经常用到的按键。

老式遥控器　　　运用删除策略优化后的遥控器

大致梳理一下这些被删除的按键，它们具备以下两个共性。

第一，都是针对非核心功能的删除。删除不常用或基本不用的按键，只有将不必要的内容进行删除，才能使用户的操作更加聚焦。

第二，根据场景进行删除。例如，"信息推荐"等按键，也许用户在某个场景中确实需要该功能的快捷方式，但结合频率，1000次按键操作或许才有1次点击的是"信息推荐"按键，因此遥控器的按键设计不能因为1/1000的概率而降低用户整体的操作感。

删除归删除，但也需要注意删除时应合情合理，尤其是对于产品设计师而言，一定要保留产品的特色功能。

产品的特色功能或许不及产品的核心功能重要，却是产品推广的亮点，同时是用户对产品的记忆点。因此，设计师在运用删除策略时，不能为了删除而删除，而是需要结合产品定位和特性进行合理的删除。

原则上，用户需求要尽量满足，因此某些低使用频率的功能并不能完全被抹掉。那么，如何做到需求和体验兼顾呢？在后文中介绍的策略会对这个问题进行解答。

组织策略

组织策略不像删除策略那样删除了就没有了，与删除策略相比，它显得更具包容性，而且成本也低。只不过，组织策略一定要基于用户行为和心理模型进行合理的运用。

组织策略的方法有很多，如对颜色进行组织、对相同的功能进行合并或者收纳处理等。再次来看前文中的遥控器案例。

仔细研究一下遥控器，其上方的操作区域中有快进、后退操作按键，主区域中有上、下、左、右操作按键，这些功能有相似的特点，因此可以采用组织策略，把音量加减、切换频道、快进、后退功能通过上、下、左、右四个按键得以实现。

经过一系列的优化，遥控器得到了大幅简化，这说明只要功能一致、目的一致、属性一致的内容都可以进行组织。这有点像现实生活中对凌乱物品进行收纳整理。

然而对于产品设计而言，对功能的组织往往会涉及更复杂的因素，如核心功能不能组织、重要的功能不能组织、强化功能不能组织、用户频繁使用的功能不能组织等。

因此，组织策略属于一种归纳梳理手段。设计师在梳理产品结构时，需要深入挖掘用户需求，然后结合产品定位，对产品的功能进行合理的组织。要知道，功能并不是藏得越深、分得越细就越好。合理的产品结构就如家里的医药箱，需要的时候应能在里面找到需要的东西。

运用组织策略优化后的遥控器

隐藏策略

隐藏策略和删除策略、组织策略相比，是一种低成本的解决方案。例如，空调遥控器的舱盖设计，其实就是将"可以被隐藏的内容"作为一个组织容器，将那些可以"藏"起来的按键放在"容器"中。

这样看来，隐藏策略从某种程度上来说就是一个组织，是一个可以将具备隐藏属性的内容归为一类的组织。例如，遥控器上的数字，或许是作为方便用户快捷输入而存在的，但是在实际的使用场景中具有局限性，相对而言属于优先级偏中级的需求，因此隐藏（置于舱盖之下）起来比较合适。

总结一下，对按钮执行隐藏策略一定要符合以下两点。

- 不常用。
- 用到的时候才出现（这也决定了隐藏不能过深）。

从现象上看，隐藏和删除的结果是一样的，都是"没有"。但其本质截然不同——前者的"消失"是可逆的、可重复出现的；而后者的"消失"是不可逆的。例如，在"微信读书"中，用户可以对关键字、句进行选择，然后界面中会出现小气泡，这个小气泡仅在用户需要的场景中适时出现，在用户不需要的时候会消失，是一种很巧妙的设计。

当然还有视频类软件。在用户处于全屏观影状态时，视频软件会对状态栏和工具栏进行隐藏。当用户想操作时只需要轻触屏幕，被隐藏的状态栏和工具栏就会重新出现，甚至有些视频类软件无须"唤醒"，通过手势就能进行快进、后退、播放、暂停等操作。

左下图为"微信读书"阅读界面，右下图为爱奇艺视频播放界面。

运用隐藏策略优化后的遥控器

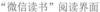

　　　　"微信读书"阅读界面　　　　　　　　　　　爱奇艺视频播放界面

说到沉浸式阅读、沉浸式观影，就不得不说沉浸式体验。沉浸式体验比较忌讳的就是被打扰。例如，当我们在看电影时，突然弹出一个广告是不是很糟心（当然，这也是对隐藏策略的反向利用）。但是从商业视角来看，在沉浸式场景中合理的"打扰"却可以有效地吸引用户的注意力，这是将隐藏策略和商业营销相结合的做法。

甚至在视频播放时会在合适的时机跳出小广告，如视频中的主角累了、困了，但是却有工作未完成时，某提神醒脑的功能性饮料的广告就会在某个小区域中跳出来。这种做法就是利用视频的代入感，在恰当的时机进行广告营销的场景。

隐藏策略的运用具有极强的场景依赖性。一般被隐藏起来的内容都是因为其较少被利用才会被隐藏起来。

转移策略

删除策略、组织策略和隐藏策略虽然好用，但是也具有局限性，如当删无可删、藏无可藏时，就需要借助转移策略，将复杂性从一个地方转移到另一个地方。这一策略和复杂性守恒定律有异曲同工之妙。

还是以遥控器的优化为例。

目前来看，遥控器上只剩下了"设置""信号源"这些配置型功能的按键，用户会在开机的状态下使用到这些功能，但是后续不会再用。因此，这些操作的优先级属于中级，笔者建议可以运用隐藏策略对其进行优化。但如果不允许隐藏或者没地方可以隐藏这些功能，此时就需要将这些功能转移到电视上，让用户在电视上操作，如下图所示。

我们发现，转移策略其实就是充分发挥不同设备的不同作用——借助设备之间的差异性实现更好的功能承载。

经过一番精心的设计，我们可以得出极简化后的遥控器。与老式遥控器相比，优化后的遥控器的功能一项不少，但用户的操作体验得到了质的飞跃。

与隐藏策略相比，转移策略更像是对遥控器进行了"伪装"。为什么叫"伪装"呢？因为复杂性没有变化，只是从遥控器转移到了电视上。因此，转移之后仍需要设计师在电视上继续运用四大策略进行重复优化。

相同的例子还有手机的迭代优化。

设计师不断地优化手机的按键，如 iPhone 经过不断优化，只剩下一个 Home 键，最后索性直接去掉 Home 键，让用户直接依靠触屏进行操作，也就有了后来的 iPhone 12。这样既提升了屏幕占比，又提升了用户的使用效率。

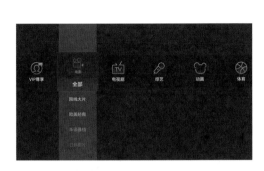

将复杂的设置转移到电视上　　　　　　运用转移策略进行优化后的遥控器

左图为诺基亚 N95，中图为 iPhone SE，右图为 iPhone 12

既然可以直接通过触屏达到目的，为什么电视还要配备遥控器呢？为什么不直接将所有的操作都转移到电视上呢？回想一下前文中提到的人体骨骼消耗，相信诸位读者也就明白为什么需要配备一个遥控器了吧。

此外，转移不限于从 A 设备到 B 设备，还包括在同一区域的不同位置间进行转移。例如，京东 App 的下单界面，当用户进行下滑操作时，界面会将头部的地址信息转移至导航栏，配合用户的浏览习惯并提供再次编辑的功能。

京东在下单页面对收货地址进行了转移

类似的转移还有知乎页面。在用户进行下滑操作时，知乎会将头部导航栏转移成内容标题或其他内容，甚至会根据场景加入更多操作，如关注、发表、分享等，这些功能需要根据场景特性和产品定位进行配置，并不是一成不变的。

知乎上的转移

转移还可以在复杂性维度进行。例如，以前的工厂实行流水线的工作模式，每个节点都需要人工配合，现在大部分的工厂采用自动化生产线，各个节点都依靠机器完成工作——将一些重复性的活动转移到机器上，以节省大量的人力成本。

我们回看遥控器的例子。在运用转移策略的基础上，我们再结合一些使用场景和技术方面的突破，最后优化一下遥控器。

从目前市场上的产品来看，删除策略、组织策略、隐藏策略和转移策略已经被绝大部分设计师作为优化产品的策略。然而交互设计四策略并不是万能的策略，就像微信一直在强调"克制"和"简约"，但后来也开始逐渐"臃肿"，为什么会出现这样的现象呢？主要是因为简单并不能解决所有问题，想要做好简单的设计，就必须准备好处理除简单之外的一系列复杂的问题。

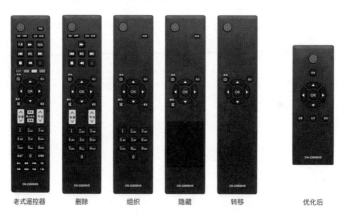

| 老式遥控器 | 删除 | 组织 | 隐藏 | 转移 | 优化后 |

运用交互四策略优化遥控器

如果真的要把简单作为产品推广的亮点，那就要大力地推广体验至上。若想为用户创造更多的价值，赢得良好的口碑，则需要推广产品内容。

这也是为什么微信在简单和复杂之间，最终还是选择了复杂。

让我们回到本书经常提到的观点上来：用户体验设计师通常在扮演商业利益和用户体验中间的"和事佬"，经常需要在两者之间做取舍，找到两者之间的平衡点，进而做出更合理的设计。